特高压交流变电运维事故分析与处理

汤晓峥 朱　超 张兆君 喻春雷 丁章荣
徐　刚 李　帅 刘　静 朱晓峰 李义峰 编著
谭风雷 舒志海 张　豹 刘焰峰

中国电力出版社
CHINA ELECTRIC POWER PRESS

内容提要

近年来，我国的特高压电网建设经历了一个迅速发展的过程，因此保障特高压变电站的安全、稳定运行，对特高压电网乃至整个电力系统的安全、稳定运行都具有重要意义。

本书共五章，主要内容包括仿真变电站的介绍，保护配置，倒闸操作要求，典型倒闸操作以及典型安全措施布置等相关知识；交流特高压站的事故分析、处理的步骤和原则，并列举了大量变电站仿真事故案例，结合事故案例来说明事故的现象、可能原因及分析、查找、处理事故的方法。

本书既可以作为特高压交流变电站现场运维人员的现场操作、安全措施布置、事故及异常分析处理相关知识的培训教材，也可以供大中专院校电气及其相关专业师生参考学习使用。

图书在版编目（CIP）数据

特高压交流变电运维事故分析与处理 / 汤晓峥等编著. —北京：中国电力出版社，2020.5

ISBN 978-7-5198-4627-5

Ⅰ.①特…　Ⅱ.①汤…　Ⅲ.①特高压输电－变电所－电力系统运行－事故分析 ②特高压输电－变电所－电力系统运行－事故处理　Ⅳ.① TM63

中国版本图书馆 CIP 数据核字（2020）第 074672 号

出版发行：中国电力出版社
地　　址：北京市东城区北京站西街 19 号（邮政编码 100005）
网　　址：http：//www.cepp.sgcc.com.cn
责任编辑：孙　芳
责任校对：黄　蓓　常燕昆
装帧设计：王红柳
责任印制：吴　迪

印　刷：三河市万龙印装有限公司
版　次：2020 年 5 月第一版
印　次：2020 年 5 月北京第一次印刷
开　本：787 毫米 ×1092 毫米　16 开本
印　张：18.75
字　数：348 千字
印　数：0001—2000 册
定　价：80.00 元

前言

近年来，我国的特高压电网建设经历了一个迅速发展的过程，因此保障特高压变电站的安全、稳定运行，对特高压电网乃至整个电力系统的安全、稳定运行都具有重要意义。特高压变电站一旦发生故障，如果处置不当，就有可能造成大面积停电，带来严重后果。目前，特高压现场变电运维人员普遍工作年限较短、经验较少，对复杂事故的处理往往面临巨大的压力。在此背景下，提升特高压变电运维人员的故障处理能力已成为众目所集的课题。

本书定位为变电运维人员进行事故及异常分析处理而编写的培训教材。首先介绍了仿真变电站的基本情况、运行方式、保护配置，以及典型操作和安措布置，然后在此基础上介绍了事故及异常处理的步骤和原则，最后通过大量的事故案例详细介绍了每个具体事故的现象、处理流程以及对事故的分析和思考。本书理论知识言简意赅，强调现场实用性，通过讲述每一个案例使现场运维人员能够清楚故障的处理过程、保护动作范围等相关知识，切实提高现场变电运维人员的值班水平。

本书作者来自变电站运维检修生产一线单位，在编写过程中得到了众多技术人员和工程人员的帮助，在此表示感谢。

由于编者经验水平有限，书中难免有疏漏之处，恳请广大读者和各方面专家提出宝贵意见，使本书不断完善，真正起到服务广大电力人员的作用。

编者

2020 年 5 月

目录

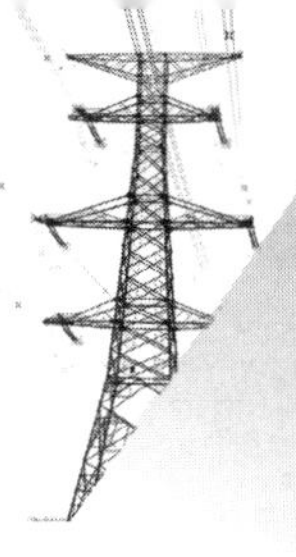

目录

第一章

特高压仿真变电站基本信息

本文所涉及操作及事故处理均在MDts仿真系统完成，该系统以特高压华东变电站为模板建立，采用3D可视化操作，具有倒闸操作、事故处理、异常查找等功能。本章主要介绍了仿真变电站的一次主接线，正常的运行方式，详细介绍了仿真变电站的保护配置及跳闸逻辑，为后续倒闸操作、安措布置、事故及异常处理等提供依据。

第一节　一次接线方式

一、华东变电站简介

特高压华东变电站，装有主变压器 2 台（1 号和 4 号主变压器）；1000kV 出线 4 回（华东Ⅰ线、华东Ⅱ线、华东Ⅲ线、华东Ⅳ线），采用 3/2 接线方式，装设 9 台 1000kV 断路器；500kV 出线 6 回（苏州Ⅰ线、苏州Ⅱ线、苏州Ⅲ线、苏州Ⅳ线、苏州Ⅴ线、苏州Ⅵ线），3/2 断路器方式，按上海侧、苏州侧两部分镜像布置，装设 14 台 500kV 断路器。1000kV 线路装设高压电抗器 2 组（华东Ⅰ线高压电抗器、华东Ⅱ线高压电抗器）。华东变电站本期 110kV 采用单母线接线方式，110kV 敞开式断路器 4 台，HGIS 断路器 8 台，并联电容器 4 组，并联电抗器 4 组；110kV 站用变压器 2 台（1 号、2 号），35kV 站用变压器 1 台（0 号外接站用电源，35kV 华东 334 线）。其接线如图 1-1 所示。

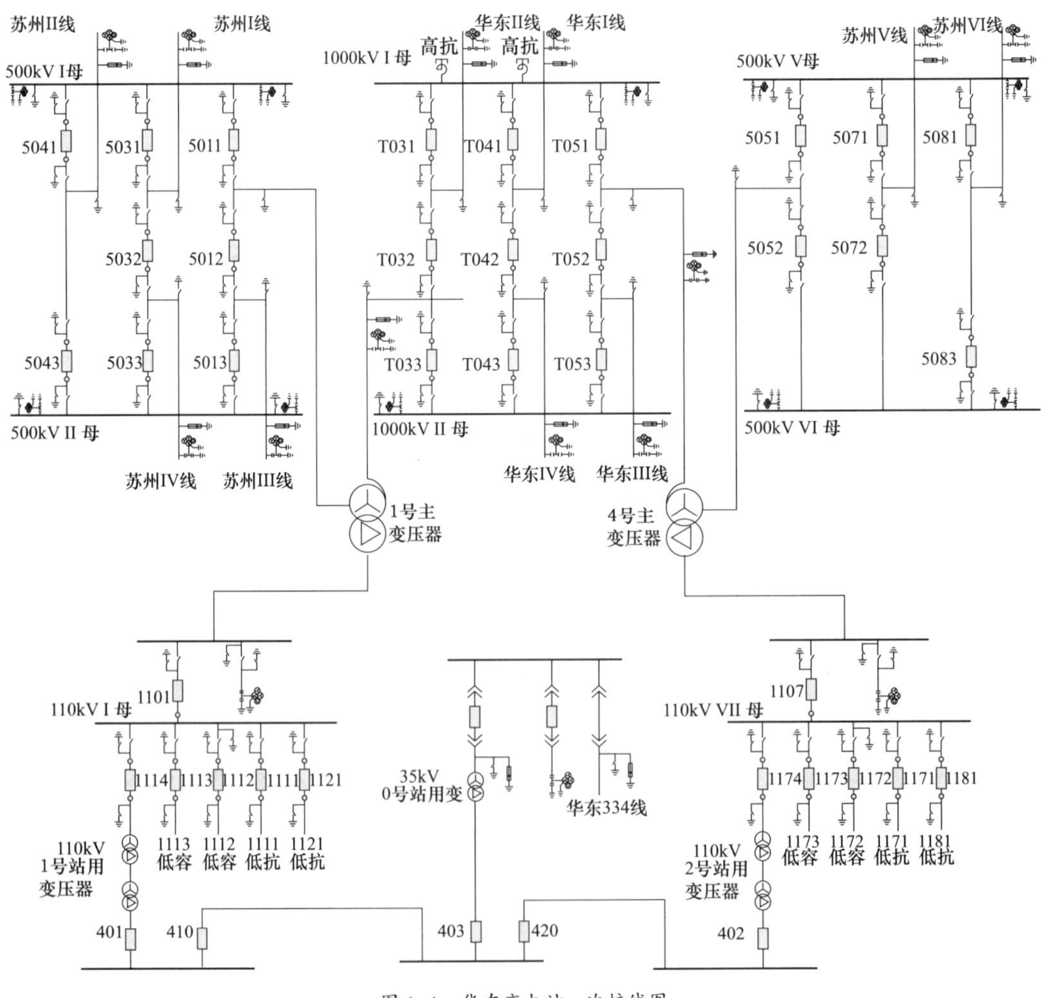

图 1-1　华东变电站一次接线图

二、华东变电站系统运行方式

（1）1000kV 系统运行方式（表 1–1）。

表 1–1　1000kV 系统运行方式

单位	串	正常方式	状态
华东变电站	3	T031、T032、T033、1 号主变压器、华东Ⅱ线	所有设备均处于运行状态
	4	T041、T042、T043、华东Ⅱ线、华东Ⅳ线	
	5	T051、T052、T053、4 号主变压器、华东Ⅲ线	

（2）500kV 系统运行方式（表 1–2）。

表 1–2　500kV 系统运行方式

单位	串	正常方式	状态
华东变电站	1	5011、5012、5013、1 号主变压器、苏州Ⅲ线	所有设备均处于运行状态
	3	5031、5032、5033、苏州Ⅰ线、苏州Ⅳ线	
	4	5043、5041、苏州Ⅱ线	
	5	5051、5052、4 号主变压器	
	7	5072、5071、苏州Ⅴ线	
	8	5081、5083、苏州Ⅳ线	

（3）1 号主变压器 110kV 系统运行方式（表 1–3）。

表 1–3　1 号主变压器 110kV 系统运行方式

单位	母线	正常方式	状态
华东变电站	汇流	1101、1 号主变压器 110kV 电压互感器	均处于运行状态
	Ⅰ母	1111 低压电抗器、1112 低压电容器、1113 低压电容器、1121 低压电抗器、110kV1 号站用变压器 1114	110kV1 号站用变压器处于运行状态；低压电抗器正常处于运行状态；低压电容器正常处于热备用状态

（4）4 号主变压器 110kV 系统运行方式（表 1–4）。

表 1–4　4 号主变压器 110kV 系统运行方式

单位	母线	正常方式	状态
华东变电站	汇流	1107、4 号主变压器 110kV 电压互感器	均处于运行状态
	Ⅶ母	1171 低压电抗器、1172 低压电容器、1173 低压电容器、1181 低压电抗器、110kV2 号站用变压器 1174	110kV2 号站用变压器处于运行状态；低压电抗器正常处于运行状态；低压电容器正常处于热备用状态

（5）站用变压器系统运行方式

1）110kV 1 号站用变压器为 110kV 变压器和 10kV 变压器各 1 台，中间不设断路器，经 401 断路器投于 400V Ⅰ段母线。

2）110kV 2 号站用变压器为 110kV 变压器和 10kV 变压器各 1 台，中间不设断路器，经 402 断路器投于 400V Ⅱ段母线。

3）35kV 0 号站用变压器为经 401 断路器投于 400V Ⅱ段母线；经 403 断路器投于 400V Ⅲ段母线。

4）400V Ⅰ、Ⅲ段分段 410 断路器备投于 400V Ⅰ段母线。400V Ⅱ、Ⅲ段分段 420 断路器备投于 400V Ⅱ段母线。

第二节　保护功能配置及跳闸逻辑

一、主变压器保护功能配置及跳闸逻辑（以 1 号主变压器为例）

主变压器保护功能及跳闸逻辑如表 1-5～表 1-10 所示。

表 1-5　1 号主体变压器第一套电气量保护功能配置

<table>
<tr><th>类型</th><th colspan="2">保护名称</th><th>电流 / 电压输入</th><th>动作结果（以调度定值为准）</th></tr>
<tr><td rowspan="6">差动保护</td><td colspan="2">纵差稳态比率差动</td><td rowspan="3">T0321TA、T0332TA、50111TA、50122TA、1101TA</td><td>跳 T032、T033、5011、5012、1101</td></tr>
<tr><td colspan="2">纵差差动速断</td><td>跳 T032、T033、5011、5012、1101</td></tr>
<tr><td colspan="2">工频变化量比率差动</td><td>跳 T032、T033、5011、5012、1101</td></tr>
<tr><td colspan="2">分侧比率差动</td><td rowspan="2">T0321TA、T0332TA、50111TA、50122TA、主变压器中性点套管 TA</td><td>跳 T032、T033、5011、5012、1101</td></tr>
<tr><td colspan="2">零序比率差动</td><td>跳 T032、T033、5011、5012、1101</td></tr>
<tr><td colspan="2">分相差动保护</td><td>T0321TA、T0332TA、50111TA、50122TA、主体变压器低压套管 TA</td><td>跳 T032、T033、5011、5012、1101</td></tr>
<tr><td rowspan="4">高压侧后备保护</td><td>相间阻抗</td><td>时间统一取 2s</td><td rowspan="2">T0321TA、T0332TA、主变压器 1000kV TV</td><td>跳 T032、T033、5011、5012、1101</td></tr>
<tr><td>接地阻抗</td><td>时间统一取 2s</td><td>跳 T032、T033、5011、5012、1101</td></tr>
<tr><td rowspan="2">零序过流</td><td>Ⅰ段</td><td rowspan="2">T0321TA、T0332TA</td><td>跳 T032、T033</td></tr>
<tr><td>Ⅱ段</td><td>跳 T032、T033、5011、5012、1101</td></tr>
</table>

续表

<table>
<tr><th>类型</th><th colspan="3">保护名称</th><th>电流 / 电压输入</th><th>动作结果（以调度定值为准）</th></tr>
<tr><td rowspan="4">高压侧后备保护</td><td colspan="3">反时限过励磁（7 段）</td><td rowspan="2">主变压器 1000kV TV</td><td>跳 T032、T033、5011、5012、1101</td></tr>
<tr><td colspan="3">定时限过励磁（5s）</td><td>发报警信号</td></tr>
<tr><td colspan="3">高压侧失灵联跳</td><td>—</td><td>跳 T032、T033、5011、5012、1101</td></tr>
<tr><td colspan="3">过负荷</td><td>T0321TA、T0332TA</td><td>发报警信号</td></tr>
<tr><td rowspan="6">中压侧后备保护</td><td>相间阻抗</td><td colspan="2">时间统一取 2s</td><td rowspan="2">50111TA、50122TA、主变压器 500kV TV</td><td>跳 T032、T033、5011、5012、1101</td></tr>
<tr><td>接地阻抗</td><td colspan="2">时间统一取 2s</td><td>跳 T032、T033、5011、5012、1101</td></tr>
<tr><td rowspan="2">零序过流</td><td colspan="2">Ⅰ段</td><td>50111TA、50122TA、主变压器 500kV TV</td><td>跳 5011、5012（经方向闭锁）</td></tr>
<tr><td colspan="2">Ⅱ段</td><td>50111TA、50122TA</td><td>跳 T032、T033、5011、5012、1101</td></tr>
<tr><td colspan="3">中压侧失灵联跳</td><td>—</td><td>跳 T032、T033、5011、5012、1101</td></tr>
<tr><td colspan="3">过负荷</td><td>50111TA、50122TA</td><td>发报警信号</td></tr>
<tr><td rowspan="10">低压侧后备保护</td><td rowspan="4">1101 分支过流</td><td rowspan="2">Ⅰ段</td><td>1 时限（1.4s）</td><td rowspan="2">1101TA</td><td>跳 1101</td></tr>
<tr><td>2 时限（2.0s）</td><td>跳 T032、T033、5011、5012、1101</td></tr>
<tr><td rowspan="2">Ⅱ段</td><td>1 时限（1.4s）</td><td rowspan="2">1101TA、主变压器、110kV TV（TV 经复压闭锁）</td><td>跳 1101</td></tr>
<tr><td>2 时限（2.0s）</td><td>跳 T032、T033、5011、5012、1101</td></tr>
<tr><td colspan="3">低压分支过负荷</td><td>1101TA</td><td>发报警信号</td></tr>
<tr><td rowspan="2">低压绕组过流</td><td colspan="2">1 时限（1.7s）</td><td rowspan="2">主体变压器低压套管 TA</td><td>跳 1101</td></tr>
<tr><td colspan="2">2 时限（2.0s）</td><td>跳 T032、T033、5011、5012、1101</td></tr>
<tr><td colspan="3">1101 失灵联跳</td><td>—</td><td>跳 T032、T033、5011、5012、1101</td></tr>
<tr><td colspan="3">过负荷</td><td>1101TA</td><td>发报警信号</td></tr>
<tr><td colspan="3">低压侧零序过压告警</td><td>低压侧自产零序电压</td><td>发报警信号</td></tr>
<tr><td rowspan="2">公共绕组</td><td colspan="3">过负荷</td><td rowspan="2">主变压器中性点套管 TA</td><td>发报警信号</td></tr>
<tr><td colspan="3">零序过电流</td><td>跳 T032、T033、5011、5012、1101</td></tr>
</table>

表 1-6　1 号主体变压器第二套电气量保护功能配置

<table>
<tr><th>类型</th><th colspan="2">保护名称</th><th>电流 / 电压输入</th><th>动作结果（以调度定值为准）</th></tr>
<tr><td rowspan="5">差动保护</td><td colspan="2">纵联比率差动</td><td rowspan="2">T0321TA、T0332TA、50111TA、50122TA、1101TA</td><td>跳 T032、T033、5011、5012、1101</td></tr>
<tr><td colspan="2">纵联差动速断</td><td>跳 T032、T033、5011、5012、1101</td></tr>
<tr><td colspan="2">分相差动速断</td><td rowspan="2">T0321TA、T0332TA、50111TA、50122TA、主体变压器低压套管 TA</td><td>跳 T032、T033、5011、5012、1101</td></tr>
<tr><td colspan="2">分相比率差动</td><td>跳 T032、T033、5011、5012、1101</td></tr>
<tr><td colspan="2">分侧比例差动</td><td>T0321TA、T0332TA、50111TA、50122TA、主变压器中性点套管 TA</td><td>跳 T032、T033、5011、5012、1101</td></tr>
<tr><td rowspan="15">高压侧后备保护</td><td colspan="2">相间阻抗（2s）</td><td rowspan="2">T0321TA、T0332TA、主变压器 1000kV TV</td><td>跳 T032、T033、5011、5012、1101</td></tr>
<tr><td colspan="2">接地阻抗（2s）</td><td>跳 T032、T033、5011、5012、1101</td></tr>
<tr><td rowspan="2">零序过流</td><td>1 时限</td><td rowspan="2">T0321TA、T0332TA</td><td>跳 T032、T033</td></tr>
<tr><td>2 时限</td><td>跳 T032、T033、5011、5012、1101</td></tr>
<tr><td colspan="2">反时限零序过流</td><td>T0321TA、T0332TA</td><td>跳 T032、T033、5011、5012、1101</td></tr>
<tr><td rowspan="7">反时限过励磁</td><td>Ⅰ段</td><td rowspan="8">主变压器 1000kV TV</td><td rowspan="7">跳 T032、T033、5011、5012、1101</td></tr>
<tr><td>Ⅱ段</td></tr>
<tr><td>Ⅲ段</td></tr>
<tr><td>Ⅳ段</td></tr>
<tr><td>Ⅴ段</td></tr>
<tr><td>Ⅵ段</td></tr>
<tr><td>Ⅶ段</td></tr>
<tr><td colspan="2">定时限过激磁</td><td>发报警信号</td></tr>
<tr><td colspan="2">失灵联跳</td><td>—</td><td>跳 T032、T033、5011、5012、1101</td></tr>
<tr><td colspan="2">过负荷</td><td>T0321TA、T0332TA</td><td>发报警信号</td></tr>
<tr><td rowspan="7">中压侧后备保护</td><td colspan="2">相间阻抗（2s）</td><td rowspan="2">50111TA、50122TA、主变压器 500kV TV</td><td>跳 T032、T033、5011、5012、1101</td></tr>
<tr><td colspan="2">接地阻抗（2s）</td><td>跳 T032、T033、5011、5012、1101</td></tr>
<tr><td rowspan="2">零序过流</td><td>1 时限</td><td rowspan="2">50111TA、50122TA</td><td>跳 5011、5012</td></tr>
<tr><td>2 时限</td><td>跳 T032、T033、5011、5012、1101</td></tr>
<tr><td colspan="2">反时限零序过流</td><td>50111TA、50122TA</td><td>跳 T032、T033、5011、5012、1101</td></tr>
<tr><td colspan="2">失灵联跳</td><td>—</td><td>跳 T032、T033、5011、5012、1101</td></tr>
<tr><td colspan="2">过负荷</td><td>50111TA、50122TA</td><td>发报警信号</td></tr>
</table>

续表

<table>
<tr><th>类型</th><th colspan="2">保护名称</th><th>电流 / 电压输入</th><th>动作结果（以调度定值为准）</th></tr>
<tr><td rowspan="6">1101分支后备保护</td><td rowspan="2">过流保护</td><td>1 时限</td><td rowspan="2">1101TA</td><td>跳 1101</td></tr>
<tr><td>2 时限</td><td>跳 T032、T033、5011、5012、1101</td></tr>
<tr><td colspan="2">复压闭锁过流保护</td><td>1101TA
主变压器 110kV TV</td><td>跳 T032、T033、5011、5012、1101</td></tr>
<tr><td colspan="2">1101 失灵联跳</td><td>—</td><td>跳 T032、T033、5011、5012、1101</td></tr>
<tr><td colspan="2">零序过压告警</td><td>低压侧自产零序电压</td><td>发报警信号</td></tr>
<tr><td colspan="2">过负荷</td><td>1101TA</td><td>发报警信号</td></tr>
<tr><td rowspan="5">低压绕组</td><td rowspan="2">低压绕组过流</td><td>1 时限</td><td rowspan="2">主体变压器低压套管 TA</td><td>跳 1101</td></tr>
<tr><td>2 时限</td><td>跳 T032、T033、5011、5012、1101</td></tr>
<tr><td rowspan="2">复压闭锁过流</td><td>1 时限</td><td rowspan="2">主体变压器低压套管 TA、主变压器 110kV TV</td><td>跳 1101</td></tr>
<tr><td>2 时限</td><td>跳 T032、T033、5011、5012、1101</td></tr>
<tr><td colspan="2">过负荷</td><td>主体变压器低压套管 TA</td><td>发报警信号</td></tr>
<tr><td rowspan="2">公共绕组</td><td colspan="2">过负荷</td><td rowspan="2">主变压器中性点套管 TA</td><td>发报警信号</td></tr>
<tr><td colspan="2">零序过电流</td><td>跳 T032、T033、5011、5012、1101</td></tr>
</table>

表 1-7　1 号主体变压器非电量保护功能配置

<table>
<tr><th>类型</th><th>保护名称</th><th>反映故障或异常</th><th>动作结果（以调度定值为准）</th></tr>
<tr><td rowspan="8">非电量保护</td><td>本体轻瓦斯</td><td>主体变压器内部轻微故障</td><td>发报警信号（以最新管理规定为准）</td></tr>
<tr><td>本体重瓦斯</td><td>主体变压器内部严重故障</td><td>跳 T032、T033、5011、5012、1101</td></tr>
<tr><td>冷却器全停</td><td>冷却器系统故障</td><td>发报警信号（可投跳闸）</td></tr>
<tr><td>压力释放</td><td>主变压器本体内部故障，引起压力过高</td><td>发报警信号（可投跳闸）</td></tr>
<tr><td>压力突变</td><td>主变压器本体内部故障，引起压力变化过高</td><td>无信号回路，只有跳闸回路</td></tr>
<tr><td>油温高</td><td>主变压器本体内部油温高</td><td>发报警信号（可投跳闸）</td></tr>
<tr><td>绕组温度高</td><td>主变压器本体内部绕组温度高</td><td>发报警信号（可投跳闸）</td></tr>
<tr><td>油位异常</td><td>主变压器本体油位过高或过低</td><td>发报警信号</td></tr>
</table>

表 1-8 1 号主变压器调补变压器第一套电气量保护功能配置

类型	保护名称	电流 / 电压输入	动作结果（以调度定值为准）
电量保护	调电压互感器纵差差动保护	主变压器中性点套管 TA、调补变压器调压励磁绕组套管 TA、调补变压器补偿励磁绕组套管 TA	跳 T032、T033、5011、5012、1101
	补偿变纵差差动保护	调补变压器低压绕组套管 TA、调补变压器补偿励磁绕组套管 TA	跳 T032、T033、5011、5012、1101

表 1-9 1 号主变压器调补变压器非电量保护功能配置

类型	保护名称	反映故障或异常	动作结果（以调度定值为准）
非电量保护	本体轻瓦斯	调补变压器内部故障	发报警信号（以最新管理规定为准）
	本体重瓦斯	调补变压器内部故障	跳 T032、T033、5011、5012、1101
	压力释放	调补变压器内部故障，引起压力过高	发报警信号（可投跳闸）
	油位异常	调补变压器内部油位异常	发报警信号
	油温高	调补变压器内部油温高	发报警信号（可投跳闸）

表 1-10 1 号主变压器调补变压器第二套电气量保护功能配置表

类型	保护名称	电流 / 电压输入	动作结果（以调度定值为准）
电量保护	调压变压器分相比率差动	主变压器中性点套管 TA、调补变压器调压励磁绕组套管 TA、调补变压器补偿励磁绕组套管 TA	跳 T032、T033、5011、5012、1101
	补偿变压器分相比率差动	调补变压器低压绕组套管 TA、调补变压器补偿励磁绕组套管 TA	跳 T032、T033、5011、5012、1101

二、高压电抗器保护具体功能配置（以华东 I 线高压电抗器保护为例）

高压电抗器保护具体功能配置，如表 1-11 ~ 表 1-13 所示。

表 1-11 华东 I 线高压电抗器 PCS-917G 保护功能配置

类型	保护名称	电流 / 电压输入	动作结果（以调度定值为准）
主保护	比率差动	高压电抗器首端套管 TA、高压电抗器尾端套管 TA	跳本侧 T041、T042；启动远跳
	差动速断		跳本侧 T041、T042；启动远跳
	工频变化量比率差动		跳本侧 T041、T042；启动远跳
	零序差动		跳本侧 T041、T042；启动远跳

续表

类型	保护名称	电流 / 电压输入	动作结果（以调度定值为准）
主保护	匝间保护	高压电抗器首端套管 TA、线路 TV	跳本侧 T041、T042；启动远跳
后备保护	过流保护	高压电抗器首端套管 TA	跳本侧 T041、T042；启动远跳
	零序过流		跳本侧 T041、T042；启动远跳
	主电抗过负荷		发告警信号
	中性点电抗器过流	高压电抗器尾端套管 TA	跳本侧 T041、T042；启动远跳
	中性点电抗器过负荷		发告警信号

表 1-12 华东Ⅰ线高压电抗器 SGR751 保护功能配置

类型	保护名称	保护范围	动作结果（以调度定值为准）
主保护	差动保护	高压电抗器首端套管 TA、高压电抗器尾端套管 TA	跳本侧 T041、T042；启动远跳
	差动速断		跳本侧 T041、T042；启动远跳
	零序差动		跳本侧 T041、T042；启动远跳
	零序差动速断		跳本侧 T041、T042；启动远跳
	匝间保护	高压电抗器首端套管 TA、线路 TV	跳本侧 T041、T042；启动远跳
后备保护	主电抗器过流保护	高压电抗器首端套管 TA	跳本侧 T041、T042；启动远跳
	主电抗器零序过流		跳本侧 T041、T042；启动远跳
	主电抗器过负荷		发告警信号
	中性点电抗器过流	高压电抗器尾端套管 TA	跳本侧 T041、T042；启动远跳
	中性点电抗器过负荷		发告警信号

表 1-13 华东Ⅰ线高压电抗器 PCS-974FG 非电量保护功能配置

类型	保护名称	反映故障及异常	动作结果
非电量保护	高压电抗器重瓦斯	高压电抗器内各种故障	跳本侧 T041、T042；启动远跳
	中性点电抗重瓦斯	中性点电抗器内各种故障	跳本侧 T041、T042；启动远跳
	高压电抗器压力释放	高压电抗器内故障，引起压力过高	发报警信号（可投跳闸）
	中性点电抗压力释放	中性点电抗器内故障，引起压力过高	发报警信号（可投跳闸）

续表

类型	保护名称	反映故障及异常	动作结果
非电量保护	高压电抗器油温高	高压电抗器内油温过高	发报警信号（可投跳闸）
	中性点电抗油温高	中性点电抗器内油温高	发报警信号（可投跳闸）
	高压电抗器绕组温度高	高压电抗器内绕组温度过高	发报警信号（可投跳闸）
	高压电抗器轻瓦斯告警	高压电抗器内各种故障	发报警信号（以最新管理规定为准）
	中性点电抗轻瓦斯告警	中性点电抗器内各种故障	发报警信号
	高压电抗器油位异常告警	高压电抗器内油位过高或过低	发报警信号
	中性点电抗油位异常告警	中性点电抗油位过高或过低	发报警信号
	高压电抗器套管油位异常告警	高压套管油压过高或过低	发报警信号
	中性点电抗器关闭阀告警	关闭阀异常	发报警信号
	高压电抗器风扇故障告警	风扇电机故障	发报警信号
	高压电抗器工作电源 1 故障	Ⅰ路电源故障	发报警信号
	高压电抗器工作电源 2 故障	Ⅱ路电源故障	发报警信号

三、1000kV 线路保护具体功能配置（以华东Ⅰ线为例）

1000kV 线路保护具体功能配置，如表 1-14 ~ 表 1-17 所示。

表 1-14　1000kV 线路 CSC-103B 保护功能配置

<table>
<tr><th>类型</th><th>保护名称</th><th>电流 / 电压输入</th><th>动作结果</th></tr>
<tr><td rowspan="2">主保护</td><td>分相电流差动</td><td rowspan="2">T0411TA、T0422TA</td><td rowspan="6">跳 T041、T042</td></tr>
<tr><td>零序电流差动</td></tr>
<tr><td rowspan="4">后备保护</td><td>快速距离</td><td rowspan="4">T0411TA、T0422TA、华东Ⅰ线线路 TV</td></tr>
<tr><td>三段式接地距离和相间距离</td></tr>
<tr><td>两段（Ⅱ、Ⅲ）零序（方向）过流</td></tr>
<tr><td>零序反时限（方向）过流</td></tr>
</table>

表 1-15　1000kV 线路 CSC-125A 过电压及就地判别装置功能配置

类型	保护名称	电流 / 电压输入	动作结果
过电压保护	过电压保护	华东Ⅰ线线路 TV	启动线路远跳
远方跳闸就地判别	就地判别	T0411TA、T0422TA、华东Ⅰ线线路 TV	跳 T041、T042

表 1-16 1000kV 线路 PRS-753S-H 保护功能配置

<table>
<tr><th>功能类型</th><th>保护名称</th><th>电流 / 电压输入</th><th>动作结果</th></tr>
<tr><td rowspan="2">主保护</td><td>分相电流差动</td><td rowspan="2">T0411TA、T0422TA</td><td rowspan="6">跳 T041、T042</td></tr>
<tr><td>零序电流差动</td></tr>
<tr><td rowspan="4">后备保护</td><td>快速距离</td><td rowspan="4">T0411TA、T0422TA、华东 I 线线路 TV</td></tr>
<tr><td>三段式接地距离和相间距离</td></tr>
<tr><td>两段（Ⅱ、Ⅲ）定时限零序（方向）过流</td></tr>
<tr><td>零序过流（方向）反时限</td></tr>
</table>

表 1-17 1000kV 线路 PRS-725S 过电压及就地判别装置功能配置

类型	保护名称	电流 / 电压输入	动作结果
过电压保护	过电压保护	华东Ⅱ线线路 TV	启动线路远跳
远方跳闸就地判别	就地判别	T0411TA、T0422TA、华东 I 线线路 TV	跳 T041、T042

四、500kV 线路保护功能配置（以苏州 I 线为例）

500kV 线路保护功能配置，如表 1-18 ~ 表1-21 所示。

表 1-18 500kV 线路 PCS-931A 保护功能配置

<table>
<tr><th>类型</th><th>保护名称</th><th>电流 / 电压输入</th><th>动作结果</th></tr>
<tr><td rowspan="2">主保护</td><td>分相电流差动</td><td rowspan="2">50311TA、50322TA</td><td rowspan="5">跳 5031、5032</td></tr>
<tr><td>零序电流差动</td></tr>
<tr><td rowspan="3">后备保护</td><td>快速距离 I 段</td><td rowspan="3">50311TA、50322TA、苏州 I 线线路 TV</td></tr>
<tr><td>三段式接地距离和相间距离</td></tr>
<tr><td>两段（Ⅱ、Ⅲ）零序过流</td></tr>
</table>

表 1-19 500kV 线路 PCS-925A 过电压及远跳装置功能配置

功能类型	保护名称	电流 / 电压输入	跳闸出口
过电压保护	过电压保护	苏州 I 线线路 TV	启动线路远跳
远方跳闸就地判别	就地判别	50311TA、50322TA、苏州 I 线线路 TV	跳 5031、5032

表 1-20　500kV 线路 CSC-103A 保护功能配置

功能类型	保护名称	电流 / 电压输入	跳闸出口
主保护	分相电流差动	50311TA、50322TA	跳 5031、5032
	零序电流差动		
后备保护	快速距离	50311TA、50322TA、苏州Ⅰ线线路 TV	
	三段式接地距离和相间距离		
	两段（Ⅱ、Ⅲ）零序过流		

表 1-21　500kV 线路 CSC-125A 过电压及远跳装置功能配置

功能类型	保护名称	电流 / 电压输入	跳闸出口
过电压保护	过电压保护	苏州Ⅰ线线路 TV	启动线路远跳
远方跳闸就地判别	就地判别	50311TA、50322TA、苏州Ⅰ线线路 TV	跳 5031、5032

五、断路器保护具体功能配置

断路器保护功能配置，如表 1-22 所示。

表 1-22　断路器保护功能配置

类型	保护名称	电流 / 电压输入	动作结果
CSC-121A	重合闸	断路器 TA（5P 次级）	重合本断路器
	失灵保护	断路器 TA（5P 次级）	边断路器失灵，跳开相邻断路器及所在母线断路器并启动远跳或联跳主变压器；中断路器失灵，跳开相邻两侧断路器并启动远跳或联跳主变压器
	充电保护	断路器 TA（5P 次级）	跳本断路器
WDLK-862A	重合闸	断路器 TA（5P 次级）	重合本断路器
	失灵保护	断路器 TA（5P 次级）	边断路器失灵，跳开相邻断路器及所在母线断路器并启动远跳或联跳主变压器；中断路器失灵，跳开相邻两侧断路器并启动远跳或联跳主变压器
	充电保护	断路器 TA（5P 次级）	跳本断路器

六、母线保护具体功能配置

母线保护具体功能配置如表 1–23 ~ 表 1–28 所示。

表 1–23 1000kV Ⅰ母线第一套保护功能配置

类型	保护名称	电流输入	动作结果
PCS–915C–G	差动保护	T0312TA、T0412TA、T0512TA	跳 T031、T041、T051
	失灵保护		

表 1–24 1000kV Ⅰ母线第二套保护功能配置

类型	保护名称	电流输入	动作结果
CSC–150C	差动保护	T0312TA、T0412TA、T0512TA	跳 T031、T041、T051
	失灵保护		

表 1–25 500kV Ⅰ母线第一套保护功能配置

类型	保护名称	电流输入	动作结果
PCS–915C–G	差动保护	50112TA、50312TA、50412TA	跳 5011、5031、5041
	失灵保护		

表 1–26 500kV Ⅰ母线第二套保护功能配置

类型	保护名称	电流输入	动作结果
CSC–150C	差动保护	50112TA、50312TA、50412TA	跳 5011、5031、5041
	失灵保护		

表 1–27 110kV Ⅰ母线第一套保护功能配置

类型	保护名称	电流 / 电压输入	动作结果
PCS–915AL–G	差动保护	1101TA、1111TA、1112TA、1113TA、1114TA、1121TA、1 号主变压器 110kV TV	跳 1101、1114
	失灵保护		

表 1–28 110kV Ⅰ母线第二套保护功能配置

类型	保护名称	电流 / 电压输入	动作结果
CSC–150C	差动保护	1101TA、1111TA、1112TA、1113TA、1114TA、1121TA、1 号主变压器 110kV TV	跳 1101、1114
	失灵保护		

七、电容器保护具体功能配置

电容器保护功能配置，如表 1–29 所示。

表 1–29　电容器保护功能配置

类型	保护名称	电流 / 电压输入	动作结果
WDR–851/P	电流速断保护	断路器 TA	跳主变压器 110kV 侧分支断路器
	过电流保护	断路器 TA	跳主变压器 110kV 侧分支断路器
	过电压保护	110kV 母线 TV	跳本间隔负荷断路器
	桥差电流保护	电容器组间 TA	跳本间隔负荷断路器
	失压保护	断路器 TA、110kV 母线 TV	跳本间隔负荷断路器
	过负荷保护	断路器 TA	报警

八、电抗器保护具体功能配置

电抗器保护功能配置如表 1–30 所示。

表 1–30　1111 低压电抗器保护功能配置

类型	保护名称	电流 / 电压输入	动作结果
WKB–851/P	过电流保护	1111 断路器 TA	小电流跳本间隔负荷断路器 / 大电流跳主变压器 110kV 侧本分支断路器
	过负荷保护	1111 断路器 TA	发信

第二章

特高压仿真变电站倒闸操作

电气设备倒闸操作，其实质是进行电气设备状态间的转换。因此，本章首先介绍变电站电气设备的状态及其状态间转换的概念，进而对变电站电气设备倒闸操作的基本概念、基本内容、基本类型、操作任务、操作指令、操作原则、二次设备操作方法和倒闸操作的一般规定进行阐述。通过倒闸操作基本程序来说明倒闸操作的基本步骤、方法及要点。

第一节　电气设备倒闸操作基本概念

一、一次设备的状态定义

电气一次设备的状态主要分四种，运行、热备用、冷备用、检修。

（1）运行设备的状态是指设备的隔离开关及断路器都在合上的位置，将电源至受电端间的电路接通（包括辅助设备如TV，避雷器等）。

（2）热备用状态的设备是指设备只靠断路器断开而隔离开关仍在合上位置。无单独断路器的设备，如母线、电压互感器及站用变压器无此状态。

（3）冷备用状态的设备是指设备断路器及隔离开关（如接线方式有的话）都在断开位置。

1）断路器冷备用时，接在断路器上的电压互感器高低压熔丝一律取下，高压侧隔离开关拉开。

2）线路冷备用时，接在线路上的电压互感器高低压熔丝一律取下，高压侧隔离开关拉开。

3）母线冷备用时，该母线上电压互感器高低压熔丝一律取下，其高压侧隔离开关拉开。

4）电压互感器与避雷器当其隔离开关拉开后或无高压隔离开关的电压互感器低压熔丝取下后，即处于冷备用状态。

5）500kV GIS断路器带电冷备用，断路器分开，母线侧隔离开关合上，另一侧隔离开关分开，称为带电冷备用。

（4）检修状态的设备是指设备的所有断路器、隔离开关均断开，挂好保护接地线或合上接地开关时（并挂好工作牌，装好临时遮拦等）即作为“检修状态”。根据不同的设备又分开关检修、线路检修、主变压器检修等。

1）“断路器检修”是指断路器及两侧隔离开关拉开，断路器与线路隔离开关（或变压器隔离开关）间有电压互感器者，则该电压互感器的隔离开关需拉开（或高低压熔丝取下），断路器操作回路熔丝取下，断路器二侧挂上接地线，断路器操作回路熔丝取下二侧挂上接地线（或合上接地开关）。

2）线路检修是指线路断路器、线路及母线隔离开关均拉开，如有线路电压互感器者，应将其隔离开关拉开或高低压熔丝取下并在线路出线端挂好接地线（或合上接地开关。

3）主变压器检修即在变压器各侧挂上接地线（或合上接地开关），并断开变压器冷却电源。

4）母线检修，是指该母线从冷却备用转为检修，包括母线电压互感器改为冷却备用或检修状态，在冷却备用母线上挂好接地线（或合上接地开关）。

（5）充电状态，设备的电源被接通，但不带负载或设备仅带有电压而无电流流过（忽略少量的充电电流或励磁电流）。

二、二次设备的状态定义

二次设备是指对一次设备进行控制、保护、监察和测量的设备，如测量仪表、继电保护装置、同期装置、故障录波器、自动控制设备等。二次设备操作即指针对上述设备进行的操作，其中操作次数最多、操作较为复杂的设备为继电保护设备。

华东网调对于二次设备的状态定义如表 2–1 所示。

表 2–1 华东网调对于二次设备的状态定义

电气设备	状态	状态释义
母线差动保护	跳闸	保护装置的交、直流回路正常运行；跳闸等出口回路正常运行
	信号	保护装置的交、直流回路正常运行；跳闸等出口回路停用
	停用	保护装置的交、直流回路停用；跳闸等出口回路停用
分相电流差动保护	跳闸	保护装置的交、直流回路正常运行；保护通道正常运行；保护出口回路（跳闸、启动失灵和启动重合闸等）正常运行
	无通道跳闸	保护装置的交、直流回路正常运行；保护装置的分相电流差动功能停用；后备距离、方向零流保护跳闸
	信号	保护装置的交、直流回路正常运行；保护通道正常运行；保护出口回路（跳闸、启动失灵和启动重合闸等）停用
	停用	保护装置的交、直流回路停用；保护出口回路（跳闸、启动失灵和启动重合闸等）停用
主变压器保护	跳闸	保护装置的交、直流回路正常运行；跳闸等出口回路正常运行
	信号	保护装置的交、直流回路正常运行；跳闸等出口回路停用
	停用	保护装置的交、直流回路停用；跳闸等出口回路停用
高压电抗器保护	跳闸	保护装置的交、直流回路正常运行；跳闸等出口回路正常运行
	信号	保护装置的交、直流回路正常运行；跳闸等出口回路停用
	停用	保护装置的交、直流回路停用；跳闸等出口回路停用

续表

电气设备	状态	状态释义
远方跳闸	跳闸	远方跳闸功能正常投入运行
	信号	远方跳闸功能停用
	停用	保护装置的交、直流回路停用；远方跳闸功能停用
过电压保护	跳闸	过电压保护正常跳闸
	信号	过电压保护功能停用
	停用	过电压保护装置的交、直流回路停用；过电压保护功能停用
重合闸	用上	保护装置的交、直流回路正常运行；重合闸出口回路正常运行；重合闸方式断路器置单重方式（对应线路保护的跳闸方式置单跳方式）
	信号	保护装置的交、直流回路正常运行；重合闸方式切换把手置停用位置或出口回路停用
	停用	保护装置的交、直流回路停用；重合闸方式切换把手置停用位置或出口回路停用
断路器失灵保护	跳闸	保护装置的交、直流回路正常运行；跳闸等出口回路正常运行
	信号	保护装置的交、直流回路正常运行；保护装置的跳闸等出口回路停用
	停用	保护装置的交、直流回路停用；跳闸等出口回路停用
距离、方向零流	跳闸	后备距离（方向零流）保护的交、直流回路正常运行；跳闸出口等回路正常运行
	信号	后备距离（方向零流）保护的交、直流回路正常运行；装置的出口回路停用
	停用	后备距离（方向零流）保护的交、直流回路停用；跳闸出口等回路停用

注 1. 整套保护停用，应断开出口跳闸连接片；保护的功能退出，应断开相应的功能连接片。
2. 如未特别说明，高频保护均指闭锁式高频保护。
3. 其他保护及自动装置状态定义按相关规定执行。

三、电气设备倒闸操作概念

将电气设备由一种状态转变到另一种状态所进行的操作总称为电气设备倒闸操作，包括变更一次系统运行接线方式、继电保护装置定值调整、继电保护装置的启停用、二次回路切换、自动装置启停用、电气设备切换试验等所进行的操作过程。

（1）倒闸操作可以通过就地操作、遥控操作、程序操作完成。遥控操作、程序操作的设备应满足有关技术条件。

（2）变电站倒闸操作的基本内容：

1）线路的停、送电操作。

2）变压器的停、送电操作。

3）母线停送电操作。

4）装设和拆除接地线的操作（合上和拉开接地开关）。

5）电网的并列与解列操作。

6）变压器的调压操作。

7）站用电源的切换操作。

8）继电保护及自动装置的投、退操作，改变继电保护及自动装置的定值操作。

9）其他特殊操作。

（3）倒闸操作指令：

1）倒闸操作任务：倒闸操作任务是由电网值班调度员下达的，将一个电气设备单元由一种状态连续地转变为另一种状态的操作内容。电气设备单元由一种状态转换为另一种状态，有时只需要一个操作任务就可以完成，有时需要经过多个操作任务来完成。

2）调度指令：一个调度指令是电网值班调度员向变电站值班人员下达一个倒闸操作任务的形式。调度操作指令分为逐项指令、综合指令、口头指令三种。①逐项指令：值班调度员下达的涉及两个及以上变电站共同完成的操作。值班调度员按操作规定分别对不同单位逐项下达操作指令，接受令单位应严格按照指令的顺序逐个进行操作。②综合指令：值班调度员下达的只涉及一个变电站的调度指令。该指令具体的操作步骤和内容以及安全措施，均由接受令单位运行值班员按现场规程自行拟定。③口头指令：值班调度员口头下达的调度指令。变电站的继电保护和自动装置的投、退等，可以下达口头指令。在事故处理的情况下，为加快事故处理的速度，也可以下达口头指令。

第二节　高压断路器停送电

高压断路器是电力系统中改变运行方式，接通和断开正常运行的电路，开断和关合负荷电流、空载长线路或电容器组等容性负荷电流，以及开断空载变压器电感性小负荷电流的重要电气主设备之一。与继电保护装置配合，在电网发生故障时，能快速将故障从电网上切除；与自动重合闸配合能多次关合和断开故障设备，以保证电网设备瞬时故障时，及时切除故障和恢复供电，提高电网供电的可靠性。

高压隔离开关在结构上没有专门的灭弧装置，不能用来接通和切断负荷电流或短路电流。回路断路器拉开后，可以拉开隔离开关使停电设备与高压电网有一个明显的断开点，保证检修设备与带电设备进行可靠隔离，可缩小停电范围并保证人身安全。

SF_6组合电器（简称 GIS），它集断路器、电流互感器、电压互感器、接地开关、隔离开关等设备于一体。由于它采用SF_6气体作为绝缘和灭弧介质，具有开断性能好、机械强度高、维护工作量小、机械寿命长的优点。与其他形式相比，还有占地面积小、可在室内安装、运行中不用考虑设备外绝缘等优势，是较理想的高压输配电系统的控制和保护设备。组合电器的操作顺序可参考断路器和隔离开关。

一、断路器操作的一般原则

（1）断路器的操作应在监控后台进行，一般不得在测控屏进行。

（2）解环操作前、合环操作后应抄录相关断路器的三相电流分配情况。

（3）充电操作后应抄录充电设备（包括线路、母线等）的电压情况。

（4）高压负荷断路器只能用于拉合经设计允许的设备空载电流，严禁带故障电流拉合负荷开断路器。

（5）操作主变压器断路器，停电时应先拉开负荷侧，后拉开电源侧，送电时顺序相反。拉合主变压器电源侧断路器前，主变压器中性点必须直接接地。

（6）若为线路断路器停电时，应先拉开该断路器，后拉开其线路侧隔离开关，再拉开其母线侧隔离开关，送电时顺序相反。若断路器检修，应在该断路器两侧验明三相无电后挂接地线（或合上接地开关），并断开该断路器的合闸电源和控制电源。

（7）断路器在某些情况下可进行单独操作，即断路器操作不影响线路和其他设备时，可直接由运行转检修或由检修转运行；反之，操作视断路器与其他设备配合情况分步进行，即运行→热备用→冷备用→检修，恢复送电时顺序相反。对于双母线接线，断路器恢复时应明确运行于哪条母线。对于 3/2 断路器，停电时先拉开该断路器，后拉其母线侧隔离开关，再拉开其出线侧隔离开关，送电时顺序相反。

（8）断路器操作后的位置检查，应通过断路器电气指示或遥信信号变化、仪表（电流表、电压表、功率表）或遥测指示变化、断路器（三相）机械指示位置变化等方面判断。遥控操作的断路器，至少应有两个非同样原理或非同源的指示发生对应变化，且所有这些确定的指示均已同时发生对应变化，才能确认该断路器已操作到位。特高压变电站 1000kV 断路器均为 GIS 设备，操作后需检查监控电气信号和现场机械位置指示。

二、隔离开关操作的一般原则

（1）操作隔离开关时，应先检查相应的断路器确定在断开位置（双母线接线方式倒母线时除外），严禁带负荷操作隔离开关。

（2）停电操作隔离开关时，应先拉线路侧隔离开关，后拉母线侧隔离开关。送电操作隔离开关时，应先合母线侧隔离开关，后合线路侧隔离开关。

（3）隔离开关（包括接地开关）操作时，运行人员应在现场逐相检查实际位置的分、合是否到位，触头插入深度是否适当和接触良好，确保隔离开关动作正常，位置正确。

（4）隔离开关、接地开关和断路器等设备之间设置有防止误操作的闭锁装置，在倒闸操作时，必须严格按操作顺序进行。如果闭锁装置失灵或隔离开关不能正常操作时，必须按闭锁要求的条件逐一检查相应的断路器、隔离开关和接地开关的位置状态，待条件满足，履行审批许可手续后，方能解除闭锁进行操作。

（5）电动隔离开关手动操作时，应断开其动力电源，手动操作完毕后，应将相关挡板、箱门复位，以防电动操作被闭锁。

（6）装有接地开关的隔离开关，必须在隔离开关完全分闸后方可合上接地开关；反之当接地开关完全分闸后，方可进行隔离开关的合闸操作，操作必须到位。

（7）用绝缘棒拉合隔离开关或经传动机构拉合隔离开关，均应戴绝缘手套。雨天操作室外高压设备时，绝缘棒应有防雨罩，还应穿绝缘靴。

三、操作注意事项

1. 高压断路器停电操作注意事项

（1）断路器检修时必须拉开断路器直流操作电源，弹簧机构应释放弹簧储能，以免检修时引起人员伤亡。检修后的断路器必须放在分开位置上，以免送电时造成带负荷合隔离开关的误操作事故。

（2）断路器检修时，应退出断路器失灵连接片，复役时，在断路器改为冷却备用后，投入失灵跳闸连接片。

（3）3/2 断路器方式，线路断路器检修，应注意线路保护屏上断路器“正常 / 检修”切换把手切至检修位置。线路边断路器检修，应注意调整线路重合闸运行方式（线路相关断路器重合闸投退原则见本章第八节）。

（4）对于手车断路器拉出后，应观察隔离挡板是否可靠封闭。

2. 高压断路器送电操作注意事项

（1）送电操作前应检查控制回路、辅助回路控制电源、液（气）压操动机构压力正常，储能机构已储能，即具备运行操作条件。对油断路器还应检查油色、油位应正常，

SF_6 断路器检查 SF_6 气体压力在规定范围之内。

（2）设备送电，断路器合闸前，应检查继电保护已按规定投入。断路器合闸后，应确认三相均应接通，自动装置已按规定放置。

（3）当断路器检修（或断路器及线路检修）且保护用二次电流回路有工作，在断路器送电时，相关保护需做带负荷试验，运维人员应根据试验方案调整相关保护及许可试验工作。

（4）线路边断路器送电后，根据调度指令恢复线路重合闸正常运行方式。

3. 隔离开关操作注意事项

（1）隔离开关在操作过程中如有卡滞、动触头不能插入静触头、触头合闸不到位、机构连杆未过死点等现象时应停止操作，待缺陷消除后再继续进行。

（2）在操作隔离开关过程中若绝缘子有断裂等异常时应迅速撤离现场，防止人身受伤。

（3）对于插入式触头的隔离开关，冬季进行倒闸操作前，应检查触头内无冰冻或积雪后才能进行合闸操作，防止由于冰冻致使触头不能插入而造成隔离开关支持绝缘子断裂。

（4）隔离开关操作失灵时严禁擅自解锁操作，必须查明原因、确认操作正确，并履行解锁许可手续后方可进行解锁操作。手动操作时应拉开该隔离开关的控制电源。

（5）如发生带负荷拉错隔离开关，在隔离开关动、静触头刚分离时，发现弧光应立即将隔离开关合上。已拉开时，不准再合上，防止造成带负荷合隔离开关，并将情况及时汇报上级；发现带负荷错合隔离开关，无论是否造成事故均不准将错合的隔离开关再拉开，应迅速报告所属调度听候处理并报告上级。

（6）拉合隔离开关发现异常时，应停止操作，已拉开的不许合上，已合上的不许再拉开。

四、断路器停送电操作案例

1. 1000kV 线变串断路器停复役

以 1000kV 华东变电站为例，1000kV 和 500kV 系统均为 3/2 断路器接线方式，根据串内断路器接线方式分为完整串和不完整串，完整串一般又分为线线串和线变串两类，不同接线方式下不同位置的断路器停复役操作稍有不同。

（1）线变串边断路器停役。

操作任务：1 号主变压器 T033 断路器从运行改为断路器检修。

一般操作步骤：

1）检查1号主变压器/华东Ⅱ线T032主变压器确在合闸位置。

2）将1号主变压器T033断路器从运行改为冷备用（先拉T0332隔离开关，后拉T0331隔离开关）。

3）退出1号主变压器T033断路器保护失灵连接片（包括失灵启动Ⅱ母线差动、失灵跳T032断路器、失灵联跳1号主变压器三侧断路器）。

4）将1号主变压器T033断路器从冷备用改为检修（GIS设备间接验电后合上T03317、T03327接地开关）。

5）分开1号主变压器T033断路器控制电源。

（2）线变串边断路器复役。

操作任务：1号主变压器T033断路器从检修改为运行。

一般操作步骤

1）合上1号主变压器T033断路器控制电源。

2）将1号主变压器T033断路器从检修改为冷备用（拉开T03317、T03327接地开关）。

3）投入1号主变压器T033断路器保护失灵连接片（投入连接片前检查断路器保护屏上无动作及异常信号）。

4）将1号主变压器T033断路器从冷备用改为运行（先合T0331隔离开关、后合T0332隔离开关）。

（3）线变串中断路器停役。

操作任务：1号主变压器/华东Ⅱ线T032断路器从运行改为检修。

一般操作步骤：

1）检查华东Ⅱ线T031断路器、1号主变压器T033断路器确在合闸位置。

2）将1号主变压器/华东Ⅱ线T032断路器从运行改为冷备用。

3）退出1号主变压器/华东Ⅱ线T032断路器保护失灵连接片（包括失灵启动华东Ⅱ线远跳、失灵跳T031断路器、失灵跳T033断路器、失灵联跳1号主变压器三侧断路器）。

4）将1号主变压器/华东Ⅱ线T032断路器从冷备用改为检修（间接验电后合上T03217、T03227接地开关）。

5）将华东Ⅱ线线路保护屏上T032断路器检修切换把手切至“中断路器检修”位置。

6）分开1号主变压器/华东Ⅱ线T032断路器控制电源。

（4）线变串中断路器复役

操作任务：1 号主变压器 / 华东Ⅱ线 T032 断路器从检修改为运行。

一般操作步骤：

1）合上 1 号主变压器 / 华东Ⅱ线 T032 断路器控制电源。

2）将华东Ⅱ线线路保护屏上 T032 断路器检修切换把手切至“正常”位置。

3）将 1 号主变压器 / 华东Ⅱ线 T032 断路器从检修改为冷备用（拉开 T03217、T03227 接地开关）。

4）投入 1 号主变压器 / 华东Ⅱ线 T032 断路器保护失灵连接片（投入连接片前检查 1 号主变压器 / 华东Ⅱ线 T032 断路器保护屏上无动作及异常信号）。

5）将 1 号主变压器 / 华东Ⅱ线 T032 断路器从冷备用改为运行。

2. 1000kV 线线串断路器停复役

（1）线线串中断路器停役。

操作任务：华东Ⅰ线 / 华东Ⅳ线 T042 断路器从运行改为检修。

一般操作步骤：

1）检查华东Ⅰ线 T041 断路器、华东Ⅳ线 T043 断路器确在合闸位置。

2）将华东Ⅰ线 / 华东Ⅳ线 T042 断路器从运行改为冷备用。

3）退出华东Ⅰ线 / 华东Ⅳ线 T042 断路器保护失灵连接片（包括失灵启动华东Ⅰ线远跳、失灵启动华东Ⅳ线远跳、失灵跳 T041 断路器、失灵跳 T043 断路器）。

4）将华东Ⅰ线 / 华东Ⅳ线 T042 断路器从冷备用改为检修（间接验电后合上 T04217、T04227 接地开关）。

5）将华东Ⅰ线及华东Ⅳ线线路保护屏上 T042 断路器检修切换把手切至“中断路器检修”位置。

6）分开华东Ⅰ线 / 华东Ⅳ线 T042 断路器控制电源。

（2）线线串中断路器复役。

操作任务：华东Ⅰ线 / 华东Ⅳ线 T042 断路器从检修改为运行。

一般操作步骤：

1）合上华东Ⅰ线 / 华东Ⅳ线 T042 断路器控制电源。

2）将华东Ⅰ线及华东Ⅳ线线路保护屏上 T042 断路器检修切换把手切至“正常”位置。

3）将华东Ⅰ线 / 华东Ⅳ线 T042 断路器从检修改为冷备用（拉开 T04217、T04227 接地开关）。

4）投入华东Ⅰ线/华东Ⅳ线T042断路器保护失灵连接片（投入连接片前检查断路器保护屏上无动作及异常信号）。

5）将华东Ⅰ线/华东Ⅳ线T042断路器从冷备用改为运行。

3. 500kV不完整串断路器停复役

500kV完整串断路器停复役操作与1000kV完整串相同。

（1）不完整串边断路器停役。

操作任务：苏州Ⅴ线5071断路器从运行改为检修。

一般操作步骤：

1）检查苏州Ⅴ线5072断路器确在合闸位置。

2）调整苏州Ⅴ线重合闸运行方式（停用5071断路器重合闸，用上5072断路器重合闸）。

3）将苏州Ⅴ线5071断路器从运行改为冷备用（先拉50711隔离开关，后拉50712隔离开关）。

4）退出苏州Ⅴ线5071断路器保护失灵连接片（包括失灵启动Ⅰ母线差动、失灵启动苏州Ⅴ线远跳、失灵跳5072断路器）。

5）将苏州Ⅴ线5071断路器从冷备用改为检修（间接验电后合上507117、507127接地开关）。

6）将苏州Ⅴ线线路保护屏上5071断路器检修切换把手切至“边断路器检修”位置。

7）分开苏州Ⅴ线5071断路器控制电源。

（2）不完整串边断路器复役。

操作任务：苏州Ⅴ线5071断路器从检修改为运行。

一般操作步骤：

1）合上苏州Ⅴ线5071断路器控制电源。

2）将苏州Ⅴ线线路保护屏上5071断路器检修切换把手切至“正常”位置。

3）将苏州Ⅴ线5071断路器从检修改为冷备用（拉开507117、507127接地开关）。

4）投入苏州Ⅴ线5071断路器保护失灵连接片（投入连接片前检查苏州Ⅴ线5071断路器保护屏上无动作及异常信号）。

5）将苏州Ⅴ线5071断路器从冷备用改为运行（先合50712隔离开关，后合50711隔离开关）。

6）恢复苏州Ⅴ线重合闸正常运行方式（停用5072断路器重合闸，用上5071断路器重合闸）。

第三节　线路停送电

一、线路停送电操作原则

（1）特高压变电站 1000kV 和 500kV 系统均为 3/2 断路器接线方式。

1）线路改冷备用，由于存在闭锁接在线路上的 TV 高压侧隔离开关不拉开，TV 高低压熔丝（空气开关）不取下（不拉开）。

2）线路改检修，利用线路 TV 进行带电闭锁的，应在合上线路接地开关后再拉开线路 TV 高压侧隔离开关和二次侧空气开关（或熔丝）。

3）线路停电操作时，先断开中间断路器，后断开母线侧断路器；拉开隔离开关时，由负荷侧逐步拉向电源侧。送电操作顺序与此相反。在正常情况下，先断开（合上）还是后断开（合上）中间断路器都没有关系，之所以要遵循一定顺序，主要是为了防止停、送电时发生故障，导致同串的线路或变压器停电。停电操作时，先断开中间断路器，切断很小负荷电流；断开边断路器，切除全部负荷电流，这时若发生故障，则母线保护动作，跳开母线直接相连的断路器，切除母线故障，其他线路可继续运行。若断开中间断路器发生故障时，将导致本串另一条线路停电。

4）带有线路隔离开关的线路停电后需要恢复完整串运行时，要求投入短引线保护，用以保护两断路器间的引线。

5）线路一般采用三相 TV，不得单独停役，其运行状态随线路一起改变。

（2）线路停电前，特别是超高压线路，要考虑线路停电后对其他设备的影响。

（3）对空载线路充电的操作原则。

1）充电时要求充电线路的断路器必须有完备的继电保护。正常情况下线路停运时，线路保护不一定停运，所以在对线路送电前一定要检查线路的保护情况。

2）要考虑线路充电功率对系统及线路末端电压的影响，防止线路末端设备过电压。充电端必须有变压器的中性点接地。

3）新建线路或检修后相位有可能变动的线路要进行核相。

4）在线路送电时，对馈电线路一般先合上送电端断路器，再合上受电端断路器。

（4）500kV 线路高压电抗器（无专用断路器）投停操作必须在线路冷备用（停电 15min 后）或检修状态下进行。

（5）1000kV 线路高压电抗器与线路直接相连，无专用断路器和隔离开关，其运行状态与线路相同。

二、线路停送电操作注意事项

（1）并列运行的线路，在一条线路停电前，应考虑有关保护定值的调整。注意在该线路拉开后另一条线路是否会过负荷，如有疑问应问清楚调度后再操作。

（2）线路停、送电时，对装有重合闸的线路断路器，重合闸一般不操作。当需要重合闸停用或投入时，调度员应发布操作命令。

（3）线路停、送电操作中，涉及系统解列、并列或解环、合环时，应按断路器操作一般原则中的规定处理。

（4）可能使线路相序发生紊乱的检修，在恢复送电前应进行核相工作。

（5）线路停、送电操作，应考虑对继电保护及安全自动装置、通信、调度自动化系统的影响。

三、线路停送电操作案例

1. 1000kV 线路停复役

线路的停复役操作各分为三步。即停役时：线路从运行改为热备用；线路从热备用改为冷备用；线路从冷备用改为线路检修。复役则反之。线路 TV 无高压隔离开关时线路 TV 不能单独停，其一次侧运行状态随线路状态一起改变。TV 二次侧的安措由现场自行掌握。以华东站为例：

（1）1000kV 线路停役。

操作目的：华东Ⅱ线线路停役。

操作任务：

1）1 号主变压器 / 华东Ⅱ线 T032 断路器从运行改为热备用。

2）华东Ⅱ线 T031 断路器从运行改为热备用。

3）1 号主变压器 / 华东Ⅱ线 T032 断路器从热备用改为冷备用。

4）华东Ⅱ线 T031 断路器从热备用改为冷备用。

5）华东Ⅱ线从冷备用改为检修。

一般操作步骤：

1）检查 1 号主变压器 T033 断路器确在合闸位置（防止误拉负荷）。

2）拉开 1 号主变压器 / 华东Ⅱ线 T032 断路器。

3）拉开华东Ⅱ线 T031 断路器。

4）将 1 号主变压器 / 华东Ⅱ线 T032 断路器从热备用改为冷备用（先拉 T0321 隔离

开关，后拉 T0322 隔离开关）。

5）将华东Ⅱ线 T031 断路器从热备用改为冷备用（先拉 T0312 隔离开关，后拉 T0321 隔离开关）。

6）间接验明华东Ⅱ线三相确无电压后（避雷器泄漏电流指示、带电显示装置），即合上华东Ⅱ线 T03167 接地开关。

7）分开华东Ⅱ线路 TV 低压侧空气开关。

（2）1000kV 线路复役。

操作目的：华东Ⅱ线线路复役。

操作任务：

1）华东Ⅱ线从检修改为冷备用。

2）华东Ⅱ线 T031 断路器从冷备用改为热备用。

3）1 号主变压器 / 华东Ⅱ线 T032 断路器从冷备用改为热备用。

4）华东Ⅱ线 T031 断路器从热备用改为运行。

5）1 号主变压器 / 华东Ⅱ线 T032 断路器从热备用改为运行。

一般操作步骤：

1）合上华东Ⅱ线线路 TV 低压侧空气开关。

2）将华东Ⅱ线从检修改为冷备用（拉开华东Ⅱ线 T03167 接地开关）。

3）将华东Ⅱ线 T031 断路器从冷备用改为热备用（先合 T0311 隔离开关，后合 T0312 隔离开关，合隔离开关前检查 T031 断路器确在分闸位置）。

4）将 1 号主变压器 / 华东Ⅱ线 T032 断路器从冷备用改为热备用（先合 T0322 隔离开关，后合 T0321 隔离开关）。

5）合上华东Ⅱ线 T031 断路器。

6）合上 1 号主变压器 / 华东Ⅱ线 T032 断路器。

2. 500kV 线路停复役

（1）500kV 线路停役。

操作目的：苏州Ⅰ线线路停役。

操作任务：

1）苏州Ⅰ线 / 苏州Ⅳ线 5032 断路器从运行改为热备用。

2）苏州Ⅰ线 5031 断路器从运行改为热备用。

3）苏州Ⅰ线 / 苏州Ⅳ线 5032 断路器从热备用改为冷备用。

4）苏州Ⅰ线 5031 断路器从热备用改为冷备用。

5）苏州Ⅰ线从冷备用改为检修。

一般操作步骤：

1）检查苏州Ⅳ线5033断路器确在合闸位置（防止误拉负荷）。

2）拉开苏州Ⅰ线/苏州Ⅳ线5032断路器。

3）拉开苏州Ⅰ线5031断路器。

4）将苏州Ⅰ线/苏州Ⅳ线5032断路器从热备用改为冷备用（先拉50321隔离开关，后拉50322隔离开关）。

5）将苏州Ⅰ线5031断路器从热备用改为冷备用（先拉50312隔离开关，后拉50321隔离开关）。

6）间接验明苏州Ⅰ线三相确无电压后（避雷器泄漏电流指示、带电显示装置），即合上苏州Ⅰ线503167接地开关。

7）分开苏州Ⅰ线路TV低压侧空气开关。

（2）500kV线路复役。

操作目的：苏州Ⅰ线线路复役。

操作任务：

1）苏州Ⅰ线从检修改为冷备用。

2）苏州Ⅰ线5031断路器从冷备用改为热备用。

3）苏州Ⅰ线/苏州Ⅳ线5032断路器从冷备用改为热备用。

4）苏州Ⅰ线5031断路器从热备用改为运行。

5）苏州Ⅰ线/苏州Ⅳ线5032断路器从热备用改为运行。

般操作步骤：

1）合上苏州Ⅰ线线路TV低压侧空气开关。

2）将苏州Ⅰ线从检修改为冷备用（拉开苏州Ⅰ线503167接地开关）。

3）将苏州Ⅰ线5031断路器从冷备用改为热备用（先合50311隔离开关，后合50312隔离开关，合隔离开关前检查5031断路器确在分闸位置）。

4）将苏州Ⅰ线/苏州Ⅳ线5032断路器从冷备用改为热备用（先合50322隔离开关，后合50321隔离开关）。

5）合上苏州Ⅰ线5031断路器。

6）合上苏州Ⅰ线/苏州Ⅳ线5032断路器。

第四节　母线停送电

母线的作用是汇集、分配和交换电能。根据母线接线方式的不同，其操作也各有不同。母线的操作是指母线的送电、停电操作以及母线上的电气设备单元在两条母线间的倒换等。

一、母线停送电操作一般原则

（1）母线冷备用时，母线上的所有断路器、隔离开关全部断开，母线上电压互感器的高压侧隔离开关拉开，高低压熔丝全部取下（或拉开低压侧空气开关）。

（2）母线停电操作，应先拉开母线 TV 次级空气开关（或取下熔丝），然后再拉开 TV 高压侧隔离开关，复役操作反之。

（3）母线停电前，有站用变压器接于停电母线上的，应先做好站用电的调整操作。母线停役前应检查停役母线上所有元件确已转移。

（4）对于 3/2 断路器接线系统的母线停电操作时，先将母线上所有运行断路器由运行状态转换成冷备用状态，即母线冷备用状态，再将母线由冷备用转检修状态；送电操作时，先将母线由检修状态转成冷备用状态，再选择一个断路器对母线进行充电操作，母线充电正常后，然后将母线上所有运行断路器由冷备用状态转换成运行状态。

（5）单母线停电时，应先拉开停电母线上所有负荷断路器，后拉开电源断路器，再将所有间隔设备（含母线电压互感器、站用变压器等）转冷备用、最后将母线三相短路接地。恢复时顺序相反。

（6）母线检修结束恢复送电时，必须对母线进行检验性充电。

二、母线停送电操作中的注意事项

（1）3/2 断路器母线停役时，一般按断路器编号从小到大进行操作。复役时根据系统情况一般选择线路断路器对母线进行充电，一般不用主变压器断路器进行充电，正常后再按断路器编号从大到小将其他断路器恢复运行。

（2）母线复役充电时，应使用具有反映各种故障类型的速动保护的断路器进行。在母线充电前，为防止充电至故障母线可能造成系统失稳，必要时先降低有关线路的潮流。

（3）用断路器向母线充电前，应将空母线上只能用隔离开关充电的附属设备，如母线电压互感器、避雷器先行投入。

（4）对不能直接验电的母线（如 GIS 母线），在合接地开关前，必须要确认连接在该母线上的全部隔离开关确已全部拉开，连接在该母线上的电压互感器的二次空气开关已全部断开。

（5）带有电容器的母线停送电时，停电前应先拉开电容器断路器，送电后合上电容器断路器，以防母线过电压，危及设备绝缘。

（6）用主变压器断路器对母线进行充电时应确保变压器保护确在投入位置，并且后备保护的方向应有指向母线的。用变压器向母线充电时，变压器中性点必须接地。

（7）用线路断路器对母线充电时确保线路断路器充电保护及线路保护在投入状态。

（8）母线充电操作后应检查母线及母线上的设备情况，包括检查母线上所连电压互感器、避雷器应无异常响声，无放电、冒烟，支持绝缘子无放电，检查充电断路器正常等，同时应检查母线电压指示正常。对 GIS 母线在充电后还应检查母线及母线上连接各设备的气室压力正常。

三、3/2 断路器的母线停复役注意事项

（1）对于 3/2 断路器母线停 / 复役操作各分为两步。即停役时：靠待停母线侧断路器从运行改为冷备用；母线从冷备用改为检修。复役则反之。

（2）当 3/2 断路器母线上接有主变压器，在进行母线停役操作时应先将主变压器与母线可靠隔离，然后再停母线。复役时，应先将母线改为运行，再将主变压器改运行。

（3）当 3/2 断路器母线上接有高压电抗器，在进行母线停役操作时应先将高压电抗器与母线可靠隔离，然后再停母线。复役时，应先将母线改为运行，再将高压电抗器改运行。

（4）当涉及线路边断路器停电时，应根据重合闸投退原则调整运行方式。

（5）当 3/2 断路器是 GIS 设备，在进行母线停役操作时应先将靠母线侧断路器改为热备用，然后根据现场要求再改为带电冷备用或冷备用，再将母线改为检修。复役时应先将母线改为冷备用，再将靠母线侧断路器改为热备用，然后再对母线进行充电操作。

（6）当母线 TV 有隔离开关可以操作时，在母线运行状态下，必要时 TV 可以单独停用（但状态改变须经网调发令）。母线为冷备用状态 TV 应改为运行，如需状态改变应得到网调许可。母线是检修状态 TV 可以是冷备用或检修，在母线改检修前 TV 应先改为冷备用或检修。如母线 TV 无隔离开关可以操作，则 TV 状态随母线，这时 TV 二次侧应按现场规定进行操作。当避雷器与母线 TV 共用一把隔离开关时，避雷器的停复役操作等同 TV 停复役操作，对避雷器网调调度员不发令操作。

四、主变压器低压侧母线停复役注意事项

（1）主变压器低压侧没有总断路器的，低压侧母线无法单独停役，母线有检修工作时，主变压器需要陪停，低压侧有总断路器的可以单独停低压侧母线。

（2）华东站主变压器低压侧（110kV）有总断路器，母线可以单独停役。110kV 母线为单母线接线，母线电压采用主变压器 110kV 侧 TV 电压，TV 经专用隔离开关接于主变压器 110kV 侧汇流母线。110kV 母线停役时，110kV TV 可以继续运行。

五、母线停复役案例

以华东站为案例，其 1000、500kV 母线均为 3/2 断路器，母线 TV 直接连于母线，无专用隔离开关，主变压器低压侧母线设有总断路器。

1. 3/2 断路器的母线停复役

（1）3/2 断路器的母线停役。

操作目的：1000kV Ⅰ母线停役。

操作任务：

1）华东Ⅱ线 T031 断路器从运行改为冷备用。

2）华东Ⅰ线 T041 断路器从运行改为冷备用。

3）4 号主变压器 T051 断路器从运行改为冷备用。

4）1000kV Ⅰ母线从冷备用改为检修。

一般操作步骤：

1）检查 1 号主变压器 / 华东Ⅱ线 T032 断路器、华东Ⅰ线 / 华东Ⅳ线 T042 断路器、4 号主变压器 / 华东Ⅲ线 T052 断路器确在合闸位置（防止误拉负荷）。

2）调整华东Ⅱ线重合闸运行方式（停用 T031 断路器重合闸，用上 T032 断路器重合闸）。

3）将华东Ⅱ线 T031 断路器从运行改为冷备用（拉开断路器后，先拉母线侧隔离开关，后拉出线侧隔离开关，下同）。

4）将华东Ⅰ线 T041 断路器从运行改为冷备用。

5）将 4 号主变压器 T051 断路器从运行改为冷备用。

6）将 1000kV Ⅰ母线从冷备用改为检修（GIS 设备，间接验电后合上 1000kV Ⅰ母线 T117 接地开关）。

7）分开 1000kV Ⅰ母线 TV 低压侧空气开关。

（2）3/2 断路器的母线复役。

操作目的：1000kV Ⅰ母线复役。

操作任务：

1）1000kV Ⅰ母线从检修改为冷备用。

2）华东Ⅰ线 T041 断路器从冷备用改为运行（充电）。

3）4 号主变压器 T051 断路器从冷备用改为运行。

4）华东Ⅱ线 T031 断路器从冷备用改为运行。

一般操作步骤：

1）合上 1000kV Ⅰ母线 TV 低压侧空气开关。

2）将 1000kV Ⅰ母线从检修改为冷备用（拉开 1000kV Ⅰ母线 T117 接地开关）。

3）检查母线及相应断路器送电范围内确无遗留接地。

4）将华东Ⅰ线 T041 断路器从冷备用改为热备用（先合 T0412 隔离开关，后合 T0411 隔离开关）。

5）合上华东Ⅰ线 T041 断路器，对 1000kV Ⅰ母线充电（检查 1000kV Ⅰ母线及母线 TV 充电正常，母线电压正常）。

6）将 4 号主变压器 T051 断路器从冷备用改为运行。

7）将华东Ⅱ线 T031 断路器从冷备用改为运行。

8）调整华东Ⅱ线重合闸运行方式（停用 T032 断路器重合闸，用上 T031 断路器重合闸）。

2. 主变压器低压侧母线停复役

（1）1000kV 变电站 110kV 母线停役。

操作目的：1 号主变压器 110kV Ⅰ母线停役。

操作任务：

1）1 号主变压器 1101 断路器由运行改为冷备用。

2）1 号主变压器 1111 低压电抗器 1111 断路器由热备用改为冷备用。

3）1 号主变压器 1112 低压电容器 1112 断路器由热备用改为冷备用。

4）1 号主变压器 1113 低压电容器 1113 断路器由热备用改为冷备用。

5）1 号主变压器 1121 低压电容器 1121 断路器由热备用改为冷备用。

6）1 号主变压器 110kV Ⅰ母线从冷备用改为检修。

一般操作步骤：

1）将 110kV1 号站用变压器改为冷备用（110kV1 号站用变压器负荷切至 35kV0 号

站用变压器）。

2）将 1 号主变压器 1101 断路器由运行改为冷备用（拉开 1101 断路器、11011 隔离开关）。

3）将 1 号主变压器 1111 低压电抗器 1111 断路器由热备用改为冷备用（拉开 11111 隔离开关）。

4）将 1 号主变压器 1112 低压电容器 1112 断路器由热备用改为冷备用（拉开 11112 隔离开关）。

5）将 1 号主变压器 1113 低压电容器 1113 断路器由热备用改为冷备用（拉开 11113 隔离开关）。

6）将 1 号主变压器 1121 低压电容器 1121 断路器由热备用改为冷备用（拉开 11211 隔离开关）。

7）将 1 号主变压器 110kV Ⅰ母线从冷备用改为检修（验电后合上 110kV Ⅰ母线 1117 接地开关）。

（2）1000kV 变电站 110kV 母线复役

操作目的：1 号主变压器 110kV Ⅰ母线复役

操作任务：

1）1 号主变压器 110kV Ⅰ母线从检修改为冷备用。

2）1 号主变压器 1111 低压电抗器 1111 断路器由冷备用改为热备用。

3）1 号主变压器 1112 低压电容器 1112 断路器由冷备用改为热备用。

4）1 号主变压器 1113 低压电容器 1113 断路器由冷备用改为热备用。

5）1 号主变压器 1121 低压电容器 1121 断路器由冷备用改为热备用。

6）1 号主变压器 1101 断路器由冷备用改为运行。

一般操作步骤：

1）将 1 号主变压器 110kV Ⅰ母线从检修改为冷备用（拉开 110kV Ⅰ母线 1117 接地开关）。

2）将 1 号主变压器 1111 低压电抗器 1111 断路器由冷备用改为热备用（合上 11111 隔离开关）。

3）将 1 号主变压器 1112 低压电容器 1112 断路器由冷备用改为热备用（合上 11112 隔离开关）。

4）将 1 号主变压器 1113 低压电容器 1113 断路器由冷备用改为热备用（合上 11113 隔离开关）。

5）将 1 号主变压器 1121 低压电容器 1121 断路器由冷备用改为热备用（合上 11211 隔离开关）。

6）将 1 号主变压器 1101 断路器由冷备用改为运行（合上 11011 隔离开关、1101 断路器）。

7）将 110kV 1 号站用变压器改为运行（35kV 0 号站用变压器负荷切至 110kV1 号站用变压器）。

第五节　变压器停送电

电力变压器是变电站各类电气设备中最重要的设备之一。变压器的操作包括变压器的停送电操作、调压操作以及主变压器断路器旁路代操作。主变压器的停送电操作一般不涉及相邻变电站的配合操作，而仅仅是各级调度部门在停运主变压器之前要充分考虑好邻近地区的负荷转移情况。

一、变压器操作原则

（1）变压器并列运行条件：

1）联接组别相同。

2）变比相同。

3）短路电压相等。

（2）在任何一台变压器不会过负荷的条件下，允许将短路电压不等的变压器并列运行，必要时应先进行计算。变电站内几台主变压器分接头对应档位的电压比不一致时，应有主变压器允许并列的档位对照表。并列运行的主变压器停用其中 1 台时，操作前应检查负荷分配情况，防止主变压器过载。

（3）变压器投入运行时，应选择励磁涌流影响较小的一侧送电。一般先从电源侧充电，后合上负荷侧断路器，当两侧或三侧均有电源时，应先从高压侧充电，再送中低压侧（500kV 变电站根据站内实际情况另定）。停电时，应先拉开负荷侧断路器，后拉开电源侧断路器，当两侧或三侧均有电源时，应先停中低压侧，后停高压侧。

（4）500kV、1000kV 主变压器停电前，应将主变压器对应的无功自动投入切换装置退出；主变压器送电后，再将无功自动投入切换装置投入。一般情况下，主变压器停/复役过程中低压电抗器、电容器自动投入切换装置的投退由现场自行掌握，网调不单独发令。

（5）500kV 主变压器调压分接开关为分相操作机构的，送电前应检查三相档位一致。

（6）大电流接地系统的变压器进行停、送电前，各侧中性点应可靠接地。

（7）新投运或大修后的变压器应进行核相，确认无误后方可并列运行。新投运的变压器一般冲击合闸 5 次，大修后的冲击合闸 3 次。

（8）变压器调压操作：

1）无载调压变压器分接头的调整，应根据调度命令进行。无载调压的操作，必须在变压器停电状态下进行。调整分接头应严格按制造厂规定的方法进行，防止将分接头调整错位。分接头调整好后，应检查和核对三相分接头位置一致，并应测量绕组的直流电阻。

2）调压补偿变压器保护运行定值区应与 1000kV 变压器分接头档位一致，当 1000kV 变压器分接头位置变化时，调压补偿变压器保护运行定值区应对应调整。

3）有载调压变压器调整分接头，运行人员应根据调度颁发的电压曲线进行。分接头调压操作可以在变压器运行状态下进行，调整分接头后不必测量直流电阻，但调整分接头时应无异声，每调整一档运行人员应检查相应三相电压表指示情况，电流和电压平衡。

4）有载调压主变压器分接头位置有 21 档，调压变压器保护有 21 组定值组。当有载调压主变压器分接头位置为 X（X=1～21）档位时，调压补偿变压器保护运行定值区应对应为 X（X=1～21）。有载调压补偿变压器差动保护分灵敏差动保护和不灵敏差动保护。不灵敏差动保护仅在部分调压过程中通过硬压板投跳。当调压涉及 9～13 档时（包括调压前、后、调压过程中），则调压前调压变灵敏差动保护和不灵敏差动保护均不投跳。当调压不涉及 9～13 档时（包括调压前、后、调压过程中），则调压前退出调压变灵敏差动保护，投入不灵敏差动保护。调压结束后调压补偿变压器保护切换到相应的运行定值区，投入调压变压器灵敏差动保护，退出不灵敏差动保护。

5）当有载调压变压器过载 1.2 倍运行时，禁止分接开关变换操作并闭锁。

二、变压器操作中的注意事项

1. 变压器在正常停送电操作中的注意事项

（1）变压器充电时应投入全部继电保护。充电断路器应有完备的继电保护，并保证有足够的灵敏度。同时应考虑励磁涌流对系统继电保护的影响。

（2）为保证系统稳定，充电前先降低相关线路的有功功率。

（3）变压器在充电状态下及停送电操作时，必须将其中性点接地开关合上。

（4）变压器充电前，应检查调整充电侧母线电压及变压器分接头位置，保证充电后各侧电压不超过规定值。

（5）联络变压器，应根据调度规程的有关规定进行操作。

（6）变压器并联运行必须满足并列运行条件。

（7）新投入或大修后变压器有可能改变相位，合环前都要进行相位校核。

（8）两台变压器并列运行前，要检查两台变压器有载调压电压分头指示一致；若是有载调压变压器与无励磁调压变压器并联运行时，其分接电压应尽量靠近无励磁调压变压器的分接位置。并列运行的变压器，其调压操作应轮流逐级或同步进行，不得在单台变压器上连续进行两个及以上分接头变换操作。

2. 变压器新投入或大修后投入操作前的注意事项

（1）按规定，对变压器本体及绝缘油进行全面试验，合格后方具备通电条件。

（2）对变压器外部进行检查：所有阀门应置于正确位置；变压器上各带电体对地的距离以及相间距离应符合要求；分接开关位置符合有关规定，且三相一致；变压器上导线、母线以及连接线牢固可靠；密封垫的所有螺栓要足够紧固，密封处不渗油。

（3）对变压器冷却系统进行检查：风扇、潜油泵的旋转方向符合规定，运行是否正常，自动启动冷却设备的控制系统动作正常，启动整定值正确，投入适当数量冷却设备，冷却设备备用电源切换试验正常。

（4）对监视、保护装置进行检查：所有指示元件要正确，如压力释放阀、油流指示器、油位指示器、温度指示器等；各种指示、计量仪表配置齐全；继电保护配置齐全，并按规定投入，接线正确，整定无误。

（5）变压器投入运前应进行直流消磁。当变压器带有的剩磁量较大时，空载充电将导致励磁涌流过大，产生较大的电动力，引起主变压器线圈、器身振动形成油流涌动，致使变压器内部的油液面波动增大，触发重瓦斯保护动作。过大的励磁电流还会导致变压器输入电流与输出电流相差较大，引起变压器差动保护误动作；直流消磁是在变压器高压绕组两端正向、反向分别通入直流电流，并不断减小，以缩小铁心的磁滞回环，从而达到消除剩磁的目的。一般情况下，反复冲击 4～5 次即可。

三、变压器停复役案例

（1）1000kV 主变压器停役操作。

1000kV 主变压器停役前，现场须确认 110kV 侧的电容器、低压电抗器在热备用或充电状态，主变压器停役操作分为三步：先将主变压器的 500kV、110kV、1000kV 三侧改为热备用，再将三侧改为冷备用（当主变压器 110kV 无总断路器或隔离开关时，应将所有的低压电抗器和电容器改为冷备用），最后将主变压器从冷备用改为变压器检修。

主变压器 110kV 母线停役前，现场应先将接于该母线的站用变压器负荷倒空后停用。主变压器 110kV 母线复役后，再自行恢复站用变压器运行。

本案例中华东站一次接线如图 1–1 所示。

操作目的：1 号主变压器停役。

操作任务：

1）查：1 号主变压器 1111 低压电抗器、1 号主变压器 1112 低压电容器、1 号主变压器 1113 低压电容器、1 号主变压器 1121 低压电抗器处于热备用状态。

2）1 号主变压器 5012 断路器从运行改为热备用。

3）1 号主变压器 5011 断路器从运行改为热备用。

4）1 号主变压器 1101 断路器从运行改为热备用。

5）华东Ⅱ线 /1 号主变压器 T032 断路器从运行改为热备用。

6）1 号主变压器 T033 断路器从运行改为热备用。

7）1 号主变压器 5012 断路器从热备用改为冷备用。

8）1 号主变压器 5011 断路器从热备用改为冷备用。

9）1 号主变压器 1101 断路器从热备用改为冷备用。

10）1 号主变压器 110kV TV 从运行改为冷备用。

11）华东Ⅱ线 /1 号主变压器 T032 断路器从热备用改为冷备用。

12）1 号主变压器 T033 断路器从热备用改为冷备用。

13）1 号主变压器从冷备用改为变压器检修。

一般操作步骤：

1）将 110kV1 号站用变压器改为冷备用（110kV1 号站用变压器负荷切至 35kV 0 号站用变压器）。

2）检查 1 号主变压器 1111 低压电抗器、1 号主变压器 1112 低压电容器、1 号主变压器 1113 低压电容器、1 号主变压器 1121 低压电抗器处于热备用状态。

3）将 1 号主变压器 5012 断路器从运行改为热备用。

4）将 1 号主变压器 5011 断路器从运行改为热备用。

5）将 1 号主变压器 1101 断路器从运行改为热备用。

6）将华东Ⅱ线 /1 号主变压器 T032 断路器从运行改为热备用。

7）将 1 号主变压器 T033 断路器从运行改为热备用。

8）将1号主变压器5012断路器从热备用改为冷备用（先拉50121隔离开关，再拉50122隔离开关）。

9）将1号主变压器5011断路器从热备用改为冷备用（先拉50112隔离开关，再拉50111隔离开关）。

10）将1号主变压器1101断路器从热备用改为冷备用（拉开11011隔离开关）。

11）将1号主变压器110kV TV从运行改为冷备用（先分开TV二次空气开关，再拉开110kV11001隔离开关）。

12）华东Ⅱ线/1号主变压器T032断路器从热备用改为冷备用（先拉T0322隔离开关，再拉T0321隔离开关）。

13）1号主变压器T033断路器从热备用改为冷备用（先拉T0331隔离开关，再拉T0332隔离开关）。

14）1号主变压器从冷备用改为变压器检修（1000kV、500kV侧间接验电，110kV侧直接验电，合上T03367、501167、11017接地开关）。

15）分开1号主变压器1000kV侧及500kV侧TV二次空气开关。

16）分开1号主变压器冷却器电源开关。

（2）1000kV主变压器复役操作。

一般情况下，主变压器复役时分为三步，先将主变压器从变压器检修改为冷备用，再将主变压器三侧改为热备用（若某侧为双母线方式，则须明确在××母热备用；若主变压器110kV无总断路器或隔离开关，则将电容器和低压电抗器改为热备用或充电），再用1000kV侧断路器对主变压器进行充电，将110kV侧断路器改运行，最后用500kV侧断路器进行合环。如有特殊情况，则由网调根据现场要求和系统情况选择主变压器的充电端。

操作目的：1000kV 1号主变压器复役。

操作任务：

1）1号主变压器从变压器检修改为冷备用。

2）1号主变压器110kV TV从冷备用改为运行。

3）1号主变压器T033断路器从冷备用改为热备用。

4）华东Ⅱ线/1号主变压器T032断路器从冷备用改为热备用。

5）1号主变压器1101断路器从冷备用改为热备用。

6）1号主变压器5011断路器从冷备用改为热备用。

7）1号主变压器5012断路器从冷备用改为热备用。

8）1号主变压器T033断路器从热备用改为运行。

9）华东Ⅱ线/1号主变压器T032断路器从热备用改为运行。

10）1号主变压器1101断路器从热备用改为运行。

11）1号主变压器5011断路器从热备用改为运行。

12）1号主变压器5012断路器从热备用改为运行。

一般操作步骤：

1）合上1号主变压器冷却器电源开关。

2）合上1号主变压器1000kV侧及500kV侧TV二次空气开关。

3）将1号主变压器从变压器检修改为冷备用。

4）将1号主变压器110kV TV从冷备用改为运行（先合110kV1001隔离开关，再合TV二次空气开关）。

5）将1号主变压器T033断路器从冷备用改为热备用（先合T0332隔离开关，再合T0331隔离开关）。

6）将华东Ⅱ线/1号主变压器T032断路器从冷备用改为热备用（先合T0321隔离开关，再合T0322隔离开关）。

7）将1号主变压器1101断路器从冷备用改为热备用（合上11011隔离开关）。

8）将1号主变压器5011断路器从冷备用改为热备用（先合50111隔离开关，再合50112隔离开关）。

9）将1号主变压器5012开断路器关从冷备用改为热备用（先合50122隔离开关，再合50121隔离开关）。

10）将1号主变压器T033断路器从热备用改为运行（对1号主变压器充电）

11）检查1号主变压器充电正常，抄录三侧电压。

12）将华东Ⅱ线/1号主变压器T032断路器从热备用改为运行。

13）将1号主变压器1101断路器从热备用改为运行。

14）将1号主变压器5011断路器从热备用改为运行。

15）将1号主变压器5012断路器从热备用改为运行。

16）恢复接于1号主变压器110kV母线上的1号站用变压器正常运行方式。

17）根据母线电压，自行决定是否投入低压无功补偿装置。

第六节　补偿装置停送电

变电站补偿装置包括母线并联电容器、电抗器，线路并联高压电抗器，线路串联补偿电容器等。电网通过补偿装置的投、退来进行电网电压的调整（控制）和改善电网的无功功率。

一、低压电容器、电抗器停送电操作原则

（1）低压电容器、电抗器，停电时，先断开断路器，再将断路器转为冷备用。送电时，现将断路器转为热备用，然后合上断路器。

（2）电容器从运行状态拉闸后，应经过充分放电（不少于5min）才能进行合闸运行。

（3）母线停电时应先停电容器，后停线路；送电时先送线路，然后根据电压或无功情况投入电容器。

（4）1000kV 变电站不设置无功自动投切装置，站内低压电抗器、低压电容器属网调管辖设备。值班人员应自行根据网调或者省调下达的电压曲线按照逆调压的原则进行电压控制，自行投切电容器、电抗器进行电压调整。网调调度员根据系统需要投、切低压电抗器或电容器，由网调值班调度员发令操作，2h 内若要再次操作，须向网调当值申请，2h 外无须申请。

二、低压电容器、电抗器操作中的注意事项

（1）电容器送电操作过程中，如果断路器没合好，应立即断开断路器，间隔 3min 后，再将电容器投入运行，以防止出现操作过电压。

（2）电容器的投退操作，必须根据调度指令，并结合电网的电压及无功功率情况进行操作。

（3）无失压保护的电容器组，母线失压后，应立即断开电容器组的断路器。

（4）电容器停用时应经放电线圈充分放电后才可合接地开关，其放电时间不得少于5 分钟。

（5）电网调度对低压电容器、电抗器操作的规定：

1）各变电站内的低压电容器、电抗器的操作由其调管的电网调度进行下令或许可进行操作。

2）电网调度利用投切电容器、电抗器来进行系统电压调整时，由电网调度下达综合指令进行操作。可根据本站电压曲线向调度提出电容器、电抗器的操作申请，经许可后进行操作，操作结束后应向电网调度汇报。

3）投、切低压电容器、电抗器必须用断路器进行操作。

4）低压电容器、电抗器的操作只涉及本变电站，所以调度对低压补偿装置的操作指令是以综合命令下达。

三、高压电抗器的操作原则

（1）线路高压电抗器隔离开关应在线路改检修后方可进行操作。若线路只改至冷备用状态，必须确认线路无电压，且须在线路改冷备用15分钟后方可拉开高压电抗器隔离开关。

（2）1000kV线路禁止无高压电抗器运行，高压电抗器直接接于线路，运行状态与线路一致。

四、高压电抗器操作中的注意事项

（1）高压电抗器的投退应根据调度命令执行。

（2）高压电抗器送电前，一、二次设备应验收合格，试验数据合格。送电操作时，全保护投入，冷却器投入，检查确无短路接地。

（3）高压电抗器差动用电流互感器检修过程若有二次接线变动，电抗器充电时投入差动保护，充电后退出，待做完待负荷试验无误后方可投入差动保护。

（4）对高压电抗器充电时应有完善的继电保护，尤其差动、重瓦斯主保护投跳闸，同时应投入断路器充电保护，充电正常后退出。

（5）新投或大修后高压电抗器应进行5次全电压合闸冲击试验。

五、补偿装置停送电案例

1. 低压电容器停复役操作

（1）1000kV变电站电容器停役。

1000kV变电站一次接线如图1-1所示，正常情况下电容器在热备用或运行状态，由现场运行人员自行掌握电容器的投入与退出。

操作目的：1号主变压器1112号电容器停役。

操作任务：

1）检查1号主变压器1112号电容器处于热备用状态。

2）1号主变压器1112号电容器从热备用改为检修。

一般操作步骤：

1）检查1号主变压器1112号电容器处于热备用状态。

2）将1号主变压器1112号电容器从热备用改为冷备用（拉开11121隔离开关）。

3）将1号主变压器1112号电容器从冷备用改为检修（验电后合上1号主变压器1112号电容器111227接地开关）。

（2）1000kV变电站电容器复役。

操作目的：1号主变压器1112号电容器复役。

操作任务：1号主变压器1112号电容器从检修改为热备用。

一般操作步骤：

1）1号主变压器1112号电容器从检修改为冷备用（拉开111227接地开关）。

2）1号主变压器1112号电容器从冷备用改为热备用。

2. 低压电抗器停复役操作

电抗器有高压电抗器和低压电抗器，低压电抗器又分为并联电抗器和串联电抗器，低压串联电抗器一般和电容器一起停复役，本节操作案例主要分析低压并联电抗器的停复役，一次接线图如图1–1所示。

（1）低压电抗器停役。

操作目的：1号主变压器1111号低压电抗器停役。

操作任务：

1）检查1号主变压器1111号低压电抗器处于热备用状态。

2）1号主变压器1111号低压电抗器从热备用改为检修。

一般操作步骤：

1）检查1号主变压器1111号低压电抗器处于热备用状态。

2）将1号主变压器1111号低压电抗器从热备用改为冷备用。

3）将1号主变压器1111号低压电抗器从冷备用改为检修（验电后合上在1号主变压器1111号低压电抗器避雷器与1111断路器之间装设一组接地线）。

（2）低压电抗器复役。

操作目的：1号主变压器1111号低压电抗器复役。

操作任务：1号主变压器1111号低压电抗器从检修改为热备用。

一般操作步骤：

1）将2号主变压器3号低压电抗器从检修改为冷备用（拆除接地线）。

2）将2号主变压器3号低压电抗器从冷备用改为热备用。

第七节　电压互感器停送电

根据电压互感器接入一次系统的方式不同，有互感器一次侧通过隔离开关与主设备连接和互感器通过引线直接与主设备连接两种方式。对于互感器通过引线直接与一次系统连接的接线方式，其互感器的停送电应随同所在母线或线路一起进行。对于通过隔离开关接入的电压互感器，根据其操作目的和任务的不同进行不同操作。本章节主要介绍通过隔离开关接入电压互感器的操作。

一、电压互感器的一般操作原则

（1）停电时先停低压（二次）侧，再停高压（一次）侧；送电时顺序与此相反。双母线接线中两台电压互感器中一台停电，必须将停电的电压互感器高、低压两侧断开，以防止反充电。

（2）高压侧装有熔断器的电压互感器，其高压熔断器必须在停电并采取安全措施后才能取下、放上。在有隔离开关和熔断器的低压回路，停电时应先拉开隔离开关，后取下熔断器，送电时相反。

（3）只有一组电压互感器的母线，一般情况下电压互感器和母线同时进行停、送电；若单独停用电压互感器时，应考虑继电保护及自动装置的变动。

二、电压互感器操作中的注意事项

（1）电压互感器二次回路不能切换时，为防止误动，可申请将有关保护和自动装置停用。对于通过电压闭锁、电压启动等原理进行工作的保护及自动装置，在电压互感器停电操作时，对相应装置的连接片或切换断路器应根据现场运行规程的规定和保护装置的要求进行切换和投退操作，退出装置对停运电压互感器的电压判别功能。

（2）电压互感器操作要求：

1）允许用隔离开关拉、合无故障的电压互感器。

2）对于互感器有异常，高压侧隔离开关可以远方遥控操作时，应用远方遥控操作高压侧隔离开关隔离。

3）当发现电压互感器高压侧绝缘有损伤的征象，如喷油、冒烟，应用断路器将其电源切断，严禁用隔离开关或取下熔断器的方法拉开有故障的电压互感器，防止造成操作中短路引起带负荷拉隔离开关及人员伤亡、设备损害事故。

4）在发现电压互感器有明显异常时，对于 3/2 断路器接线方式，可断开全部母线侧断路器后将故障电压互感器退出运行；对于主变压器低压侧单母接线方式的应断开主变压器低压侧总断路器使故障互感器退出运行。

三、电压互感器停送电案例

特高压常见的各类接线方式中，500kV 及以上母线电压互感器及各电压等级的线路电压互感器都是直接接在母线或线路上，该类电压互感器状态随着所接母线或线路的状态改变而改变。因此本章节下面主要介绍了主变压器 110kV 侧母线电压互感器的停复役操作。

1000kV 变电站 110kV 母线电压互感器接于主变压器 110kV 侧汇流母线，一般不单独停用，需要将影响的相关保护或设备陪停。

（1）1000kV 变电站 110kV 母线电压互感器停役。

操作目的：1 号主变压器 110kV TV 停役。

操作任务：1 号主变压器 110kV TV 从运行改为检修。

一般操作步骤：

1）检查 1 号主变压器 110kV 系统无接地信号（主变压器零序过压保护无报警）。

2）检查 1 号主变压器 1112 低压电容器、1 号主变压器 1113 低压电容器在热备用状态。

3）将受影响的相关保护退出（投入站用变压器高后备保护电压置检修连接片、退出主变压器保护投 1101 分支电压连接片）。

4）分开 1 号主变压器 110kV TV 二次空气开关。

5）将 1 号主变压器 110kV TV 从运行改为冷备用（拉开 TV 高压侧隔离开关）。

6）将 1 号主变压器 110kV TV 从冷备用改为检修（验明三相无电后合上 110017 接地开关）。

（2）1000kV 变电站 110kV 母线电压互感器复役。

操作目的：1 号主变压器 110kV TV 复役。

操作任务：1 号主变压器 110kV TV 从检修改为运行。

一般操作步骤：

1）将 1 号主变压器 110kV TV 从检修改为冷备用。

2）将 1 号主变压器 110kV TV 从冷备用改为运行。

3）合上 1 号主变压器 110kV TV 二次空气开关。

4）检查 1 号主变压器 110kV TV 充电正常，抄录三相电压。

5）相关保护投退（退出站用变压器高压侧后备保护电压置检修连接片、投入主变压器保护投 1101 分支电压连接片）。

第八节　站用交流系统停送电

变电站的站用交流系统是保证变电站安全可靠运行的重要环节。站用交流系统为主变压器提供冷却电源、消防水喷淋电源，为断路器提供储能电源，为隔离开关提供操作电源，为站用直流系统充电机提供充电电源，另外站用电还提供站内的照明、生活用电以及检修等电源。如果站用电失去，将严重影响变电站设备的正常运行，甚至引起系统停电和设备损坏事故。因此，运行人员必须十分重视站用交流系统的安全运行，熟悉站用电系统及其运行操作。

一、站用交流系统操作原则

（1）站用电系统属变电站管辖设备，但高压侧的运行方式由调度操作指令确定，涉及站用变压器转运行或备用，应经调度许可。

（2）站用变压器的停电操作应先次级后初级，送电操作相反。站用变压器送电前应确认次级开关确在分闸位置。

（3）站用变压器正常分列运行，合站用电母线分段断路器前应先拉开（或检查）受电母线站用电的低压侧断路器（在分开位置）。

（4）站用电配电的交流环路电源不得环供运行，正常运行需断开交流配电屏某一环路配电空气开关。

（5）站用电切换操作后应注意检查主变压器冷却装置、直流充电机、UPS 不间断电源、通信设备、空调等装置的工作电源是否恢复正常。

（6）主变压器停、复役前先考虑站用电切换。

（7）站用交流系统操作要求：

1）装有站用电源切换装置的站用电系统，其切换装置和低压断路器有“自动”和“手动”两种位置。正常运行时，应均置于“自动”位置，且站用电源切换装置的电源开关应合上，此时不能手动分合低压断路器；若需在装置上手动分合低压断路器，应将切换装置置于“手动”位置；若需在就地分合低压断路器，应将切换装置和低压断路器均置于“手动”位置。

2）对重要负荷，如主变压器冷却电源、断路器储能电源以及隔离开关操作电源等，必须保证其供电的可靠性和灵活性，其负荷分别接于站用电低压Ⅰ、Ⅱ段母线，可以通过环路或自动切换装置互为备用。

3）大修或新更换的站用变压器（含低压回路变动）在投入运行前应核相。

二、站用交流系统操作注意事项

（1）站用电系统正常运行时，低压Ⅰ、Ⅱ段母线分列运行。在两台站用变压器高压侧未并列时，严禁合上低压母线联络断路器（或隔离开关）；同样在低压母线联络断路器（或隔离开关）未合上时，严禁将分别接自站用电不同母线段的出线并列。因为站用变压器高压侧未并列［或低压母线联络断路器（或隔离开关）未合上］时，低压侧（或出线）并列会有很大的环流，可能造成短路。

（2）对于是外来电源的站用变压器，由于和站内电源的站用变压器相位不同，因此不得并列运行。

（3）装卸站用变压器高压熔断器（操作前确认站用变压器高低压侧已断开），应戴护目眼镜和绝缘手套，必要时使用绝缘夹钳，并站在绝缘垫或绝缘台上。停电时应先取中相，后取边相；送电时则反之。

（4）采用停电倒负荷方式的站用变压器停电后，应检查相应站用电屏上的电压表无指示，然后才能合上另一台站用变压器的低压断路器（或放上熔断器）或低压母线联络断路器（或隔离开关）。在站用变压器转检修后，应做好防止倒送电的安全措施。

三、1000kV 变电站交流系统停复役操作案例

1000kV 变电站一般配置 3 台站用变压器，两台站用变压器分别供交流Ⅰ段、Ⅱ段母线，另外一台为备用站用变压器，作为另两台站用变压器的备用，一般取自站外电源。

1000kV 变电站交流系统停复役案例以图 7-1 所示接线图为例，该站配置了 0、1、2 号站用变压器，其中 1 号及 2 号站用变压器分别接在 1 号主变压器及 4 号主变压器低压侧，由 110kV 站用变压器合 10kV 站用变压器串联组成，0 号备用站用变压器电源取自站外 35kV 华东 334 线。

（1）1000kV 变电站站用变压器停役。

操作目的：1 号站用变压器停役。

操作任务：1 号站用变压器从运行改为冷备用。

一般操作步骤：

1）检查 0 号站用变压器低压侧进线电压指示正常。

2）拉开 1 号站用变压器低压侧断路器 401。

3）检查 400V Ⅰ段母线电压指示为零，合上 0 号站用变压器低压侧断路器 403。

4）检查 400V Ⅰ段母线电压指示正常。

5）将 1 号站用变压器低压侧断路器 401 由“工作”位置摇至“试验”位置。

6）拉开 1 号站用变压器 1114 断路器。

7）拉开 1 号站用变压器 11141 隔离开关（1 号站用变压器转为冷备用）。

（2）1000kV 变电站站用变压器复役。

操作目的：1 号站用变压器复役。

操作任务：1 号站用变压器从冷备用改为运行。

一般操作步骤：

1）检查 1 号站用变压器、1114 断路器送电范围内确无遗留接地。

2）合上 1 号站用变压器 11141 隔离开关（合前检查 1 号所变 310 断路器确在分闸位置）。

3）合上 1 号站用变压器 1114 断路器。

4）检查 1 号站用变压器充电应正常。

5）检查 1 号站用变压器低压侧进线电压指示正常。

6）将 1 号站用变压器低压侧断路器 401 由“试验”位置摇至“工作”位置。

7）分开 0 号站用变压器低压侧断路器 403。

8）检查 400V Ⅰ段母线电压指示为零，合上 1 号站用变压器低压侧断路器 401。

9）检查 400V Ⅰ段母线电压指示正常。

（3）1000kV 变电站备用站用变压器停役。

操作目的：0 号站用变压器停役。

操作任务：0 号站用变压器从充电改为冷备用。

一般操作步骤：

1）检查 0 号站用变压器低压侧断路器 403 确在分闸位置。

2）将 0 号站用变压器低压侧断路器 403 手车由“工作”位置摇至“试验”位置。

3）检查 0 号站用变压器低压侧断路器 404 确在分闸位置。

4）将 0 号站用变压器低压侧断路器 404 手车由“工作”位置摇至“试验”位置。

5）拉开华东 334 断路器。

6）将华东 334 断路器手车由“工作”位置摇至“试验”位置。

（4）1000kV 变电站备用站用变压器复役。

操作目的：0号站用变压器复役。

操作任务：0号站用变压器从冷备用改为充电。

一般操作步骤：

1）检查0号站用变压器、华东334断路器送电范围内确无遗留接地。

2）将华东334断路器手车由“试验”位置摇至“工作”位置（操作前检查334断路器确在分闸位置）。

3）合上华东334断路器。

4）检查0号站用变压器充电应正常。

5）检查0号站用变压器低压侧进线电压指示正常。

6）检查0号站用变压器低压侧断路器403确在分闸位置。

7）将0号站用变压器低压侧断路器403由“试验”位置摇至“工作”位置。

8）检查0号站用变压器低压侧断路器404确在分闸位置。

9）将0号站用变压器低压侧断路器404由“试验”位置摇至“工作”位置。

第九节　二次设备操作

变电站二次设备操作是指对继电保护、自动装置、测量与控制设备的投退、切换、改变定值等。二次设备操作关系到一次设备操作及运行的安全，并较一次设备操作更具复杂性。

一、二次设备操作一般要求

（1）微机保护的投退操作如下：

1）停用整套保护时，只须退出保护的出口连接片、失灵保护启动连接片和联跳（或启动）其他装置的连接片，开入量连接片不必退出。

2）停用整套保护中的某段（或其中某套）保护时，对有单独跳闸出口连接片的保护，只须退出该保护的出口连接片；对无单独跳闸出口连接片的保护，应退出该保护的开入量连接片，保护的总出口连接片不得退出。

3）500kV、1000kV保护的整套保护停用，应断开其在控制回路中的出口跳闸连接片；若保护部分功能退出，则退出该部分功能的投入连接片或方式开关，不得停用装置的总出口。

（2）断路器运行状态时，保护修改定值必须在保护出口退出的情况下进行。500kV

及以上线路微机保护（分相电流差动等）切换定值区，应按照华东调度要求切换前将相应保护改信号状态方可进行。

（3）微机保护出口或开入量连接片在投入前可不测量连接片两端电压，但投入前应检查保护装置无动作或告警信号。500kV 及以上双位置继电器出口的保护（如失灵、母差、主变压器、远跳、高压电抗器保护等）投跳前，不论装置有无动作信号，必须揿出口复归按钮，防止出口自保持造成运行设备跳闸。

（4）1000kV、500kV 断路器改非自动，不得停用其保护直流电源，防止失灵保护拒动。

（5）当一次设备检修或二次设备检修时，应将相应装置的“置检修状态”连接片投入，检修完毕后应将相应装置的“置检修状态”连接片退出。

（6）在电流端子切换操作过程中应先将相应差动保护停用，为防止电流回路开路，差动电流端子切换操作的顺序原则如下：

1）被操作回路断路器在运行状态时，操作时防电流回路开路：①投入操作：应先投入运行连接片，后退出原短接连接片。②退出操作：应先投入短接连接片，后退出原运行连接片。③切换操作：应先投入欲切运行连接片，后退出原运行连接片。

2）被操作回路断路器在非运行状态时：①投入操作：应先退出短接连接片，后投入运行连接片。②退出操作：应先退出运行连接片，后投入短接连接片。③切换操作：应先退出原运行连接片，后投入欲切运行连接片。

（7）新设备投运前根据调度启动方案及调度继电保护定值整定单核对启动前保护定值及保护投退方式，启动前保护状态的核对不需填写操作票。

（8）根据二次设备操作随一次设备操作的原则，以下二次设备操作由现场值班员掌握：①主变压器检修，停用检修主变压器联跳正常运行断路器的联跳连接片；启用运行主变压器联跳正常运行断路器（母联断路器、旁路母联断路器）的联跳连接片。②运行主变压器中压侧或低压侧开口运行时，停用相应的电压元件。

二、母差保护操作

（1）1000kV、500kV、110kV 母线配有母线保护，35kV、10kV 母线一般不配置母线保护。

（2）母差保护启停用操作原则：

1）母线保护有两套母差保护的，应明确操作哪一套母差保护。当发令操作母线保护时，两套母差保护应同时操作。

2）母差保护停用，应退出母差保护至其他保护或装置的启动连接片（如母差动作启动主变压器断路器失灵、启动分段断路器失灵、闭锁重合闸、闭锁备用电源自动投入等连接片），退出母差保护各跳闸出口连接片，母差保护的功能连接片不必退出。

（3）对于配置双套母差保护的，按“六统一”原则，每套母差分别接入断路器一组跳圈，均投跳闸。

（4）若母线已至检修、冷备用状态，调度不再单独发令停用母差保护，母差保护相关检修工作由现场自行落实安全措施。

（5）在进行断路器保护等工作时，运行维护人员和继电保护人员均应做好防止断路器失灵保护动作启动母差的安全措施。

三、主变压器保护操作

（1）主体变压器差动保护投用差动速断、纵差差动保护和分侧差动保护，TA 断线不闭锁差动保护，投入差动保护二次谐波制动。

（2）调压变压器和补偿变压器只有差动保护，不配置后备保护。调压变压器和补偿变压器差动保护均按照最大容量整定，TA 断线闭锁差动保护。

（3）阻抗保护为主体变压器的后备保护，两侧阻抗保护方向均指向变压器，变压器低压侧故障没有灵敏度，不能作为变压器低压侧故障的后备。主体变压器阻抗保护采用双重化配置，按主变压器高中压侧阻抗的 70% 整定，时间统一取 2s，由于不伸出对侧母线，故对对侧出线保护无配合要求。

（4）阻抗保护利用反向偏移阻抗作为母线的后备保护。为简化配合，缩短保护动作时间，1000kV 阻抗保护反向偏移段为 1000kV 正方向阻抗的 10%，500kV 阻抗保护反向偏移段为 500kV 正方向阻抗的 20%。

（5）主体变压器 1000kV 和 500kV 侧零序过流保护（无方向）作为变压器及出线的总后备，时间与线路的反时限方向零流配合。

（6）主体变压器 110kV 侧分支过流保护定值考虑可靠躲过该分支的最大负荷电流整定；主体变压器 110kV 绕组过流可靠躲低压侧最大负荷电流整定（按照低压侧设计额定全容量考虑）。

（7）主体变压器过励磁保护一般安装在变压器的非调压侧（1000kV 侧）。过励磁保护包括定时限和反时限功能，过励磁保护定时限告警，通常整定为主体变压器额定电压（1050kV）的 1.06 倍，延时 5s 告警。反时限过励磁保护反时限特性分成 7 段，1 段通常整定为额定电压的 1.1 倍，其余各段倍数按级差 0.05 递增。动作时间根据变压器厂家提供的满载时过励磁曲线整定，特高压变压器反时限过励磁保护投跳闸。

（8）主变压器跳闸后，未经查明原因和消除故障之前，不得进行试送。

（9）调压补偿变压器保护运行定值区应与1000kV变压器分接头档位一致，当1000kV变压器分接头位置变化时，调压补偿变压器保护运行定值区应对应调整。

（10）操作投退调补变压器保护前，现场应检查确认变压器分接头档位与调补变压器保护定值区一致；操作“×号主变压器分接头调整为××档位”时，现场应先退出调补变压器保护并调整定值、再调整变压器分接头、最后投入调补变压器保护。

（11）对于主体变压器（调补变压器）差动保护双重化配置的现场申请操作时，应明确主体变压器（调补变压器）第一（或二）套主变压器差动保护停（复）役，经调度许可后操作。第一或者第二套主体变压器差动保护包括了第×套后备保护。

四、线路保护操作

（1）1000kV、500kV线路保护按双重化进行配置，两套线路保护的交流电流、交流电压、直流电源、跳闸出口回路相互独立。

1）1000kV、500kV线路的主保护均为分相电流差动保护。

2）1000kV、500kV线路还配有三段式或五段式接地距离、相间距离保护及带时限或反时限零序方向过流保护，作为本元件的近后备和相邻元件的远后备。此外，线路保护装置还带有可选用的大电流速断、过电压等辅助保护功能和具有振荡闭锁、断线闭锁、装置故障闭锁、故障测距等功能。

3）为满足断路器失灵保护、过电压保护、高压电抗器保护动作远方跳闸的需要，1000kV、500kV线路均配有远方跳闸回路，部分线路保护还配置有远方跳闸就地判别装置。

（2）整套线路保护停用，应断开所有出口跳闸连接片和失灵启动连接片。如只停用线路保护中的某一套保护，则只需退出某套保护的开入连接片，不得退出保护装置的出口跳闸连接片和失灵启动连接片。

（3）当本侧纵联差动保护装置检修时须退出检修保护装置的远跳连接片。

（4）3/2断路器方式的线路停役断路器仍需合环运行时，应在断路器合环前投入短引线保护。线路恢复运行在线路隔离开关合上前，将其停用。

（5）1000kV、500kV线路（3/2断路器方式）重合闸停用时，应将线路保护跳闸方式置三跳位置，停用相关断路器重合闸（线变串或不完整串线路对应的两断路器重合闸置信号状态；线线串本线对应的靠近母线侧断路器重合闸置信号状态）；对于没有装设线路保护跳闸方式开关的，直接将本线对应的两断路器重合闸改信号状态。

（6）1000kV、500kV 线路保护中，若后备保护（包括后备距离和方向零流）包含在线路主保护（分相电流差动）中，调度不单独发令，当线路主保护改为信号时，其对应的后备距离、方向零流也为信号状态；若后备保护（包括后备距离和方向零流）独立于线路主保护，一般情况下，调度也不单独发令，当线路主保护改为信号时，其对应的后备距离、方向零流也为信号状态。若后备距离（或方向零流）发生装置故障等情况下，需停役处理时，一般由网调调度发令将对应主保护改为信号（对应的后备距离、方向零流亦改为信号状态）。如遇有特殊情况，需要单独停用后备距离（或方向零流）的，需经网调同意后发令。

（7）远方跳闸操作：

1）若远方跳闸复用分相电流差动保护通道，当分相电流差动保护改无通道跳闸或信号时，网调单独发令将其对应的远方跳闸改为信号状态；同样，当分相电流差动保护改跳闸状态时，网调单独发令其对应的远方跳闸改为跳闸状态。

2）启动远方跳闸功能的保护有线路高压电抗器保护、线路过电压保护、断路器失灵保护。一般情况下，线路在运行状态时，线路两套远方跳闸不得同时停役。若两套远方跳闸同时故障退出，原则上要求线路陪停。

3）1000kV、500kV 线路保护经改造均具有两套独立就地判别装置，相应的远方跳闸可单独停用。

五、断路器保护操作

（1）1000kV、500kV 断路器保护一般具有断路器失灵判别、重合闸逻辑和三相不一致等多项功能。

1）1000kV、500kV 断路器保护按照断路器配置，部分挂在母线上的主变压器对应的断路器配置两套断路器保护。

2）1000kV、500kV 断路器的重合闸方式为单相重合闸，单相故障单跳单合，相间故障三跳不重合。

3）一般情况下，断路器不允许无失灵保护运行。若断路器已为检修或冷备用状态，网调不单独发令停用断路器失灵保护，断路器二次状态由现场自行掌握。

4）断路器保护有检修工作时，运行维护人员应将相应断路器保护启动失灵出口连接片停用。

5）失灵保护动作出口后跳闸回路将自保持，必须揿手动复归按钮进行复归，方能再次合上所跳断路器。

（2）对于断路器同时具备本体三相不一致保护和三相不一致保护装置的，应启用断路器本体三相不一致回路，保护装置的三相不一致保护应停用。

六、3/2断路器接线方式线路重合闸操作

（1）对于非完整串线路断路器：串内两个断路器均运行时，若两个断路器的重合闸时间存在级差，则两个断路器的重合闸均可以投用；若两个断路器的重合闸时间不存在级差，则靠近Ⅰ母或Ⅲ母侧边断路器重合闸可以投用，另一个断路器的重合闸停用（若靠近Ⅰ母或Ⅲ母侧边断路器重合闸因故停用，则另一个断路器的重合闸可以投用）。串内仅剩单断路器运行时，该断路器的重合闸可以投用。

（2）对于线线式完整串断路器：串内三个断路器均运行时，若中断路器与两个边断路器的重合闸时间均存在级差，三个断路器的重合闸均可以投用；若中断路器与任一个边断路器的重合闸时间不存在级差，则中断路器重合闸停用，两个边断路器重合闸可以投用（当边断路器重合闸因故停用时，若中断路器重合闸时间与另一个边断路器重合闸时间存在级差，则该中断路器重合闸可以投用；若中断路器重合闸时间与另一个边断路器重合闸时间不存在级差，则该中断路器重合闸停用）。串内仅边断路器停役时，若剩余两个断路器的重合闸时间存在级差，则两个断路器的重合闸均可以投用；若剩余两个断路器的重合闸时间不存在级差，则边断路器重合闸可以投用，中断路器重合闸停用（若边断路器重合闸因故停用，则中断路器重合闸可以投用）。串内仅中断路器停役或仅剩单断路器运行时，则剩余断路器的重合闸可以投用。需要注意，在串内线路边断路器停役、中断路器重合闸停用、另一个边断路器重合闸投用的方式下，串内重合闸投用边断路器侧的运行线路若发生单相瞬时故障，将导致串内另一线路的本侧跳闸。

（3）对于线变式完整串断路器：串内三个断路器均运行时，若线路中断路器与线路边断路器的重合闸时间存在级差，则线路边断路器与线路中断路器的重合闸均可以投用；若线路中断路器与线路边断路器的重合闸时间不存在级差，则线路边断路器重合闸可以投用，线路中断路器重合闸停用（若线路边断路器重合闸因故停用，则线路中断路器重合闸可以投用）。串内仅线路边断路器停役时，则线路中断路器重合闸可以投用。串内仅线路中断路器停役或仅线路边断路器运行时，则线路边断路器重合闸可以投用。串内仅主变压器边断路器停役时，线路边断路器重合闸可以投用，线路中断路器重合闸停用。串内仅中断路器运行时，其断路器重合闸停用。

七、高压电抗器保护操作

（1）当高压电抗器故障时，保护动作跳开高压电抗器所运行的线路本侧断路器并闭锁重合闸，同时发出远方跳闸命令，跳开线路对侧断路器切除故障。高压电抗器外部引线故障由线路保护动作切除故障。

（2）对于作用于跳闸的保护（包括高压电抗器纵差、零差、压力释放保护等）有两种调度状态：

1）跳闸：保护装置的交、直流回路正常运行；跳闸等出口回路正常运行。

2）信号：保护装置的出口回路停用；其他均同跳闸状态。

（3）对于作用于信号的保护（包括高压电抗器接地检测、过负荷等），调度不发令，仅采用操作许可方式。

（4）对于 LOCKOUT 自保持继电器，要注意及时复归。

（5）高压电抗器保护退出运行而线路在运行时，保护屏内进行任何工作前都必须将保护出口连接片停用，断开高压电抗器保护与外回路的联系，防止高压电抗器保护误动。

八、二次设备操作注意事项

（1）设备投运前，值班人员应详细检查保护装置、功能把手、连接片、空气开关位置正确，所拆二次线恢复到工作前接线状态。

（2）保护出口连接片投入前，应检查保护装置是否有动作出口信号。

（3）二次设备进行操作后，应检查相应的信号指示是否正确、装置工作是否正常；检查保护采样值，电压、电流等是否正常。

（4）保护及自动装置有消缺、维护、检修、改造、反措、调试等工作时，应将有关的装置电源、保护和计量电压空气开关断开，并断开本装置启动其他运行设备装置的二次回路，做好全面的安全隔离措施，防止造成运行中的设备跳闸。

（5）严禁在保护停用前拉、合装置直流电源。因直流消失而停用的保护，只有在电压恢复正常后才允许将保护重新投入运行，防止保护误动。

（6）继电保护操作注意事项：

1）高频保护或差动保护一侧改信号，线路对侧的相应保护也要求同时改信号。

2）当线路主保护改为信号时，其对应的后备保护也改为信号状态，后备保护调度不单独发令。仅当后备保护发生装置故障或其他特殊情况，需单独处理时，在现场和调度确认后备保护可单独停役后，由调度发令将后备保护改至信号状态。

3）对于3/2断路器的母线，当母线上的两套母差全停时，要求母线停用。

4）1000kV变压器正常运行时，不允许两套差动保护全停。如主变压器大差动停用，则除高阻抗差动投运外，低压侧过电流至少应有一套在运行状态。

九、1000kV变电站二次设备操作案例

1. 线路保护停复役

1000kV线路主保护一般都采用分相电流差动保护，以图1-1所示变电站为例，1000kV线路配置了北京四方的CSC-103B型线路微机保护和长园深瑞的PRS-753S-H型线路微机保护。其中CSC-103B为第一套线路保护，PRS-753S-H为第二套线路保护。

（1）华东Ⅰ线第一套分相电流差动从跳闸改为信号。

操作任务：华东Ⅰ线第一套分相电流差动从跳闸改为信号。

一般操作步骤：

1）退出1000kV华东Ⅰ线第一套保护屏上跳T041断路器出口连接片。

2）退出1000kV华东Ⅰ线第一套保护屏上启动T041断路器失灵出口连接片。

3）退出1000kV华东Ⅰ线第一套保护屏上闭锁T041断路器重合闸连接片。

4）退出1000kV华东Ⅰ线第一套保护屏上跳T042断路器出口连接片。

5）退出1000kV华东Ⅰ线第一套保护屏上启动T042断路器失灵出口连接片。

6）退出1000kV华东Ⅰ线第一套保护屏上闭锁T042断路器重合闸连接片。

（2）华东Ⅰ线第一套分相电流差动从信号改为跳闸。

操作任务：华东Ⅰ线第一套分相电流差动从信号改为跳闸。

一般操作步骤：

1）检查1000kV华东Ⅰ线第一套保护屏上保护装置无动作及异常信号。

2）投入1000kV华东Ⅰ线第一套保护屏上跳T041断路器出口连接片。

3）投入1000kV华东Ⅰ线第一套保护屏上启动T041断路器失灵出口连接片。

4）投入1000kV华东Ⅰ线第一套保护屏上闭锁T041断路器重合闸连接片。

5）投入1000kV华东Ⅰ线第一套保护屏上跳T042断路器出口连接片。

6）投入1000kV华东Ⅰ线第一套保护屏上启动T042断路器失灵出口连接片。

7）投入1000kV华东Ⅰ线第一套保护屏上闭锁T042断路器重合闸连接片。

（3）华东Ⅰ线第一套分相电流差动从跳闸改为无通道跳闸。

操作任务：华东Ⅰ线第一套分相电流差动从跳闸改为无通道跳闸。

一般操作步骤：

1）退出 1000kV 华东 I 线第一套保护屏上通道一差动保护投入连接片。

2）退出 1000kV 华东 I 线第一套保护屏上通道二差动保护投入连接片。

（4）华东 I 线第一套分相电流差动从无通道跳闸改为跳闸。

操作任务：华东 I 线第一套分相电流差动从无通道跳闸改为跳闸。

一般操作步骤：

1）检查 1000kV 华东 I 线第一套保护屏上保护装置无动作及异常信号。

2）投入 1000kV 华东 I 线第一套保护屏上通道一差动保护投入连接片。

3）投入 1000kV 华东 I 线第一套保护屏上通道二差动保护投入连接片。

2. 主变压器保护停复役

作用于跳闸的主变压器保护主要包括主体变压器差动、后备距离、过励磁保护、低压侧过流、调补变压器差动等。作用于信号的主变压器保护包括过负荷、低压侧电压偏移等，调度不发令，仅采用许可的操作方式。

以图 1-1 所示变电站为例，1、4 号主变压器保护配置相同，主体变压器第一套电气量保护为南瑞继保制造的 PCS-978GC 特高压变压器成套保护，第二套电气量保护为北京四方制造的 CSC-326C 数字式变压器保护，非电量保护为南瑞继保制造的 PCS-974FG 变压器非电量及辅助保护。

调补变压器第一套电气量保护为南瑞继保制造的 PCS-978C 特高压变压器成套保护装置，第二套电气量保护为北京四方制造的 CSC-326C 数字式变压器保护，非电量保护为 PCS-974FG 变压器非电量及辅助保护。

（1）1 号主体变压器第一套差动保护从跳闸改为信号。

操作任务：1 号主体变压器第一套差动保护从跳闸改为信号。

一般操作步骤：

1）退出 1 号主体变压器第一套差动保护出口连接片。

2）退出 1 号主体变压器第一套差动保护屏上启动 T033、T032、5011、5012 断路器失灵连接片。

3）退出 1 号主体变压器第一套差动保护屏上启动 110kV 母差失灵连接片。

（2）1 号主体变压器第一套差动保护从信号改为跳闸。

操作任务：1 号主体变压器第一套差动保护从信号改为跳闸。

一般操作步骤：

1）检查 1 号主变压器第一套差动保护屏上保护装置无动作及异常信号。

2）投入1号主体变压器第一套差动保护屏上启动110kV母差失灵连接片。

3）投入1号主体变压器第一套差动保护屏上启动T033、T032、5011、5012断路器失灵连接片。

4）投入1号主体变压器第一套差动保护屏上第一套差动保护出口连接片。

3. 母差保护停复役

当调度发令操作不指明第一套或第二套母差时，现场应认为是两套母差保护同时操作。若母线已至检修、冷备用状态，网调不再单独发令停用母差保护，母差保护相关检修工作由现场自行落实安全措施。

以图1-1所示变电站为例，1000kV、500kV系统均采用3/2断路器方式，每条母线配置了两套微机母线保护。第一套为南瑞继保生产的PCS-915C-G母线保护，第二套为北京四方生产的CSC-150C母线保护。

（1）1000kV Ⅰ母第一套母差保护从跳闸改为信号。

操作任务：1000kV Ⅰ母第一套母差保护从跳闸改为信号。

一般操作步骤：

1）退出1000kV Ⅰ母第一套母差保护跳T031断路器出口连接片。

2）退出1000kV Ⅰ母第一套母差保护启动T031断路器失灵闭重连接片。

3）退出1000kV Ⅰ母第一套母差保护跳T041断路器出口连接片。

4）退出1000kV Ⅰ母第一套母差保护启动T041断路器失灵闭重连接片。

5）退出1000kV Ⅰ母第一套母差保护跳T051断路器出口连接片。

6）退出1000kV Ⅰ母第一套母差保护启动T051断路器失灵连接片。

（2）1000kV Ⅰ母第一套母差保护从信号改为跳闸。

操作任务：1000kV Ⅰ母第一套母差保护从信号改为跳闸

一般操作步骤：

1）检查1000kV Ⅰ段母线第一套保护屏上母差保护装置无动作及异常信号。

2）投入1000kV Ⅰ母第一套母差保护跳T031断路器出口连接片。

3）投入1000kV Ⅰ母第一套母差保护启动T031断路器失灵闭重连接片。

4）投入1000kV Ⅰ母第一套母差保护跳T041断路器出口连接片。

5）投入1000kV Ⅰ母第一套母差保护启动T041断路器失灵闭重连接片。

6）投入1000kV Ⅰ母第一套母差保护跳T051断路器出口连接片。

7）投入1000kV Ⅰ母第一套母差保护启动T051断路器失灵连接片。

4. 远方跳闸停复役

若远方跳闸复用分相电流差动保护通道，当分相电流差动保护改无通道跳闸或信号时，网调单独发令将其对应的远方跳闸改为信号状态；同样，当分相电流差动保护改跳闸状态时，网调单独发令其对应的远方跳闸改为跳闸状态。

启动远方跳闸功能的保护有线路高压电抗器保护、线路过电压保护、断路器失灵保护。一般情况下，线路在运行状态时，线路两套远方跳闸不得同时停役。若两套远方跳闸同时故障退出，原则上要求线路陪停。

（1）华东Ⅱ线第一套远方跳闸从跳闸改为信号。

操作任务：华东Ⅱ线第一套远方跳闸从跳闸改为信号。

一般操作步骤：

1）退出华东Ⅱ线第一套线路保护屏上断路器 LOCKOUT 出口连接片。

2）退出华东Ⅱ线第一套线路保护屏上启动断路器失灵及闭锁重合闸连接片。

3）退出华东Ⅱ线第一套线路保护屏上远方跳闸投入连接片。

4）将华东Ⅱ线第一套线路保护屏上远方跳闸转换断路器切至闭锁位置。

（2）华东Ⅱ线第一套远方跳闸从信号改为跳闸。

操作任务：华东Ⅱ线第一套远方跳闸从信号改为跳闸。

一般操作步骤：

1）检查华东Ⅱ线第一套线路保护屏上保护装置无动作及异常信号。

2）将华东Ⅱ线第一套线路保护屏上远方跳闸转换断路器切至投入位置。

3）投入华东Ⅱ线第一套线路保护屏上远方跳闸投入连接片。

4）投入华东Ⅱ线第一套线路保护屏上启动断路器失灵及闭锁重合闸连接片。

5）投入华东Ⅱ线第一套线路保护屏上断路器 LOCKOUT 出口连接片。

5. 重合闸停复役

目前华东电网 500kV 及以上系统重合闸装置均按断路器安装，重合闸采用单相重合方式。对于按断路器装设的重合闸，一般情况下，调度发令停用线路重合闸时线路保护跳闸方式置三跳位置，同时，相关断路器重合闸改信号状态（线变串或不完整串线路对应的边断路器重合闸置信号状态；线线串本线对应的靠近母线侧断路器重合闸置信号状态）。

（1）停用华东Ⅱ线重合闸。

操作任务：停用华东Ⅱ线重合闸。

一般操作步骤：

1）投入华东Ⅱ线第一套线路保护屏上停用重合闸连接片。

2）将华东Ⅱ线第二套线路保护屏上跳闸方式选择把手切至“沟通三跳”位置。

3）投入华东Ⅱ线 T031 断路器保护屏上停用 T031 断路器重合闸连接片。

4）退出华东Ⅱ线 T031 断路器保护屏上 T031 断路器重合闸出口连接片。

（2）用上华东Ⅱ线重合闸。

操作任务：用上华东Ⅱ线重合闸。

一般操作步骤：

1）检查华东Ⅱ线 T031 断路器保护屏上无动作及异常信号。

2）投入华东Ⅱ线 T031 断路器保护屏上 T031 断路器重合闸出口连接片。

3）退出华东Ⅱ线 T031 断路器保护屏上停用 T031 断路器重合闸连接片。

4）检查华东Ⅱ线第一套线路保护屏上无动作及异常信号。

5）退出华东Ⅱ线第一套线路保护屏上停用重合闸连接片。

6）检查华东Ⅱ线第二套线路保护屏上无动作及异常信号。

7）将华东Ⅱ线第二套线路保护屏上跳闸方式选择把手切至“选相跳闸”位置。

第十节　解锁操作

高压电气设备都应安装完善的防误操作闭锁装置。防误操作闭锁装置不得随意退出运行，停用防误操作闭锁装置应经设备运维管理单位本单位分管生产的行政副职或总工程师批准。当电气设备出现异常或特殊方式需要解锁操作时，应由防误装置专责人现场核实无误，确认需要解锁操作并签字同意后，由操作人员报告当值调度员，方可解锁操作，并填写使用记录。

一、防误操作系统运行规定

（1）防误闭锁装置必须保证完好，并正常投入。正常情况下运维人员不得将监控后台解锁功能开启，不得随意在监控后台上对设备进行置位，不得将测控屏上“测控操作解闭锁”切换把手切至“逻辑解锁”或“硬解锁”位置，不得将现场电气闭锁解除切换把手切至“解锁”位置。

（2）测控装置上的“软解锁”是指解除测控装置自身逻辑闭锁判据，当测控闭锁逻辑程序模块出现错误时，将解锁把手切至“软解锁”位置可使遥控指令不通过逻辑闭锁判断，但仍然经出口继电器驱动的接点出口；若是现场操作，此时仍需经过出口继电器驱动的接点。“硬解锁”位置直接短接出口继电器的驱动接点，用于测控装置故障、失电、出口继电器异常或其驱动接点动作异常时的紧急解锁。需要注意的是，测控解锁把手切至“硬解锁”时，现场操作只通过电气闭锁，而后台、测控遥控操作仍需通过逻辑闭锁以及电气闭锁，此时若实际情况操作条件均满足而逻辑闭锁逻辑未通过或是异常，则后台、测控均不能进行操作，只可在现场电动操作。

（3）防误装置解锁工具（钥匙）应封存管理并固定存放，不准随意解除闭锁装置。

（4）若遇危及人身、电网、设备安全等紧急情况需要解锁操作，可由变电站当值负责人下令紧急使用解锁工具。

（5）防误装置及电气设备出现异常，应及时汇报当值负责人，查明原因，确认操作无误要求解锁操作时，经防误装置专责人到现场核实无误并签字，方可解锁操作。

（6）电气设备检修需要解锁操作时，应经防误装置专责人现场批准，并由运行维护人员进行解锁操作，不得使用万能钥匙解锁。

（7）使用解锁工具（钥匙）时必须先核对设备名称、编号、设备的实际位置及状态。解锁操作结束后，应按要求填写解锁信封上的栏目内容，并做好解锁记录。

（8）事故处理等紧急情况，需退出监控后台的操作预演闭锁功能或监控后台操作逻辑闭锁时，需要特权密码，密码的使用按照解锁钥匙的使用规定。

（9）应设专人负责防误装置的运维检修管理，及时消除防误装置缺陷，确保其正常运行。

（10）专用接地装置的位置接点接入对应测控装置，并参与防误闭锁逻辑条件判别，接地装置的闭锁条件等同于对应接地开关的操作闭锁条件。

二、操作方式

（1）正常情况下，倒闸操作应在后台操作员站上进行遥控操作，此时可实现操作预演逻辑闭锁、监控后台操作逻辑闭锁、全站间隔层逻辑闭锁、电气闭锁以及机械闭锁这五层完整、多层次的防误闭锁功能。

（2）当后台操作员站故障，无法在后台完成遥控操作时，可在测控屏、汇控柜（断路器操作除外）上继续进行遥控操作。当在测控装置、汇控柜上操作时，可实现逻辑、电气以及机械闭锁。

（3）当需要解锁操作时，汇报调度及分管领导，由防误装置专责人到现场核实无误并签字后开始解锁操作：

1）将被闭锁开关的现场汇控柜内的“电气闭锁”切换把手切至“解锁”位置。

2）将被闭锁开关的测控屏上“联锁 / 逻辑解锁 / 硬解锁”切换把手切至“逻辑解

锁”位置。

3）用解锁权限，退出后台的逻辑预演功能及后台操作逻辑闭锁。

4）在后台解锁操作。

5）解锁操作结束后，立即恢复后台的逻辑预演功能及操作逻辑闭锁，将测控屏上“联锁/逻辑解锁/硬解锁”切换把手切回至“联锁”位置，将现场汇控柜内“电气闭锁”切换把手切回至“闭锁”位置。

6）按要求填写解锁信封上栏目内容，并在PMS中做好解锁记录，写清解锁时间、原因、人员。

第三章

特高压仿真变电站安全措施设置

本章涉及的安全措施（简称《安措》）指因电气设备检修工作需要，为保证电网稳定、设备及人身安全，根据工作票要求，由运维人员等工作人员在各类设备上采取的防范性措施。

第一节 安措分类及规范

一、断路器（隔离开关）停电相关规范

（1）停电内容，一般在调度发令的倒闸操作票中已完成，作为工作票要求的内容仅需对一次设备进行相关检查，相关检查步骤宜填入安措票中。

（2）因工作票需要操作断路器、隔离开关相关二次元件均应填入安措票中，相关步骤的操作要求应符合《电气设备倒闸操作规范》的要求。

二、装设接地线、合接地开关（验电、接地）及相关规范

1. 验电

（1）验电时，应使用相应电压等级而且合格的接触式验电器，在装设接地线或合接地开关（装置）处对各相分别验电。验电前，应先在有电设备上进行试验，确证验电器良好；无法在有电设备上进行试验时可用工频高压发生器等确认验电器良好。

（2）高压验电应戴绝缘手套。验电器的伸缩式绝缘棒长度应拉足，验电时手应握在手柄处不得超过护环，人体应与验电设备保持《国家电网公司安全工作规程（变电部分）》中规定的距离。雨雪天气时不得进行室外直接验电。

（3）对无法进行直接验电的设备、高压直流输电设备和雨雪天气时的户外设备，可以进行间接验电，即通过设备的机械指示位置、电气指示、带电显示装置、仪表及各种遥测、遥信等信号的变化来判断。判断时，至少应有两个非同样原理或非同源的指示发生对应变化，且所有这些确定的指示均已同时发生对应变化，才能确认该设备已无电。以上检查项目应填写在操作票中作为检查项。检查中若发现其他任何信号有异常，均应停止操作，查明原因。若进行遥控操作，可采用上述的间接方法或其他可靠的方法进行间接验电。当线路上无任何装置可供判断是否有电时，根据调度指令合线路接地开关。若进行遥控操作，可采用上述的间接方法或其他可靠的方法进行间接验电。

（4）500kV、1000kV 电气设备，可采用间接验电方法进行验电。

（5）表示设备断开和允许进入间隔的信号、经常接入的电压表等，如果指示有电，在排除异常情况前，禁止在设备上工作。

（6）验电（包括间接验电的检查步骤）应填入安措票中。

2. 接地

（1）装设接地线应由两人进行（经批准可以单人装设接地线的项目及运维人员

除外)。

(2)当验明设备确已无电压后，应立即将检修设备接地并三相短路。

(3)对于可能送电至停电设备的各方面都应装设接地线或合上接地开关(装置)，所装接地线与带电部分应考虑接地线摆动时仍符合安全距离的规定。

(4)装设接地线应先接接地端，后接导体端，接地线应接触良好，连接应可靠。拆接地线的顺序与此相反。装、拆接地线导体端均应使用绝缘棒和戴绝缘手套。人体不得碰触接地线或未接地的导线，以防止触电。带接地线拆设备接头时，应采取防止接地线脱落的措施。

(5)禁止作业人员擅自移动或拆除接地线。

(6)每组接地线及其存放位置均应编号，接地线号码与存放位置号码应一致。

(7)装、拆接地线，应做好记录，交接班时应交待清楚。

(8)装、拆接地线，合、分接地开关均应填入安措票中，相关步骤的操作要求应符合《电气设备倒闸操作规范》的要求。

三、设置临时遮栏(围栏)及相关规范

1. 临时围栏一般要求

(1)临时围栏应由绝缘材料(干燥木材、橡胶或其他坚韧绝缘材料等)制成。

(2)严禁使用绳上挂小方旗作为临时围栏。

(3)非固定式临时围栏颜色应醒目。

2. 临时围栏装设要求

(1)临时围栏的设置必须完整、牢固、可靠。

(2)临时遮栏与带电部分的距离不得小于《国家电网公司电力安全工作规程(变电部分)》的规定数值。

(3)临时围栏只能预留一个出入口，设在临近道路旁边或方便进出的地方，出入口方向应尽量背向或远离带电设备，其大小可根据工作现场的具体情况而定，一般以 1.5m 为宜。

(4)禁止作业人员擅自移动或拆除遮栏(围栏)标示牌。

(5)禁止越过围栏。

四、悬挂标示牌及相关规范

(1)常用标示牌有:“禁止攀登，高压危险!”“止步，高压危险!”“禁止合闸，

有人工作！”“禁止合闸，线路有人工作！”“禁止分闸！”“在此工作！”“从此上下！”“从此进出！”等。

（2）标示牌一般要求如下：

1）携带式的标示牌应采用非金属材质，非携带式的标示牌可采用铝合金、不锈钢、搪瓷等材质。

2）标示牌外形应完整，表面清洁，图案、字体清晰。

3）标示牌悬挂应牢固、可靠。

五、装设红布幔及相关规范

（1）红布幔应由红色、纯棉布料制作而成，其四边应拷边。

（2）红布幔适用于对相邻非检修屏（柜）和屏（柜）内除检修装置以外的非检修装置、二次端子排、电流切换端子、交直流电源（小隔离开关、熔丝、空气开关）、按钮的遮盖或隔断。

（3）设置规范如下：

1）悬挂法：将红布幔直接悬挂在二次设备上。

2）黏贴法：将红布幔用胶带黏贴在屏面或屏面设备上。

3）吸附法：采用磁铁将红布幔吸附在屏（柜）上不受磁场影响的合适地点。

4）绑扎法：将红布幔绑扎在二次设备上。

5）钳夹法：采用塑料夹子将红布幔固定在二次设备上。

六、其他防止二次回路误碰等措施及相关规范

（1）措施分类如下：

1）投退相关二次连接片。

2）投退二次电流回路。

（2）检修、预试、校验等工作影响运行设备，需做安措时，运维人员应填用安全措施票，做好安全措施，但仅限于投、退有关压板、断开交、直流电源、切换电流端子、接、拆连接片等措施，按《国家电网公司电力安全工作规程（变电部分）》有关规定执行。

（3）相关步骤的操作要求应符合《电气设备倒闸操作规范》的要求。

第二节 安措设置原则

一、一次设备安措设置原则

1. 停电（拉开断路器、隔离开关）原则

（1）检修设备停电，应把各方面的电源完全断开（任何运行中的星形接线设备的中性点，应视为带电设备）。禁止在只经断路器断开电源或只经换流器闭锁隔离电源的设备上工作。应拉开隔离开关，手车应拉至试验或检修位置，应使各方面有一个明显的断开点，若无法观察到停电设备的断开点，应有能够反映设备运行状态的电气和机械等指示。与停电设备有关的变压器和电压互感器，应将设备各侧断开（其中电压互感器包括二次电压空气开关及熔丝），防止向停电检修设备反送电。

（2）检修设备和可能来电侧的断路器、隔离开关应断开控制电源和合闸电源（一般指：断路器控制及储能电源、隔离开关操作电源），隔离开关操作把手应锁住，确保不会误送电。

（3）对难以做到与电源完全断开的检修设备，可以拆除设备与电源之间的电气连接。

2. 装设接地线、合接地开关（接地）原则

（1）对于可能送电至停电设备的各方面都应装设接地线或合上接地开关（装置）。

（2）对于因平行或邻近带电设备导致检修设备可能产生感应电压时，应加装工作接地线或使用个人保安线，加装的接地线应登录在工作票上，个人保安线由作业人员自装自拆。

（3）在门型构架的线路侧进行停电检修，如工作地点与所装接地线的距离小于10m，工作地点虽在接地线外侧，也可不另装接地线。

（4）检修部分若分为几个在电气上不相连接的部分（如分段母线以隔离开关或断路器隔开分成几段），则各段应分别验电接地短路。降压变电站全部停电时，应将各个可能来电侧的部分接地短路，其余部分不必每段都装设接地线或合上接地开关（装置）。

（5）接地线、接地开关与检修设备之间不得连有断路器或熔断器。若由于设备原因，接地开关与检修设备之间连有断路器，在接地开关和断路器合上后，应有保证断路器不会分闸的措施（如：部分低压充气柜设备线路检修时，或仅TA检修且断路器与TA间无法装设接地线时等情况）。

3. 设置临时遮栏（围栏）原则

（1）在室外部分停电的高压设备上工作，应在工作地点四周装设临时围栏，其出入口要围至临近道路旁边。

（2）在室内部分停电的高压设备上工作，应在工作地点两旁和禁止通行的过道装设临时围栏。

（3）部分停电的工作，安全距离小于《国家电网公司电力安全工作规程（变电部分）》中的表1规定距离以内的未停电设备，应装设临时遮栏。

（4）若室外配电装置的大部分设备停电，只有个别地点保留有带电设备而其他设备无触及带电导体的可能时，可以在带电设备四周装设全封闭临时围栏，其他停电设备不必再设临时围栏。

（5）在半高层平台上工作，工作区域一侧与邻近带电设备通道设封闭临时围栏，禁止检修人员通行，另一侧设半封闭临时围栏。

（6）35kV及以下设备检修时，如因工作特殊需要或与带电设备安全距离不足，可用绝缘挡板与带电部分直接接触进行隔离，但此种挡板必须具有高度的绝缘性能，并经高压试验合格。

4. 悬挂标示牌原则

（1）“禁止合闸，有人工作！”。

1）在一经合闸即可送电到工作地点的断路器和隔离开关的操作把手上，应悬挂“禁止合闸，有人工作！”标示牌。

2）在显示屏上进行操作的断路器和隔离开关的操作处均应相应设置“禁止合闸，有人工作！”。

3）在停电的低压配电装置和低压导线上的工作，将检修设备的各方面电源断开，在断路器或隔离开关操作把手上应悬挂“禁止合闸，有人工作！”的标示牌。

（2）“禁止合闸，线路有人工作！”。

1）如果线路上有人工作，在线路断路器（开关）和隔离开关（闸刀）操作把手上，应悬挂“禁止合闸，线路有人工作！”的标示牌。

2）在显示屏上进行操作的断路器（开关）和隔离开关（闸刀）的操作处均应相应设置“禁止合闸，线路有人工作！”。

（3）“禁止分闸！”。

1）对由于设备原因，接地开关与检修设备之间连有断路器，在接地开关和断路器合上后，在断路器操作把手上，应悬挂“禁止分闸！”的标示牌。

2）在显示屏上进行操作的断路器和隔离开关的操作处均应相应设置“禁止分闸！”的标记。

（4）“止步，高压危险！”。

1）在室内高压设备上工作，在工作地点两旁及对面运行设备间隔的遮栏（围栏）上和禁止通行的过道遮栏（围栏）上应悬挂“止步，高压危险！”的标示牌。

2）高压开关柜内手车拉出后，隔离带电部位的挡板封闭后禁止开启，应设置“止步，高压危险！”的标示牌。

3）在室外高压设备上工作，在工作地点四周围栏上应悬挂适当数量的“止步，高压危险！”标示牌，标示牌必须朝向围栏里面。

4）若室外配电装置的大部分设备停电，只有个别地点保留有带电设备而其他设备无触及带电导体的可能时，可以在带电设备四周装设全封闭围栏，围栏上应悬挂适当数量的“止步，高压危险！”标示牌，标示牌必须朝向围栏外面。

5）在室外构架上工作，在工作地点邻近带电部分的横梁上，应悬挂“止步，高压危险！”的标示牌。

6）高压试验时，如加压部分与检修部分之间的断开点，按试验电压有足够的安全距离，并在另一侧有接地短路线时，可在断开点的一侧进行试验，另一侧可继续工作。但此时在断开点应挂有“止步，高压危险！”的标示牌，并设专人监护。

7）试验现场应装设围栏，围栏与试验设备高压部分应有足够的安全距离，围栏上应悬挂适当数量的“止步，高压危险！”标示牌，标示牌必须朝向围栏外面，并派人看守。

（5）“禁止攀登，高压危险！”。

1）在邻近其他可能误登的带电构架上，应悬挂“禁止攀登，高压危险！”的标示牌。

2）在运行中的主变压器等设备的爬梯上应悬挂“禁止攀登，高压危险！”的标示牌。

（6）“在此工作！”。

在工作地点设置“在此工作！”的标示牌。

（7）“从此进出！”。

在室外高压设备上工作，应在工作地点四周装设围栏，其出入口要围至临近道路旁边，设有“从此进出！”的标示牌。

（8）“从此上下！”。

在工作人员上下铁架、构架或梯子（包括半高层布置上下天桥的梯口）上，应悬挂“从此上下！”的标示牌。

二、二次设备安措设置原则

1. 一般操作原则

（1）变电二次设备作业需要对变电一次设备装设安措的，按一次安措设置原则执行。

（2）变电二次设备作业涉及室外端子箱，其安全措施设置原则参照一次安措设置原则或一次设备机构箱安措设置原则执行。

（3）若室外端子箱与变电一次设备很近，且变电一次设备又需要设置安全措施，其安全措施可在变电一次设备安全措施中一并设置。

2. 设置临时遮栏（围栏）原则

（1）新增二次屏（柜）时，应在新增二次屏（柜）前后分别设置临时围栏。

（2）室外开关端子箱检修时，应在检修开关端子箱四周设置临时围栏。

3. 悬挂标示牌原则

（1）在检修的二次屏（柜）前后分别悬挂“在此工作！”标示牌。

（2）在检修开关柜上，以及相邻两侧和对面间隔上悬挂“止步，高压危险！”标示牌，在检修断路器手车操作处悬挂“禁止合闸，有人工作！”标示牌。

（3）低压交流屏（柜）内有检修工作时，应在一经合闸即可送电到工作地点的隔离开关上悬挂“禁止合闸，有人工作！”标示牌。

（4）手车开关柜二次设备工作（保护装置在开关柜上）应在检修开关柜上，以及相邻两侧和对面间隔上悬挂“止步，高压危险！”标示牌，在检修断路器手车操作处悬挂“禁止合闸，有人工作！”标示牌。

（5）新增二次屏（柜）时，应在新增二次屏（柜）前后设置的临时围栏上向内悬挂“止步、危险！”标示牌。在围栏入口处悬挂“从此进出！”标示牌。

（6）室外端子箱检修时，应在检修开关端子箱四周设置的临时围栏上向内悬挂适量“止步，高压危险！”标示牌。在围栏入口处悬挂“在此工作！”、“从此进出！”标示牌。

4. 装设红布幔原则

（1）在邻近的非检修二次屏（柜）上前后分别设置红布幔。

（2）将检修的二次屏（柜）中其他运行装置、运行端子排、公用交直流电源有关跳闸出口、联跳连接片用红布幔遮盖、绑扎。

5. 其他防止二次回路误碰等措施及相关规范

（1）安措内容还包括停送断路器控制及储能电源、拉开或合上待检修设备可能来电侧的隔离开关操作电源、投退相关二次连接片和二次电流回路（常规站：连接片形式的电流端子）等操作。

（2）设备停电检修，需将检修设备保护联跳和开出至其他单元回路以及其他单元联跳检修设备的连接片退出。

第三节 安措设置典型步骤

一、一次设备安措操作步骤

1. 1000kV 断路器停电检修工作安措布置

（1）安措布置要求：

1）各方面的电源完全断开。

2）对于可能送电至停电设备的各方面都应装设接地线或合上接地开关（装置）。

3）检修设备和可能来电侧的断路器、隔离开关应断开控制电源和合闸能源，确保不会误送电，同时也防止开关储能机构突然启动对检修人员造成威胁。

4）退出相关二次连接片和二次电流回路，防止引起保护误动作造成跳闸。

5）将检修设备保护联跳和开出至其他单元回路以及其他单元联跳检修设备的连接片退出。

（2）一般操作步骤以 T031 断路器（边断路器）检修为例：

1）在 T031 断路器两侧装设接地。

2）分开 T031 断路器储能、控制电源。

3）分开 T031 所属隔离开关电机、控制电源。

4）将线路 T031 断路器方式选择把手切至“边断路器检修”位置。

5）退出 T031 断路器保护屏上 T031 断路器跳闸连接片（含重合闸出口）。

6）退出 T031 断路器失灵跳 T031 断路器连接片（含闭重、远跳）。

7）退出 T031 断路器失灵跳 T032 断路器连接片（含闭重、远跳）。

8）退出 T031 断路器失灵启动线路远跳连接片。

9）退出 T031 断路器失灵启动母差连接片。

10）退出 T031 断路器保护屏上 T031 断路器 LOCKOUT 出口连接片。

注：第 5）~ 10）步为 T031 断路器保护校验时操作。

2. 1000kV 线路及相应两组断路器停电检修安措布置

以 T041 断路器、T0412 隔离开关，T042 断路器、T0411 隔离开关检修；华东 I 线线路 TV 及避雷器检修为例。

（1）安措布置要求：

1）各方面的电源完全断开。

2）对于可能送电至停电设备的各方面都应装设接地线或合上接地开关（装置）。

3）检修设备和可能来电侧的断路器、隔离开关应断开控制电源和合闸能源，确保不会误送电，同时也防止断路器储能机构突然启动对检修人员造成威胁。

4）退出相关二次连接片和二次电流回路，防止引起保护误动作造成跳闸。

5）将检修设备保护联跳和开出至其他单元回路以及其他单元联跳检修设备的连接片退出。

（2）一般操作步骤：

1）在 T041、T042 断路器两侧及线路上装设接地。

2）分开 T041 断路器储能、控制电源。

3）分开 T041 所属隔离开关控制、电机电源。

4）分开 T042 断路器储能、控制电源。

5）分开 T042 所属隔离开关控制、电机电源。

6）将线路 T041 断路器方式选择把手切至“边断路器检修”位置。

7）将线路 T042 断路器方式选择把手切至“中断路器检修”位置。

8）退出华东 I 线线路保护屏跳 T041、T042 断路器出口连接片。

9）退出华东 I 线线路保护屏闭锁 T041、T042 断路器重合闸连接片。

10）退出华东 I 线线路保护屏上启动 T041、T042 断路器失灵及闭锁重合闸连接片。

11）退出华东 I 线线路保护屏上 T041、T042 断路器 LOCKOUT 出口连接片。

12）退出华东 I 线线路保护屏上远跳启动 T041、T042 断路器失灵及闭锁重合闸连接片。

注：第 8）~ 12）步为华东 I 线线路保护检修时操作。

3. 1000kV 主变压器及三侧避雷器停电检修安措操布置

以 1 号主变压器检修，1 号主变压器 1000kV、500kV、110kV 侧避雷器检修为例。

（1）安措布置要求：

1）各方面的电源完全断开。

2）对于可能送电至停电设备的各方面都应装设接地线或合上接地开关（装置）。

3）检修设备和可能来电侧的断路器、隔离开关应断开控制电源和合闸能源，确保不会误送电，同时也防止断路器储能机构突然启动对检修人员造成威胁。

4）退出相关二次连接片和二次电流回路，防止引起保护误动作造成跳闸。

5）将检修设备保护联跳和开出至其他单元回路以及其他单元联跳检修设备的连接片退出。

（2）一般操作步骤：

1）在主变压器三侧装设接地。

2）在 110kV 侧避雷器装设接地（合上 TV 接地开关）。

3）分开高压侧对应断路器储能、控制电源。

4）分开高压侧对应所属隔离开关操作电源。

5）分开中压侧断路器储能、控制电源。

6）分开中压侧间隔所属隔离开关操作电源。

7）分开低压侧断路器储能、控制电源。

8）分开低压侧间隔所属隔离开关操作电源。

9）分开 110kV 侧 TV 隔离开关操作电源。

10）退出主体变压器保护跳闸出口连接片。

11）退出主体变压器保护中压侧启动断路器失灵连接片。

12）退出主体变压器保护高压侧启动断路器失灵连接片。

13）退出主体变压器非电量保护跳闸出口连接片。

14）退出调补变压器保护跳闸出口压板。

15）退出调补变压器保护中压侧启动断路器失灵连接片。

16）退出调补变压器保护高压侧启动断路器失灵连接片。

17）退出调补变压器非电量保护跳闸出口连接片。

注：第 10）~13）步为主体变压器保护检修时操作；第 14）~17）步为调补变压器保护检修时操作。

二、二次设备安措操作步骤

1. 1000kV 主变压器停电的二次设备工作安措布置

以 1 号主变压器主体变压器保护校验为例。

（1）安措布置要求：

1）退出保护出口连接片，防止调试过程中引起误出口跳闸。

2）将检修设备保护联跳和断路器至其他单元回路以及其他单元联跳检修设备的连接片退出，防止调试信号引起其他保护误动作跳闸。

（2）一般操作步骤：

1）退出主体变压器保护跳闸出口连接片。

2）退出主体变压器保护中压侧启动断路器失灵连接片。

3）退出主体变压器保护高压侧启动断路器失灵连接片。

4）退出主体变压器非电量保护跳闸出口压板。

2. 1000kV 主变压器保护屏内部分二次设备工作安措布置

以 1 号主变压器运行，其中第二套主变压器保护校验为例。

（1）安措布置要求：

1）退出保护出口连接片，防止调试过程中引起误出口跳闸。

2）将检修设备保护联跳和开出至其他单元回路以及其他单元联跳检修设备的连接片退出，防止调试信号引起其他保护误动作跳闸。

（2）一般操作步骤：

1）退出主体变压器保护跳闸出口连接片。

2）退出主体变压器保护中压侧启动断路器失灵连接片。

3）退出主体变压器保护高压侧启动断路器失灵连接片。

注：以上操作也可结合调度保护停役操作票执行。

3. 1000kV 线路停役的二次设备工作安措布置

以华东Ⅰ线线路保护校验为例。

（1）安措布置要求：

1）退出保护出口连接片，防止调试过程中引起误出口跳闸。

2）将检修设备保护联跳和开出至其他单元回路以及其他单元联跳检修设备的连接片退出，防止调试信号引起其他保护误动作跳闸。

（2）一般操作步骤：

1）退出华东Ⅰ线线路保护屏跳 T041、T042 断路器出口连接片。

2）退出华东Ⅰ线线路保护屏闭锁 T041、T042 断路器重合闸连接片。

3）退出华东Ⅰ线线路保护屏上启动 T041、T042 断路器失灵及闭锁重合闸连接片。

4）退出华东Ⅰ线线路保护屏上T041、T042断路器LOCKOUT出口连接片。

5）退出华东Ⅰ线线路保护屏上远跳启动T041、T042断路器失灵及闭锁重合闸连接片。

4. 1000kV线路运行的部分二次设备工作安措布置

此工作除辅助安措外，相关工作安措在调度保护停役操作票执行后即能满足。

5. 手车开关柜二次设备安措布置（保护装置在开关柜上）

相关工作安措在调度保护停役操作票执行后，出口压板已经全部退出，备用电源自动投入装置停用，安全措施能够满足。

6. 交流所用电屏二次安措布置

以母线站用变压器低压侧空气开关更换为例：

（1）在站用变压器低压侧空气开关两侧装设接地线。

（2）将站用变压器低压侧空气开关操作方式切至“手动”位置，防止远方误合引起低压触电。

7. 直流屏二次设备工作安措布置

此工作除辅助安措外，相关安措一般由相关工作人员在工作许可后自行执行。

8. 故障录波器装置二次设备工作安措布置

此工作除辅助安措外，相关安措一般由相关工作人员在工作许可后自行执行。

第四节　安措设置现场案例

一、一次设备安措设置案例

1. 500kV断路器停电检修

以5052断路器（中断路器）检修为例，围栏和标示牌布置要点，如图3-1所示。

（1）在5052断路器及TA四周设置临时围栏，围栏不得将两侧隔离开关包含在内。

（2）在围栏上悬挂适量“止步，高压危险！”标示牌，字朝向围栏内。

（3）在围栏出入口处悬挂“在此工作！”、“从此进出！”标示牌。

（4）在一经合闸即可送电到工作地点的断路器和隔离开关操作装置上悬挂“禁止合闸，有人工作！”标示牌。

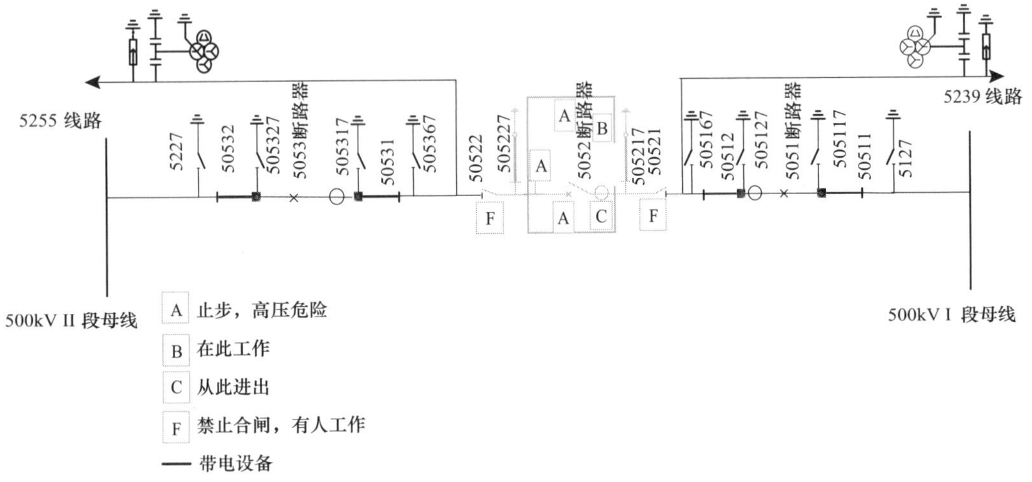

5255 线路　5239 线路

500kV II 段母线　500kV I 段母线

A 止步，高压危险

B 在此工作

C 从此进出

F 禁止合闸，有人工作

— 带电设备

图 3-1　5052 断路器（中断路器）检修安措布置

2. 500kV 线路及相应两组断路器停电检修

以 5051 断路器、50512 隔离开关，5052 断路器、50521 隔离开关检修；5239 线路 TV 及避雷器检修为例，围栏和标示牌布置要点，如图 3-2 所示。

（1）在 5051 断路器及 TA、50512 隔离开关、5052 断路器及 TA、50521 隔离开关、5239 线路 TV 及避雷器四周分别装设围栏一组，围栏不得将 50522、50511 隔离开关包含在内。

（2）围栏上挂适量“止步，高压危险！”标示牌，字朝向围栏内。

（3）在围栏出入口处悬挂“在此工作！”、“从此进出！”标示牌。

（4）在一经合闸即可送电到工作地点的断路器和隔离开关操作装置上悬挂“禁止合闸，有人工作！”标示牌。

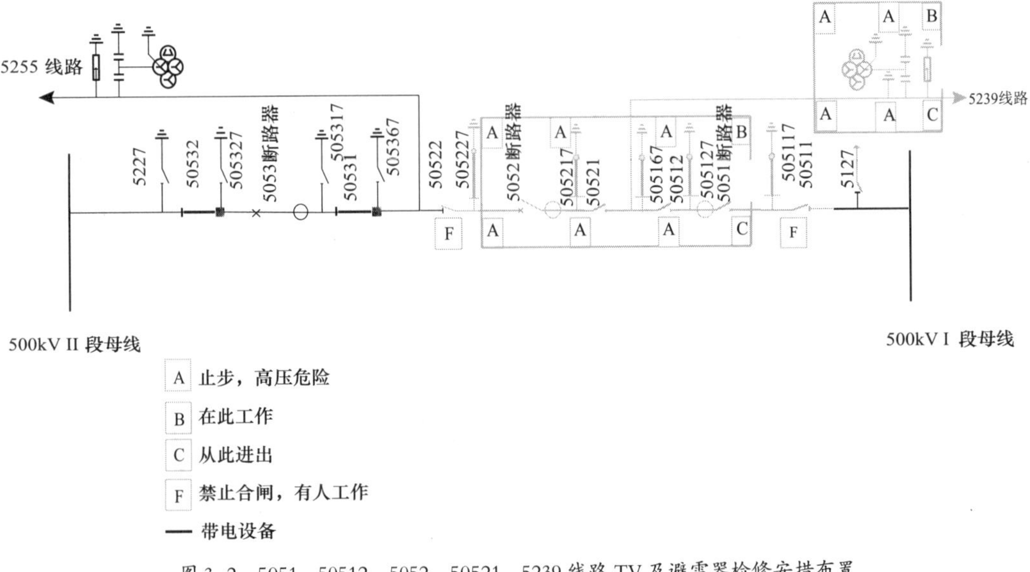

图 3-2　5051、50512、5052、50521、5239 线路 TV 及避雷器检修安措布置

3. 500kV 母线电压互感器停电检修

以 500kV Ⅱ段母线 TV 检修为例，围栏和标示牌布置要点，如图 3-3 所示。

（1）在 500kV Ⅱ段母线 TV 四周装设临时围栏。

（2）在围栏上悬挂适量“止步，高压危险！”标示牌，字朝向围栏内。

（3）在围栏出入口处悬挂“在此工作！”、“从此进出！”标示牌。

（4）在一经合闸即可送电到工作地点的断路器和隔离开关操作装置上悬挂“禁止合闸，有人工作！”标示牌。

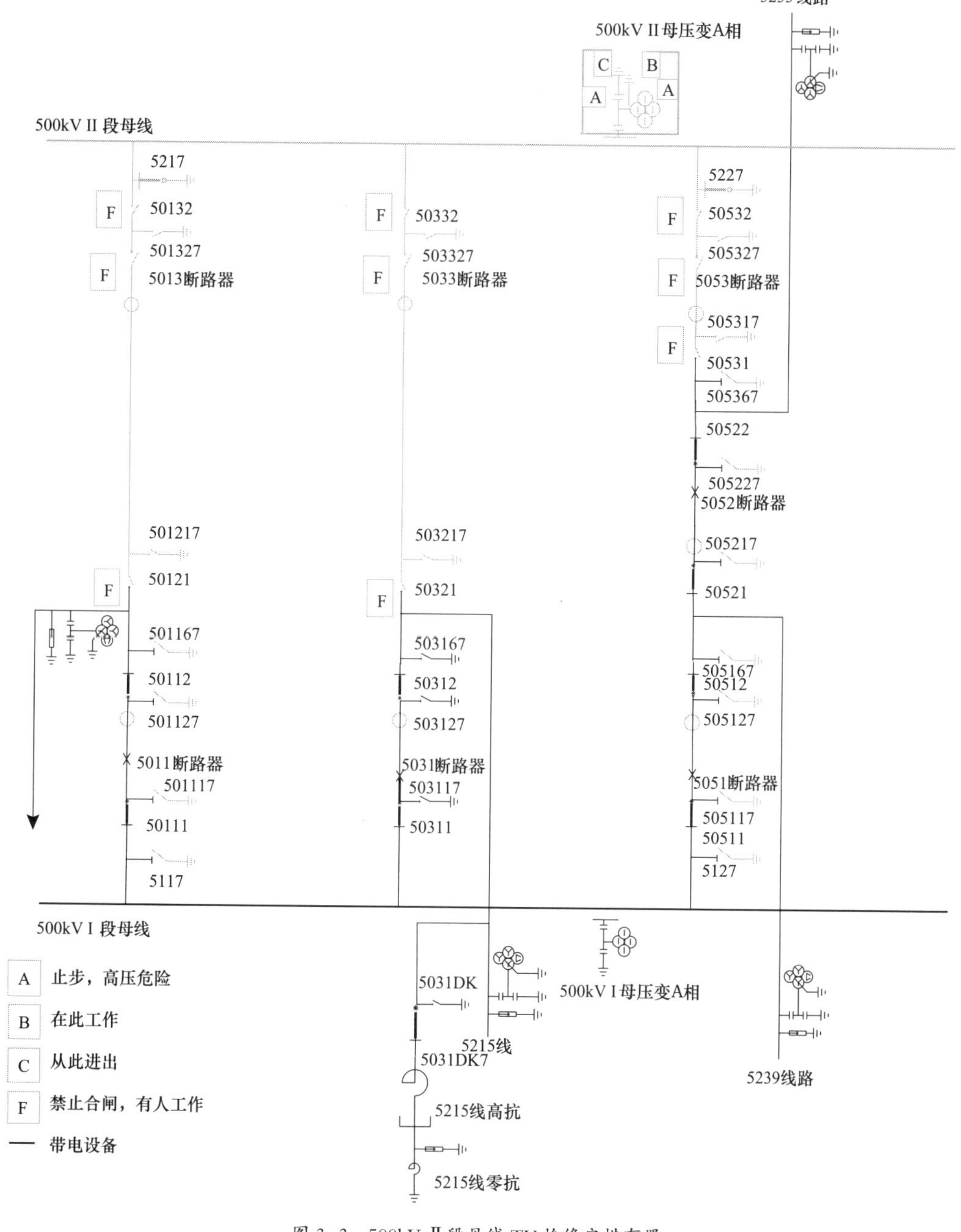

图 3-3 500kV Ⅱ段母线 TV 检修安措布置

4. 1000kV 主变压器及三侧避雷器停电检修

以 1 号主变压器检修，1 号主变压器 1000kV、500kV、110kV 侧避雷器检修为例，围栏和标示牌布置要点，见图 3-4。

（1）在 1 号主变压器及其 110kV 侧避雷器、1000kV 侧避雷器、500kV 侧避雷器四周分别设置临时围栏。

（2）在围栏上悬挂适量“止步，高压危险！”标示牌，字朝向围栏内。

（3）在围栏出入口处悬挂“在此工作！”、“从此进出！”标示牌。

（4）在一经合闸即可送电到工作地点的断路器和隔离开关操作装置上悬挂“禁止合闸，有人工作！”标示牌。

（5）打开 1 号主变压器本体爬梯门，并在爬梯上悬挂“从此上下！”标示牌。

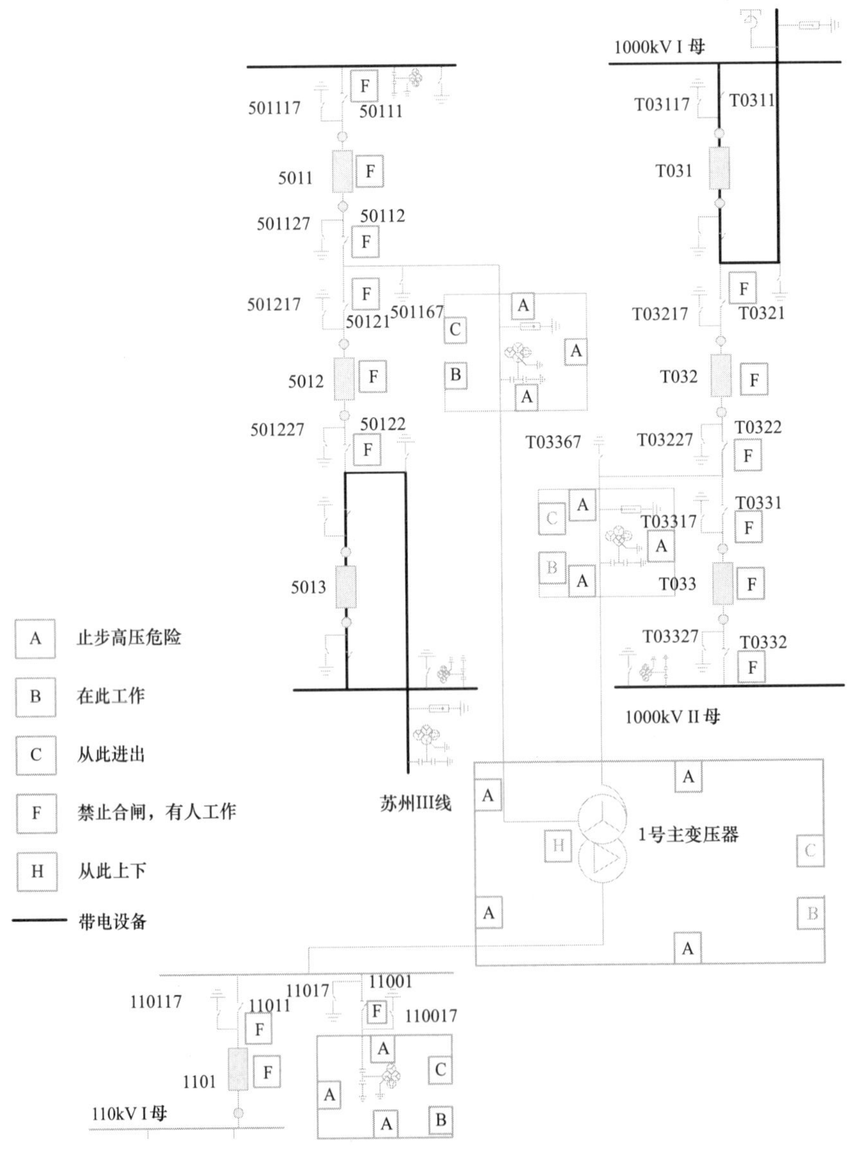

图 3-4 1 号主变压器检修，1 号主变压器 1000kV、500kV、110kV 侧避雷器检修安措布置

二、二次设备安措设置案例

1. 主变压器停电的二次设备工作

以 1 号主变压器保护校验为例，标示牌、红布幔设置要点，见图 3-5。

（1）在 1 号主变压器测控屏前后、保护屏前分别悬挂“在此工作！”标示牌（1 号主变压器保护屏后为全封闭结构）。

（2）在邻近 1 号主变压器测控屏的非检修屏上前后、邻近 1 号主变压器保护屏的非检修屏上前面分别设置红布幔。将 1 号主变压器测控屏中其他运行装置、运行端子排、公用交直流电源用红布幔遮盖，将 1 号主变压器测控屏、保护屏有关联跳连接片用红布幔绑扎。

屏前安措示意图

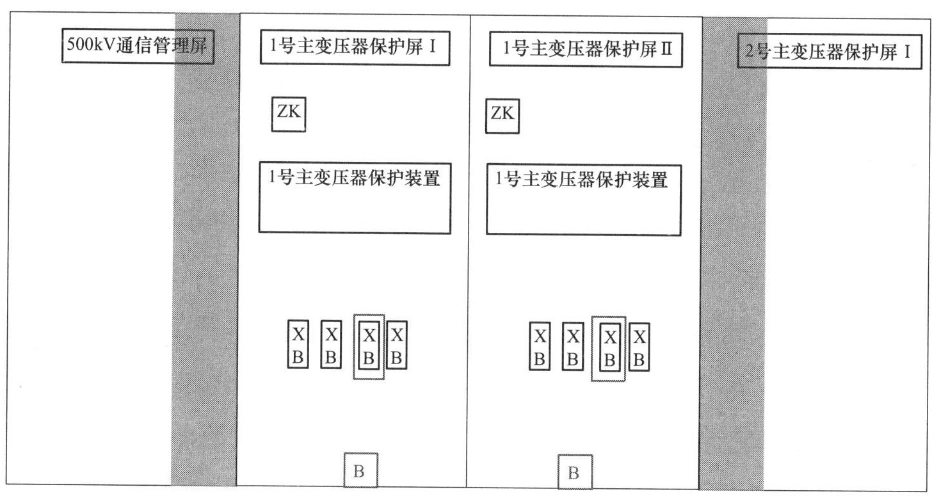

屏前安措示意图

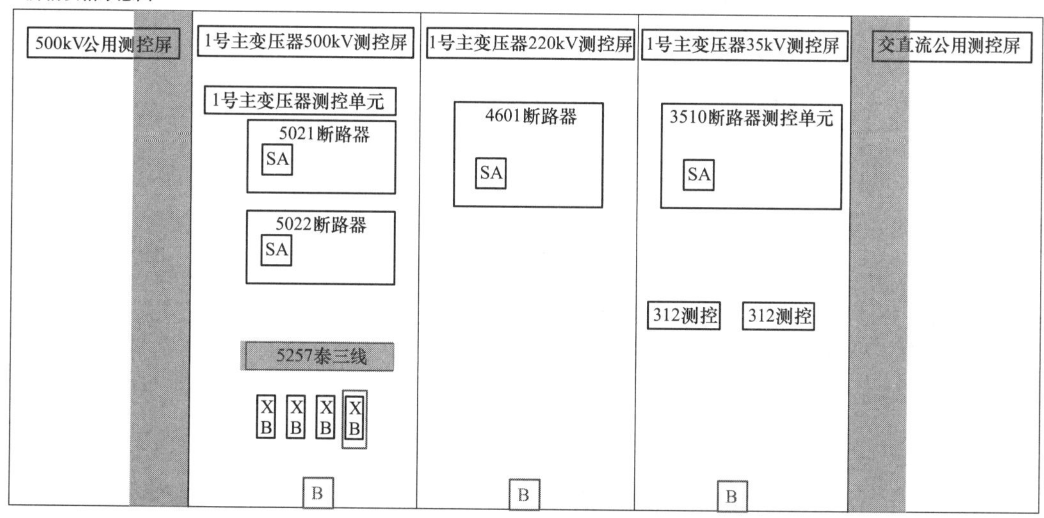

图 3-5 1 号主变压器保护校验为例，标示牌、红布幔设置示意图（一）

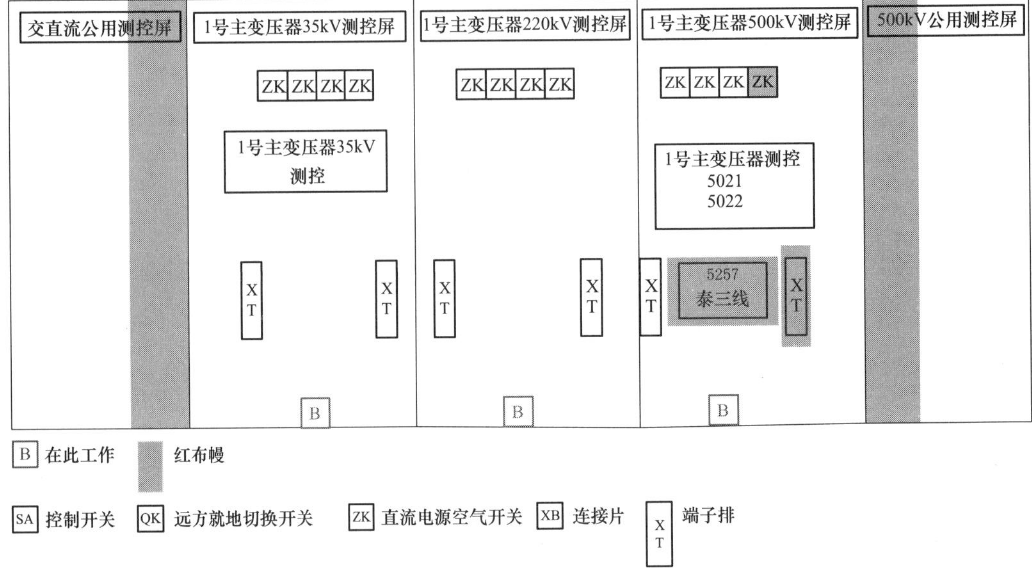

图 3-5　1 号主变压器保护校验为例，标示牌、红布幔设置示意图（二）

2. 开关柜工作

以 1 号站用变压器停电检修为例，标示牌、围栏设置要点，如图 3-6 所示。

（1）在 1 号站用变压器 400V 侧布置围栏，将需要工作的开关柜全部围入，来电侧Ⅰ、Ⅲ段分段进线 410 断路器用围栏挡住，围栏悬挂“止步、高压危险”标示牌，字面朝向围栏里面。

（2）410 断路器操作把手悬挂“禁止合闸，有人工作”。

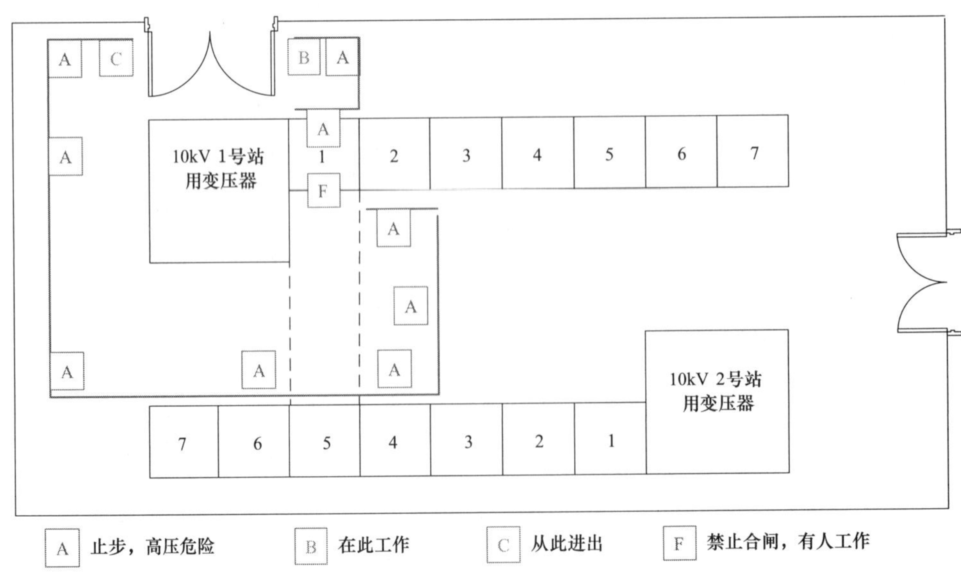

图 3-6　1 号站用变压器停电检修，围栏、标示牌设置图

第四章

特高压仿真变电站异常处理

第一节　变压器异常处理

一、变压器异常处理原则

变压器是变电站最重要的电气设备，日常运维中应密切关注其运行状态，及时发现并处理变压器存在的异常。变压器的异常如不能立即消除，应作为缺陷上报，履行缺陷处理流程，尽快消除缺陷，保证变压器正常运行。

运行中发现变压器有下列情况之一，应立即汇报调控人员申请将变压器停运：

（1）变压器声响明显增大，内部有爆裂声。

（2）严重漏油或者喷油，使油面下降到低于油位计的指示限度。

（3）套管有严重的破损和放电异常现象。

（4）变压器冒烟着火。

（5）变压器正常负载和冷却条件下，油温指示表计无异常时，若变压器顶层油温异常并不断上升，必要时应申请将变压器停运。

（6）变压器轻瓦斯保护动作，信号频繁发出且间隔时间缩短，需要停运检测试验。

注：变压器轻瓦斯保护按最新规定执行。

（7）变压器附近设备着火、爆炸或发生其他情况，对变压器构成严重威胁时。

（8）强油循环风冷变压器的冷却系统因故障全停，超过允许温度和时间。

二、典型异常处理

1. 1号主变压器主体变冷却器全停处理

（1）异常现象。

1）一次设备：1号主体变压器冷却器风扇全部停转，冷却器油泵停止工作。

2）二次设备：1号主体变压器冷却器全停告警，冷却器全停导致主体变压器温度上升，可能发1号主变压器油温高报警。

3）后台信息：1号主变压器冷却器全停告警，可能发1号主变压器油温高报警。

（2）分析处理。

1）三相冷却器全停：400V Ⅰ、Ⅳ母线失电，检查站用电是否失电，如失电优先恢复站用电，检查三相冷却器是否恢复运行，如未恢复运行，则立即向调度申请主变压器停役。

2）单相冷却器全停：检查此相冷却器控制柜主、备电源是否正常。如主供电源失去，备用电源没能自动切换，应分开故障电源空气开关，手动进行电源主备方式切换，检查冷却器恢复运行，通知检修人员进行处理；如检查发现主、备电源均正常，电源指示灯亮，电源切换接触器不工作，查明回路无明显故障时，拉开主电源开关，若故障仍不能排除，应隔离故障电源回路，通知检修人员处理。

3）运维人员查找故障过程中，应检查某一冷却支路故障造成越级跳闸的可能。可先将全部冷却器支路电源断开后，再试送主供电源，主供电源试送成功后，再逐一恢复冷却器支路电源，找到故障冷却支路后再将其断开，通知检修人员处理。

4）在检查处理过程中，应安排专人对主变压器进行严密监测：主变压器油、线温、油位、负载情况，及时向调度汇报。

5）如冷却器全停暂时无法处理，应汇报调度说明原因，申请转移负荷，并做好停役主变压器的各项准备。

6）强油循环风冷变压器，在运行中，当冷却系统发生故障切除全部冷却器时，变压器在额定负载下允许运行 20min。20min 以后，当油面温度尚未达到 75℃时，允许上升到 75℃，但冷却器全停的最长运行时间不得超过 1h。

2. 1 号主变压器主体变压器冷却器异常处理

（1）异常现象。

1）一次设备：1 号主变压器冷却器某台风扇或油泵停止工作。

2）二次设备：无信号。

3）后台信息：工作冷却器故障，备用冷却器投入。

（2）分析处理。

1）检查冷却器控制柜，明确故障冷却器组别号，如工作（或自动）位置冷却器故障，而备用冷却器未自动投入，则手动将备用的冷却器投入运行，并加强主变压器运行温度及负载的监视。

2）如备用冷却器故障，现场检查故障冷却器数量，根据风冷控制策略表，判断现场运行冷却器是否满足运行条件。如不满足，汇报调度申请降低负荷，并加强对主变压器运行温度、负载及冷却器控制箱的监视。

3）检查故障冷却器组故障原因，如电源空气开关有无缺相、热耦组件是否跳开，电源接触器是否吸合正常，潜油泵、风机是否有故障等。在回路无明显故障情况下，可手动分开此组冷却器电源，并试送一次，如继续跳开，则将该组冷却器电源全部拉开退出运行，通知检修人员处理。

3. 1号主变压器主体变压器轻瓦斯告警处理

注：变压器轻瓦斯保护按最新规定执行。

（1）异常现象。

1）一次设备：1号主体变压器A相气体继电器上浮球下沉。

2）二次设备：1号主体变压器轻瓦斯动作。

3）后台信息：1号主体变压器轻瓦斯告警。

（2）分析处理。

1）迅速查看1号主体变压器油色谱在线监测历史数据，并人工启动1号主体变压器油色谱在线监测系统进行数据比对或进行离线油色谱分析。

2）检查保护装置判断故障相别，长期稳定运行的设备发生轻瓦斯报警时，在方式条件允许下应先停运设备，再进行现场检查分析判断是否为误报警。若连续出现2次及以上轻瓦斯报警，应立即停运设备进行检查处理，严防造成人身伤害。

3）检查变压器潜油泵负压区是否有渗漏油，如有则初步判断为空气进入造成轻瓦斯动作，将此组冷却器退出运行，通知检修人员处理。

4）如色谱数据明显异常，待检修人员确认后，汇报调度和领导，等待进一步处理。

4. 1号调补变压器轻瓦斯告警处理

注：变压器轻瓦斯保护按最新规定执行。

（1）异常现象。

1）一次设备：1号调补变压器A相气体继电器上浮球下沉。

2）二次设备：1号调补变压器轻瓦斯动作。

3）后台信息：1号调补变压器轻瓦斯告警。

（2）分析处理。

1）迅速查看1号调补变压器油色谱在线监测历史数据，并人工启动1号调补变压器油色谱在线监测系统进行数据比对或进行离线油色谱分析。

2）检查保护装置判断故障相别，长期稳定运行的设备发生轻瓦斯报警时，在方式条件允许下应先停运设备，再进行现场检查分析判断是否为误报警。若连续出现2次及以上轻瓦斯报警，应立即停运设备进行检查处理，严防造成人身伤害。

3）如色谱数据明显异常，待检修人员确认后，汇报调度和领导，等待进一步处理。

5. 1号主体变压器油温异常处理

（1）异常现象。

1）一次设备：1号主体变压器油温表指示温度高。

2）二次设备：1 号主体变压器油温高告警。

3）后台信息：1 号主体变压器油温高告警。

（2）分析处理。

1）检查现场油温表 1、油温表 2 数值是否已达到报警值，如果未达到则可能为二次回路异常引起，应通知检修人员处理，安排专人现场定时对油温、线温进行监视。

2）检查记录现场实时气温、主变压器负荷电流，冷却器投入数量，并使用红外成像仪对主体变压器各电压等级套管接头进行跟踪测温，若油温继续上升则将现场未运行的冷却器（除规定不运行的外）全部投入运行。

3）检查蝶阀开闭位置是否正确，潜油泵是否正常工作，油流方向是否正常，风扇吹风方向是否正常，主体变压器储油柜油位是否正常。

4）检查 1 号主体变压器冷却器外观污垢是否严重，如有应及时通知检修人员，在做好各项安措的前提下进行带电水冲洗，以恢复散热效果。

5）变压器油温表指数如已超过 75℃，且“辅助”位置冷却器已正常投入，则加强监视，同时向调度申请降低主变压器负载，通知检修人员。

6）在正常负荷和冷却条件下，主体变压器温度异常并不断上升（非油温计故障）超过 85℃，应立即向调度申请主变压器停役。

7）如 1 号主体变压器内部有异常响声或放电声，应立即向调度申请主变压器停役。

8）对主变压器三相油温进行比较，如某相油温异常升高，应立即对该相进行油色谱分析。如色谱数据明显异常，待检修人员确认后，应汇报调度申请主变压器退出运行。

6. 1 号调补变压器油温异常处理

（1）异常现象。

1）一次设备：1 号调补变压器油温表指示温度高。

2）二次设备：1 号调补变压器油温高告警。

3）后台信息：1 号调补变压器油温高告警。

（2）分析处理。

1）检查现场油温表 1、油温表 2 数值是否已达到告警值，如果未达到则可能为二次回路异常引起，应通知检修人员处理，安排专人现场定时对油温、线温进行监视。

2）检查记录现场实时气温、主变压器负荷电流，并使用红外成像仪对调补变压器上所有套管接头进行跟踪测温。

3）检查蝶阀开闭位置是否正确，调补变压器储油柜油位是否正常。

4）检查1号调补变压器散热片外观污垢是否严重，如有应及时通知检修人员，在做好各项安措的前提下进行带电水冲洗，以恢复散热效果。

5）在正常负荷和冷却条件下，调补变压器温度异常并不断上升（非油温计故障）超过95℃，应立即向调度申请主变压器停役。

6）如1号调补变压器内部有异常响声或放电声，应立即向调度申请主变压器停役。

7）对调补变压器三相油温进行比较，如某相油温异常升高，应立即对该相进行油色谱分析。如色谱数据明显异常，待检修人员确认后，应汇报调度申请主变压器退出运行。

7. 1号主体变压器（调补变压器）油位异常处理

（1）异常现象。

1）一次设备：1号主体变压器（调补变压器）油位表指示异常。

2）二次设备：1号主体变压器（调补变压器）油位异常告警。

3）后台信息：1号主体变压器（调补变压器）油位异常告警。

（2）分析处理。

1）立即去现场查看主体变压器（调补变压器）油位表及端子箱内引下式油位计读数，确认油位是否已达到动作报警值，如未达到报警值，则可能为二次回路异常引起，应通知检修人员处理，现场加强对油位的监视。

2）如发现油位计指示数值确已低于报警值，且主体变压器（调补变压器）有漏、喷油情况，影响主变压器安全运行，立即向调度申请主变压器停役，通知检修人员前来处理。如未发现主体变压器（调补变压器）有漏、喷油情况，则现场加强对主体变压器（调补变压器）监视，并通知检修人员前来处理。

3）如发现油位计指示数值偏高，立即对主体变压器（调补变压器）呼吸器、压力释放装置进行检查，加强对主体变压器（调补变压器）监视，密切关注油温油位变化，并通知检修人员前来处理。检查时，运维人员严禁靠近压力释放导向管附近，以防其突然动作危及人员安全。

8. 1号主变压器过负荷异常处理

（1）异常现象。

1）一次设备：1号主变压器“辅助”位置冷却器投入运行。

2）二次设备：1号主体变压器第一、二套保护过负荷保护动作。

3）后台信息：1号主体变压器第一、二套保护过负荷保护动作，1号主变压器“辅助”位置冷却器投入。

（2）分析处理。

1）1 号主变压器过负荷报警后，应立即检查后台 1 号主变压器三侧三相电流值是否越限。

2）现场对变压器进行外观检查，是否有渗漏油情况，油温、油位是否正常，检查运行的冷却器散热效果，散热器、油路是否畅通。

3）加强对主变压器的巡视，使用红外成像仪对主变压器各电压等级套管接头、冷却器控制箱进行跟踪测温，检查有无发热现象。

4）及时汇报调度，申请降低主变压器负荷，同时密切监视主变压器冷却系统、油温、绕组温度。

9. 1 号主变压器压力释放阀喷油处理

（1）异常现象。

1）一次设备：1 号主变压器压力释放动作。

2）二次设备：1 号主变压器压力释放动作告警。

3）后台信息：1 号主变压器压力释放动作告警。

（2）分析处理。

1）如现场检查压力释放装置正常，变压器油、线温及油位均正常，则可能为二次回路异常引起，应通知检修人员处理。

2）如现场检查喷油无法停止，应立即向调度申请主变压器停役，并通知检修人员处理。如有喷油痕迹，但压力释放阀已关闭复归，应加强对主变压器油温、油位的监测，采油样进行色谱分析，根据结果作出处理。

3）检查变压器本体与储油柜连接阀是否已开启、吸湿器是否畅通、储油柜内气体是否排净，防止由于油位过高引起压力释放阀动作。

4）如现场压力释放阀喷油且气体保护动作跳闸时，在未查明原因，故障未消除前不得将变压器投入运行。

10. 1 号主变压器声响异常

（1）异常现象。

1）一次设备：变压器声音与正常运行时对比有明显增大且伴有各种噪声。

2）二次设备：无。

3）后台信息：无。

（2）分析处理。

1）伴有电火花、爆裂声时，立即向值班调控人员申请停运处理。

2）伴有放电的“啪啪”声时，检查变压器内部是否存在局部放电，汇报值班调控人员并联系检修人员进一步检查。

3）声响比平常增大而均匀时，检查是否为过电压、过负荷、铁磁共振、谐波或直流偏磁作用引起，汇报值班调控人员并联系检修人员进一步检查。

4）伴有放电的“吱吱”声时，检查器身或套管外表面是否有局部放电或电晕，可用紫外成像仪协助判断，必要时联系检修人员处理。

注：轻瓦斯保护按最新规定执行。

5）伴有水的沸腾声时，检查轻瓦斯保护是否报警、充氮灭火装置是否漏气，必要时联系检修人员处理。

6）伴有连续的、有规律的撞击或摩擦声时，检查冷却器及其附件是否存在不平衡引起的振动，必要时联系检修人员处理。

11. 1号主变压器套管渗漏、油位异常

（1）异常现象。

1）一次设备：套管表面渗漏有油渍；套管油位异常下降或者升高。

2）二次设备：无。

3）后台信息：无。

（2）分析处理。

1）套管严重渗漏或者瓷套破裂，需要更换时，向值班调控人员申请停运处理。

2）套管油位异常时，应利用红外测温装置检测油位，确认套管发生内漏需要吊套管处理时，向值班调控人员申请停运处理。

3）现场无法判断时，联系检修人员处理。

12. 1号主变压器主体变压器漏油

（1）异常现象。

1）一次设备：1号主变压器主体变压器漏油。

2）二次设备：无。

3）后台信息：无。

（2）分析处理。

1）根据现场渗漏情况测算渗漏油速度，判断缺陷的严重程度。

2）迅速查看变压器油位情况，并用红外测温仪监测储油柜实际油位。

3）现场加强监视，并联系检修人员及时处理。

4）暂无法处理者，应加强对渗漏情况及主变压器油位的监视，必要时，申请停运处理。

第二节　高压并联电抗器异常处理

一、高压并联电抗器异常处理原则

高压电抗器是变电站重要设备，其内部结构与变压器相似，外部附件与变压器多有相同，其异常现象与变压器相近，故其异常处理可参照变压器处理。

发现下列情况之一，应立即汇报调控人员申请将高压电抗器停运，停运前应远离设备：

（1）高压电抗器内部声响异常或声响明显增大，并伴随有爆裂声。

（2）严重漏油使油面降低，并低于油位计的指示限度。

（3）套管有严重的破损和放电现象。

（4）压力释放阀持续喷油，或高压电抗器冒烟、着火。

（5）在正常负荷和冷却条件下，高压电抗器温度异常并不断上升（非油温计故障）超过95℃。

（6）当发生危及高压电抗器安全的故障，而高压电抗器有关保护装置拒动时。

（7）高压电抗器附近着火、爆炸，对高压电抗器构成严重威胁。

二、典型异常处理

1. 高压电抗器轻瓦斯告警处理

注：轻瓦斯保护按最新规定执行。

（1）异常现象。

1）一次设备：华东Ⅰ线高压电抗器A相气体继电器上浮球下沉。

2）二次设备：华东Ⅰ线高压电抗器本体轻瓦斯报警。

3）后台信息：华东Ⅰ线高压电抗器本体轻瓦斯告警。

（2）分析处理。

1）迅速查看华东Ⅰ线高压电抗器油色谱在线监测历史数据，并人工启动华东Ⅰ线高压电抗器油色谱在线监测系统进行数据比对。

2）现场取油样进行油色谱分析，同时观察气体继电器内是否存在气体。若存在气体，应立即联系检修人员，取气进行色谱分析。

3）现场仔细检查高压电抗器散热器有无明显渗漏油，是否存在有空气进入的可能。

4）如色谱数据明显异常，待检修人员确认后，汇报调度和领导，等待进一步处理。

2. 高压电抗器油温异常处理

（1）异常现象。

1）一次设备：华东Ⅰ线高压电抗器油温表指示温度高。

2）二次设备：华东Ⅰ线高压电抗器非电量保护发本体油温高报警信号。

3）后台信息：华东Ⅰ线高压电抗器本体油温高告警。

（2）分析处理。

1）立即现场检查华东Ⅰ线A、B、C三相高压电抗器油温。若现场实际油温正常，可能为二次回路异常引起。通知检修人员进行处理。现场加强对高压电抗器油温、线温的监视。

2）高压电抗器油温表指数如已超过90℃，则检查冷却器投入情况，如有冷却器未投入，则应手动投入。若内部有异常响声或放电声，向调度申请相应线路停役。

3）记录检查现场实时气温、线路负荷电流，并使用红外成像仪对线路高压电抗器套管接头进行跟踪测温。

4）检查蝶阀开闭位置是否正确，风扇吹风方向是否正常，线路高压电抗器储油柜油位是否正常；检查高压电抗器散热器外观污垢是否严重，散热片之间是否有异物堵塞，如有应及时通知检修人员在确保安全的前提下进行带电水冲洗。

5）如在正常负荷和冷却条件下，高压电抗器温度异常并不断上升（非油温计故障）超过95℃，应立即汇报调度申请该线路停役。

6）对高压电抗器三相油温进行比较，如某相油温异常升高，应立即对该相进行油色谱分析。如色谱数据明显异常，待检修人员确认后应汇报调度申请该线路停役。

3. 高压电抗器油位异常处理

（1）异常现象。

1）一次设备：华东Ⅰ线高压电抗器本体油位表指示异常。

2）二次设备：华东Ⅰ线高压电抗器本体油位异常告警。

3）后台信息：华东Ⅰ线高压电抗器本体油位异常告警。

（2）分析处理。

1）立即去现场查看高压电抗器油位表读数，确认油位是否已达到动作报警值，如未达到报警值，则可能为二次回路异常引起，应通知检修人员处理，现场加强对油位的监视。

2）如发现油位计指示数值确已低于报警值（MIN位置），且高压电抗器有漏、喷油情况，影响高压电抗器安全运行，立即向调度申请线路停役，通知检修人员前来处理。

如未发现高压电抗器有漏、喷油情况，则现场加强对高压电抗器监视，并通知检修人员前来处理。

3）如发现油位计指示数值偏高（已达到 MAX 报警值位置），立即对高压电抗器呼吸器、压力释放装置进行检查，加强对高压电抗器监视，密切关注油温油位变化，并通知检修人员前来处理。检查时，运维人员严禁靠近压力释放导向管附近，以防其突然动作危及人员安全。

4. 高压电抗器冷却器电源故障处理

（1）异常现象。

1）一次设备：华东Ⅰ线 A 相高压电抗器工作电源Ⅰ故障，工作电源由电源Ⅰ切至电源Ⅱ。

2）二次设备：无信号。

3）后台信息：华东Ⅰ线高压电抗器工作电源Ⅰ故障。

（2）分析处理。

1）立即去现场检查华东Ⅰ线各相高压电抗器散热器工作情况，检查各相高压电抗器散热器控制柜工作状况。发现 A 相高压电抗器工作电源由电源Ⅰ切至电源Ⅱ。

2）检查华东Ⅰ线 A 相高压电抗器散热器是否工作正常。

3）检查 A 相高压电抗器散热器电源Ⅰ故障原因，三相电压是否正常。如无法恢复，通知检修人员处理。

4）现场加强对华东Ⅰ线 A 相高压电抗器散热器电源Ⅱ的巡视测温，并做好华东Ⅰ线 A 相高压电抗器散热器电源全停的事故预想与演练。

5. 高压电抗器压力释放阀喷油处理

（1）异常现象。

1）一次设备：华东Ⅰ线 A 相高压电抗器压力释放动作。

2）二次设备：华东Ⅰ线高压电抗器压力释放动作告警。

3）后台信息：华东Ⅰ线高压电抗器压力释放动作告警。

（2）分析处理。

1）如现场检查高压电抗器压力释放装置正常，高压电抗器油、线温及油位均正常，则可能为二次回路异常引起，应通知检修人员处理。

2）如现场检查高压电抗器喷油无法停止，应立即向调度申请线路停役，并通知检修人员处理。如有喷油痕迹，但压力释放阀已关闭复归，应加强对高压电抗器油温、油位监测，采油样进行色谱分析，根据结果作出处理。

3）检查高压电抗器本体与储油柜连接阀是否已开启、吸湿器是否畅通、储油柜内气体是否排净，防止由于油位过高引起压力释放阀动作。

4）如现场压力释放阀喷油且气体保护动作跳闸时，在未查明原因，故障未消除前不得将线路投入运行。

6. 中性点小电抗轻瓦斯告警处理

注：轻瓦斯保护按最新规定执行。

（1）异常现象。

1）一次设备：华东Ⅰ线高压电抗器中性点小电抗气体继电器上浮球下沉。

2）二次设备：华东Ⅰ线高压电抗器中性点小电抗轻瓦斯报警。

3）后台信息：华东Ⅰ线高压电抗器中性点小电抗轻瓦斯报警。

（2）分析处理。

1）迅速查看华东Ⅰ线高压电抗器中性点小电抗离线油色谱历史数据。

2）现场取油样进行油色谱分析，同时观察气体继电器内是否存在气体。若存在气体，应立即联系检修人员，取气进行色谱分析。

3）现场仔细检查高压电抗器中性点小电抗散热器有无明显渗漏油，是否存在有空气进入的可能。

4）如色谱数据明显异常，待检修人员确认后，汇报调度和领导，等待进一步处理。

7. 高压电抗器中性点小高压电抗器油温异常处理。

（1）异常现象。

1）一次设备：华东Ⅰ线高压电抗器中性点小电抗油温表指示温度高。

2）二次设备：华东Ⅰ线高压电抗器中性点小电抗非电量保护发本体油温高报警信号。

3）后台信息：华东Ⅰ线高压电抗器中性点小电抗本体油温高报警。

（2）分析处理。

1）立即现场检查华东Ⅰ线高压电抗器中性点小电抗油温。若现场实际油温正常，可能为二次回路异常引起。通知检修人员进行处理。现场加强对高压电抗器中性点小电抗油温、线温的监视。

2）记录检查现场实时气温、线路负荷电流是否平衡，并使用红外成像仪对线路高压电抗器中性点小电抗套管接头进行跟踪测温。

3）如油温异常升高，应立即对该相进行油色谱分析。如色谱数据明显异常，待检修人员确认后应汇报调度申请该线路停役。

8．高压电抗器中性点小电抗油位异常处理

（1）异常现象。

1）一次设备：华东Ⅰ线高压电抗器中性点小电抗本体油位表指示异常。

2）二次设备：华东Ⅰ线高压电抗器中性点小电抗本体油位异常报警。

3）后台信息：华东Ⅰ线高压电抗器中性点小电抗本体油位异常报警。

（2）分析处理。

1）立即去现场查看高压电抗器中性点小电抗油位表读数，确认油位是否已达到动作报警值，如未达到报警值，则可能为二次回路异常引起，应通知检修人员处理，现场加强对油位的监视。

2）如发现油位计指示数值确已低于报警值（MIN位置），且高压电抗器中性点小电抗有漏、喷油情况，影响高压电抗器中性点小电抗安全运行，立即向调度申请线路停役，通知检修人员前来处理。如未发现高压电抗器中性点小电抗有漏、喷油情况，则现场加强对高压电抗器中性点小电抗监视，并通知检修人员前来处理。

3）如发现油位计指示数值偏高（已达到MAX报警值位置），立即对高压电抗器中性点小电抗呼吸器、压力释放装置进行检查，加强对高压电抗器中性点小电抗监视，密切关注油温油位变化，并通知检修人员前来处理。检查时，运维人员严禁靠近压力释放导向管附近，以防其突然动作危及人员安全。

9．高压电抗器中性点小电抗压力释放阀喷油处理

（1）异常现象。

1）一次设备：华东Ⅰ线高压电抗器中性点小电抗压力释放动作。

2）二次设备：华东Ⅰ线高压电抗器中性点小电抗压力释放动作报警。

3）后台信息：华东Ⅰ线高压电抗器中性点小电抗压力释放动作报警。

（2）分析处理。

1）如现场检查高压电抗器中性点小电抗压力释放装置正常，高压电抗器中性点小电抗油温、线温及油位均正常，则可能为二次回路异常引起，应通知检修人员处理。

2）如现场检查高压电抗器中性点小电抗喷油无法停止，应立即向调度申请线路停役，并通知检修人员处理。如有喷油痕迹，但压力释放阀已关闭复归，应加强对高压电抗器中性点小电抗油温、油位监测，采油样进行色谱分析，根据结果作出处理。

3）检查高压电抗器中性点小电抗本体与储油柜连接阀是否已开启、吸湿器是否畅通、储油柜内气体是否排净，防止由于油位过高引起压力释放阀动作。

4）如现场压力释放阀喷油且气体保护动作跳闸时，在未查明原因，故障未消除前

不得将线路投入运行。

第三节 组合电器异常处理

一、组合电器异常处理原则

发现下列情况之一，应立即汇报调控人员申请将组合电器停运，停运前应远离设备：

（1）设备外壳破裂或严重变形、过热、冒烟。

（2）声响明显增大，内部有强烈的爆裂声。

（3）套管有严重破损和放电异常现象。

（4）SF_6 气体压力低至闭锁值。

（5）组合电器压力释放装置（防爆膜）动作。

（6）组合电器中断路器发生拒动时。

二、典型异常处理

1. 断路器气压低报警的处理

（1）异常现象。

1）一次设备：华东Ⅱ线 T031 断路器气室 SF_6 表计指示压力下降。

2）二次设备：无信号。

3）后台信息：华东Ⅱ线 T031 断路器 SF_6 气压低报警。

（2）分析处理。

1）检查华东Ⅱ线 T031 断路器气室 SF_6 压力。若压力正常，判别为误报警，通知检修人员对相应二次回路进行检查处理。

2）若华东Ⅱ线 T031 断路器气室 SF_6 压力低于正常值，且未发现明显的泄漏点，压力未继续降低，通知检修人员进行检查处理，及时补气，同时运维人员应加强监视，定期观察压力值。

3）若华东Ⅱ线 T031 断路器气室 SF_6 压力持续降低，则在断路器 SF_6 压力未降至分闸闭锁时，向调度申请拉开断路器，通知检修人员处理。

4）人员在现场处理 SF_6 气体泄漏故障时，应站在上风处。

2. 断路器油压低闭锁的处理

（1）异常现象。

1）一次设备：华东Ⅱ线 T031 断路器油压低。

2）二次设备：无信号。

3）后台信息：华东Ⅱ线 T031 断路器油压低报警，或有华东Ⅱ线 T031 断路器油压低分闸闭锁等。

（2）分析处理。

1）检查 T031 断路器油压是否正常，若正常则加强巡视，并通知检修人员处理。

2）若压力低于启动值，但油泵电机未启动，检查电机电源是否正常。若电源空气开关跳开，可试合一次空气开关，试合不成功应通知检修人员处理；若油泵电机电源正常而油泵未启动，通知检修人员对油泵接点进行检查。

3）若油压降低，但未发生重合闸闭锁，加强监视，汇报调度，通知检修人员处理。若现场检查油压下降已导致 T031 断路器闭锁重合闸，则应汇报调度后申请退出断路器重合闸，通知检修人员处理。

4）若现场检查油压下降已导致 T031 断路器闭锁合闸且未闭锁分闸，则应汇报调度后申请拉开相应断路器，通知检修人员处理。

5）若现场检查油压力下降已导致 T031 断路器闭锁分闸，此时严禁任何操作，应立即拉开 T031 断路器操作电源，并汇报调度，申请停相邻间隔将 T031 断路器隔离后，通知检修人员处理。

3. 断路器三相不一致动作的处理

（1）异常现象。

1）一次设备：1 号主变压器 T033 断路器 A 相偷跳，0.5s 后 B、C 相跳闸（或未跳开）。

2）二次设备：1 号主变压器 T033 断路器保护启动。

3）后台信息：1 号主变压器 T033 断路器 A 相跳开，T033 断路器三相不一致出口，T033 断路器 A、B、C 相跳闸（或未跳开）。

（2）分析处理。

1）检查现场 T033 断路器动作情况，主要检查 T033 断路器三相是否皆已跳开。

2）若 T033 断路器三相已全部跳开，可向调度申请将 T033 断路器改检修，并通知检修人员处理。

3）若 T033 断路器未三相跳开，应退出本体三相不一致保护，并向调度申请 T033

断路器改检修。

4）隔离 T033 断路器时，应先采用遥控方式操作，若遥控仍然无法拉开 T033 断路器，则向调度汇报，将 T033 断路器改为非自动，申请拉开相邻电源开关，再申请解锁拉开 T033 断路器两侧隔离开关，将 T033 断路器改检修后，通知检修人员处理。

4. GIS 其他气室（除断路器气室）气压低报警

（1）异常现象。

1）一次设备：华东Ⅱ线 T0311 隔离开关气室压力表计指示下降。

2）二次设备：无信号。

3）后台信息：华东Ⅱ线 T0311 隔离开关气室 SF_6 气压低报警。

（2）分析处理。

1）检查华东Ⅱ线 T0311 隔离开关气室压力。若压力正常，判别为误报警，通知检修人员对相应二次回路进行检查处理。

2）若现场检查 SF_6 气体压力低于正常值且未继续降低，通知检修人员进行处理。

3）若 SF_6 气体压力持续降低或有明显泄漏点，应立即汇报调度，申请将故障间隔转为检修。

4）人员在现场处理 SF_6 气体泄漏故障时，应站在上风处。

5. 断路器操作失败

（1）异常现象。

1）一次设备：华东Ⅱ线 T031 断路器位置未发生改变。

2）二次设备：无信号。

3）后台信息：华东Ⅱ线 T031 断路器遥控超时报警。

（2）分析处理。

1）若为检无压合闸，而断路器两侧都有压，则应重新选择检同期合闸方式进行遥控合闸。

2）若为检同期合闸，两侧电压不满足同期条件，则汇报调度，等待调度指令再继续操作。

3）若非上述原因造成遥控失败，则在后台检查 T031 断路器的测控装置通讯是否正常，测控装置上的远近控切换把手是否置于“远控”位置，直流分电屏上 T031 操作电源空气开关是否在合位。现场汇控柜断路器远近控切换把手是否在“远方位置”，有无发出控制回路断线或其他闭锁信号，如断路器测控装置通信故障，则应立即汇报调度，同时通知检修人员处理。

4）若测控装置通讯正常，且远近控切换把手置于“远控”位置，则应检查 T031 断路器测控屏上断路器遥控连接片是否投入，若未投入，应将其投入，还应检查 T031 断路器测控屏后遥控电源空气开关是否跳开，若跳开，应将其投入。

5）若 T031 断路器发出控制回路断线信号，应立即检查直流分电屏上 T031 操作电源空气开关是否在合位，T031 断路器汇控柜内远方 / 就地切换把手是否被切至“就地”位置，如在“就地”位置应将其切至“远方”位置；若是 SF_6 压力低或油压低闭锁操作，则检查 T031 断路器 SF_6 气压或油压是否正常。若 T031 断路器油压或气压异常，参见断路器 SF_6 气压和油压异常处理办法。

6）若以上检查均未发现问题，则可在后台或者测控面板上对该断路器再试操作一次，或者尝试在测控装置上将操作把手合闸，此时应加强监护。如仍然失败，应停止操作，汇报调度并通知检修人员处理。

6. 隔离开关操作失败

（1）异常现象。

1）一次设备：T0311 隔离开关或 T03117 接地开关未变位。

2）二次设备：无信号。

3）后台信息：操作台发“操作超时”报文或操作后台发“联锁条件不满足”。

（2）分析处理。

1）若后台发联锁条件不满足则检查该隔离开关的联锁条件是否满足。

2）若后台报遥控超时，则在后台检查隔离开关的测控装置通讯是否正常，测控装置上的远近控切换把手是否置于“远控”位置。如测控装置通信故障，则应立即汇报调度，同时通知检修人员处理。

3）若测控装置通讯正常，且远近控切换把手在“远控”位置，则应检查测控屏上隔离开关遥控连接片是否投入，若未投入，应将其投入。检查异常隔离开关汇控柜内隔离开关远方 / 就地切换把手是否在“远方”位置，若不在则应将其切至“远方”位置。

4）检查异常隔离开关的控制 / 闭锁电源空气开关和电机电源空气开关是否投入，未投则应对操作回路进行检查，若未发现明显故障，可试合一次。若试合空气开关后跳开或仍然无法操作，则应立即汇报调度并通知检修人员处理。

5）若以上检查均未发现问题，则可在测控面板或者现场汇控柜上对该隔离开关再试操作一次，如仍然失败，应停止操作，可能为机械故障或其他故障，应通知检修人员处理，并汇报调度。

第四节 高压断路器异常处理

一、高压断路器异常处理原则

高压断路器发生操动机构压力降低异常，应立即处理，恢复压力，如不能恢复且有继续下降趋势，应拉开高压断路器，避免断路器分闸闭锁时隔离困难，高压断路器无故障跳闸，应查明原因后，方可恢复运行。

下列情况，应立即汇报调控人员申请设备停运：

（1）套管有严重破损和放电异常现象。

（2）导电回路部件有严重过热或打火异常现象。

（3）SF_6 断路器严重漏气，发出操作闭锁信号。

（4）液压操动机构失压，储能机构储能弹簧损坏。

二、典型异常处理

1. 弹簧操动机构未储能故障

（1）异常现象。

1）一次设备：1 号主变压器 1101 断路器储能弹簧机械位置指示未储能。

2）二次设备：无信号。

3）后台信息：1 号主变压器 1101 断路器储能电机故障。

（2）分析处理。

1）检查 1101 断路器弹簧储能情况，检查储能连杆有无断裂卡涩。如连杆断裂或卡涩，则拉开储能电机电源空气开关，通知检修处理。

2）若储能电机电源空气开关跳开，则试合一次，试合仍不成功，则拉开储能电机电源空气开关，通知检修人员处理。

3）若情况紧急，应进行手动储能后汇报调度，通知检修人员处理。手动储能步骤：将断路器储能电源空气开关断开，摇把插入储能指示下方插孔，顺时针转动摇把进行手动储能，直到听见限位继电器动作响声，此时检查储能指示器已在储能位置（继续转动摇把不受力），检查后台机“弹簧未储能”信号已复归。

2. SF_6 断路器气体压力异常

（1）异常现象。

1）一次设备：1 号主变压器 1101 断路器 SF_6 压力表指示降低。

2）二次设备：无信号。

3）后台信息：1 号主变压器 1101 断路器 SF_6 气压低告警。

（2）分析处理。

1）检查 1101 断路器 SF_6 气体压力是否正常。

2）若 SF_6 气体压力下降较为缓慢，且分闸未闭锁，则立即通知检修人员处理。

3）若 SF_6 气体压力迅速下降，但是未达到分闸闭锁值，应立即汇报调度申请将异常断路器拉开，并隔离后通知检修人员处理。

4）若 SF_6 气体压力降低已达到分闸闭锁值，此时应立即分开断路器的操作电源。之后用 35kV 0 号站用变压器代替 110kV 1 号站用变压器对 10kV Ⅰ段母线供电。并向调度申请将异常开关隔离。处理方法为将 110kV Ⅰ段母线所带负荷全部退出后，再解锁遥控拉开 11011 隔离开关。

5）将 1101 断路器转检修后，通知检修人员处理。

3. 断路器控制回路断线

（1）异常现象。

1）一次设备：1 号主变压器 1101 断路器控制回路断线。

2）二次设备：无信号。

3）后台信息：1 号主变压器 1101 断路器控制回路断线告警。

（2）分析处理。

1）检查断路器气压是否低于闭锁值，排除闭锁原因引起的控制回路断线。

2）检查断路器机构箱有无焦臭味，分闸或合闸线圈是否有灼烧痕迹。

3）检查断路器操作电源是否跳开，如未跳开，检查空气开关上端口有无电压。

4）检查断路器机构箱内远方 / 就地切换开关是否在就地。

5）断路器控制回路断线且无法恢复的，转入断路器卡死处理流程。

第五节　高压隔离开关异常处理

一、高压隔离开关异常处理原则

（1）隔离开关电动操作失灵时，首先应该核对设备名称编号，检查相应断路器及隔离开关状态，判断隔离开关操作条件是否满足，严禁不经检查即进行解锁操作。在确认操作正确后，检查操作电源、电机电源是否正常，电机热继电器是否动作，电源缺相保护继电器是否失电；并设法恢复，如故障无法消除或未发现异常，立即汇报调度及领导，进行处理。必要时可以申请解锁操作。

（2）隔离开关合闸不到位时，检查是否是由于机构锈蚀、卡涩或检修调试未调好所引起的，如果是在操作过程中，可拉开后再合一次，必要时申请停电处理。

（3）若电动操作过程中因电源中断或操动机构故障而停止并发生拉弧时，为避免触头间持续拉弧和隔离开关辅助接点在不确定状态对保护构成不利影响，运行维护人员应设法立即手动操作将该隔离开关合上或拉开，事后进行相关汇报和检查处理。

（4）隔离开关触头熔焊变形（特别是经近区故障穿越性大电流后、隔离开关发热等），绝缘子破裂或严重放电时，应立即申请停电处理，在停电前应加强监视。

（5）运行维护人员发生带负荷误合隔离开关时，不论任何情况，都不准自行拉开。应汇报调度用该回路断路器将负荷切断后，再拉开误合的隔离开关。

（6）运行维护人员发生带负荷误拉隔离开关时，如为现场电动操作和手动操作，当动触头刚离开静触头，应立即将隔离开关反方向操作合上；如为远控操作或已误拉开，则不许再合上此隔离开关。

（7）运行中如发现隔离开关接触不良、桩头松动开裂等异常现象，应立即进行红外测温，并汇报调度及领导，减少负荷或停电处理，停电前应加强监视。

（8）运行中的隔离开关如发生引线接头、触头发热严重等异常情况，应首先汇报调度采取措施降低通过该隔离开关的潮流。如需操作该隔离开关，必须经相关专业人员确认其安全性，不得随意操作。

（9）发现下列情况，应立即向值班调控人员申请停运处理：

1）线夹有裂纹、接头处导线断股散股严重。

2）导电回路严重发热达到危急缺陷，且无法倒换运行方式或转移负荷。

3）绝缘子严重破损且伴有放电声或严重电晕。

4）绝缘子发生严重放电、闪络异常现象。

5）绝缘子有裂纹。

二、典型异常处理

1. 隔离开关绝缘子有破损或裂纹

（1）异常现象。

1）一次设备：隔离开关绝缘子有破损或裂纹。

2）二次设备：无信号。

3）后台信息：无信号。

（2）分析处理。

1）若绝缘子有破损，应联系检修人员到现场进行分析，加强监视，并增加红外测温次数。

2）若绝缘子严重破损且伴有放电声或严重电晕，立即向值班调控人员申请停运。

3）若绝缘子有裂纹，该隔离开关禁止操作，立即向值班调控人员申请停运。

2. 隔离开关导电回路异常发热

（1）异常现象。

1）一次设备：红外测温时发现隔离开关导电回路异常发热；冰雪天气时，隔离开关导电回路有冰雪立即融化异常现象。

2）二次设备：无信号。

3）后台信息：无信号。

（2）分析处理。

1）导电回路温差达到一般缺陷时，应对发热部位增加测温次数，进行缺陷跟踪。

2）发热部分最高温度或相对温差达到严重缺陷时应增加测温次数并加强监视，向值班调控人员申请倒换运行方式或转移负荷。

3）发热部分最高温度或相对温差达到危急缺陷且无法倒换运行方式或转移负荷时，应立即向值班调控人员申请停运。

3. 隔离开关拒分、拒合

（1）异常现象。

1）一次设备：遥控隔离开关未变位。

2）二次设备：无信号。

3）后台信息：隔离开关遥控超时。

（2）分析处理。

1）隔离开关拒分或拒合时不得强行操作，应核对操作设备、操作顺序是否正确，与之相关回路的断路器、隔离开关及接地刀闸的实际位置是否符合操作程序。

2）运行维护人员应从电气和机械两方面进行检查。

3）电气方面：①隔离开关遥控连接片是否投入，测控装置有无异常、遥控命令是否发出，远方 / 就地切换把手位置是否正确。②检查接触器是否励磁。③若接触器励磁，应立即断开控制电源和电机电源，检查电机回路电源是否正常，接触器触点是否损坏或接触不良。④若接触器未励磁，应检查控制回路是否完好。⑤若接触器短时励磁无法自保持，应检查控制回路的自保持部分。⑥若空气开关跳闸或热继电器动作，应检查控制回路或电机回路有无短路接地，电气元件是否烧损，热继电器性能是否正常。

4）机械方面：①检查操动机构位置指示是否与隔离开关实际位置一致；②检查绝缘子、机械联锁、传动连杆、导电杆是否存在断裂、脱落、松动、变形等异常问题；③操动机构蜗轮、蜗杆是否断裂、卡滞。④若电气回路有问题，无法及时处理，应断开控制电源和电机电源，手动进行操作。⑤手动操作时，若卡滞、无法操作到位或观察到绝缘子晃动等异常现象时，应停止操作，汇报值班调控人员并联系检修人员处理。

4. 隔离开关合闸不到位

（1）异常现象。

1）一次设备：隔离开关合闸操作后，现场检查发现隔离开关合闸不到位。

2）二次设备：无信号。

3）后台信息：隔离开关遥控超时。

（2）分析处理。

1）应从电气和机械两方面进行初步检查。

2）电气方面：①检查接触器是否励磁、限位开关是否提前切换，机构是否动作到位。②若接触器励磁，应立即断开控制电源和电机电源，检查电机回路电源是否正常，接触器触点是否损坏或接触不良。③若接触器未励磁，应检查控制回路是否完好。④若空气开关跳闸或热继电器动作，应检查控制回路或电机回路有无短路接地，电气元件是否烧损，热继电器性能是否正常。

3）机械方面：①检查驱动拐臂、机械联锁装置是否已达到限位位置。②检查触头部位是否有异物（覆冰），绝缘子、机械联锁、传动连杆、导电杆是否存在断裂、脱落、松动、变形等异常问题。③若电气回路有问题，无法及时处理，应断开控制电源和电机电源，手动进行操作。④手动操作时，若卡滞、无法操作到位或观察到绝缘子晃动等异常现象时，应停止操作，汇报值班调控人员并联系检修人员处理。

第六节　电压互感器异常处理

一、电压互感器异常处理原则

发现有下列情况之一，应立即汇报值班调控人员申请将电压互感器停运：

（1）外绝缘严重裂纹、破损，电压互感器有严重放电，已威胁安全运行时。

（2）内部有严重异声、异味、冒烟或着火。

（3）油浸式电压互感器严重漏油，看不到油位。

（4）电容式电压互感器电容分压器出现漏油。

（5）电压互感器本体或引线端子有严重过热。

（6）膨胀器永久性变形或漏油。

（7）电压互感器接地端子开路、二次短路，不能消除。

二、典型异常处理

1. 电压互感器过热异常分析及处理

（1）异常现象。

1）一次设备：1 号主变压器 1000kV 侧 TV 引线接头发热。

2）二次设备：无信号。

3）后台信息：无信号。

（2）分析处理。

1）利用红外热像仪记录三相电压互感器同一部位的温度值，再比较三相温度值。

2）若发现设备异常，应记录异常设备的发热点的温度值、正常相设备温度、环境温度同时记录负荷电流，并立即汇报调度，通知检修人员处理，做好设备停电的准备。

2. 电压互感器本体故障处理

（1）异常现象。

1）一次设备：1 号主变压器 1000kV 侧 TV 发生绝缘子损坏、渗漏油、异常声响、冒烟着火等现象。

2）二次设备：无信号。

3）后台信息：无信号。

（2）分析处理。

1）若电压互感器发生绝缘子损坏，裂纹较小，应加强监视，尽快安排停电处理；裂纹严重，可能造成接地者，应立即汇报调度，申请停电，并通知检修人员处理。

2）若发现电压互感器本体有渗漏油现象，应加强监视，同时汇报调度，通知检修人员处理，做好设备停电准备。

3）在运行中，若发现电压互感器有异常声音，可从声响、电压指示、保护异常、计量系统异常等情况判断是否是二次回路短路，还是因本体故障发出声响，加强监视，同时汇报调度，通知检修人员处理，做好设备停电准备。

4）若电压互感器发生冒烟、着火，应立即汇报调度隔离故障设备。通知检修人员处理，做好防止油流入电缆沟的措施。

第七节　电流互感器异常处理

一、电流互感器异常处理原则

（1）电流互感器严重漏油时，应立即退出运行，检查各密封部件是否渗漏，查明绝缘是否受潮，根据情况选择干燥处理或更换。

（2）电流互感器本体或引线端子有严重过热时，应立即退出运行，若仅是连接部位接触不良，未伤及固体绝缘的，可对连接部位紧固处理；否则，应对互感器进行更换。

（3）发现有下列情况时，应立即汇报值班调控人员申请将电流互感器停运：

1）外绝缘严重裂纹、破损，严重放电。

2）严重异声、异味、冒烟或着火。

3）严重漏油、看不到油位。

4）本体或引线接头严重过热。

5）金属膨胀器异常伸长顶起上盖。

6）末屏开路。

7）二次回路开路不能立即恢复时。

8）设备的油化试验时主要指标超过规定不能继续运行。

二、典型异常处理

1. 电流互感器本体渗漏油

（1）异常现象。

1）一次设备：1 号主变压器 1112 低压电容器电流互感器本体外部有油污痕迹或油珠滴落异常现象；器身下部地面有油渍；油位下降。

2）二次设备：无信号。

3）后台信息：无信号。

（2）分析处理。

1）检查本体外绝缘、油嘴阀门、法兰、金属膨胀器、引线接头等处有无渗漏油异常现象，确定渗漏油部位。

2）根据渗漏油及油位情况，判断缺陷的严重程度。

3）渗油及漏油速度每滴不快于 5s，且油位正常的，应加强监视，按缺陷处理流程上报。

4）漏油速度虽每滴不快于 5s，但油位低于下限的，应立即汇报值班调控人员申请停运处理。

5）漏油速度每滴快于 5s，应立即汇报值班调控人员申请停运处理。

6）倒立式电流互感器出现渗漏油时，应立即汇报值班调控人员申请停运处理。

2. 电流互感器本体及引线接头发热

（1）异常现象。

1）一次设备：1 号主变压器 1112 低压电容器电流互感器引线接头处有变色发热迹象；红外检测本体及引线接头温度和温升超出规定值。

2）二次设备：无信号。

3）后台信息：无信号。

（2）分析处理。

1）发现本体或引线触头有过热迹象时，应使用红外热像仪进行检测，确认发热部位和程度。

2）对电流互感器进行全面检查，检查有无其他异常情况，查看负荷情况，判断发热原因。

3）本体热点温度超过 55℃，引线接头温度超过 90℃，应加强监视，按缺陷处理流程上报。

4）本体热点温度超过 80℃，引线接头温度超过 130℃，应立即汇报值班调控人员申请停运处理。

5）油浸式电流互感器瓷套等整体温升增大、且上部温度偏高，温差大于 2K 时，可判断为内部绝缘降低，应立即汇报值班调控人员申请停运处理。

3. 电流互感器异常声响

（1）异常现象。

1）一次设备：1 号主变压器 1112 低压电容器电流互感器声响与正常运行时对比有明显增大且伴有各种噪声。

2）二次设备：无信号。

3）后台信息：无信号。

（2）分析处理。

1）内部伴有“嗡嗡”较大噪声时，检查二次回路有无开路异常现象。若因二次回路开路造成，可按照下文第六条处理。

2）声响比平常增大而均匀时，检查是否为过电压、过负荷、铁磁共振、谐波作用引起，汇报值班调控人员并联系检修人员进一步检查。

3）内部伴有“噼啪”放电声响时，可判断为本体内部故障，应立即汇报值班调控人员申请停运处理。

4）外部伴有“噼啪”放电声响时，应检查外绝缘表面是否有局部放电或电晕，若因外绝缘损坏造成放电，应立即汇报值班调控人员申请停运处理。

5）若异常声响较轻，不需立即停电检修的，应加强监视，按缺陷处理流程上报。

4. 电流互感器末屏接地不良

（1）异常现象。

1）一次设备：1 号主变压器 1112 低压电容器电流互感器末屏接地处有放电声响及发热迹象；夜间熄灯可见放电火花、电晕。

2）二次设备：无信号。

3）后台信息：无信号。

（2）分析处理。

1）检查电流互感器有无其他异常现象，红外检测有无发热情况。

2）立即汇报值班调控人员申请停运处理。

5. 电流互感器外绝缘放电

（1）异常现象。

1）一次设备：1 号主变压器 1112 低压电容器电流互感器外部有放电声响；夜间熄灯可见放电火花、电晕。

2）二次设备：无信号。

3）后台信息：无信号。

（2）分析处理。

1）发现外绝缘放电时，应检查外绝缘表面，有无破损、裂纹、严重污秽情况。

2）外绝缘表面损坏的，应立即汇报值班调控人员申请停运处理。

3）外绝缘未见明显损坏，放电未超过第二伞裙的，应加强监视，按缺陷处理流程上报；超过第二伞裙的，应立即汇报值班调控人员申请停运处理。

6. 电流互感器二次回路开路

（1）异常现象。

1）一次设备：1 号主变压器 1112 低压电容器电流互感器本体发出较大噪声，开路处有放电异常现象。

2）二次设备：相关继电保护装置发出“TA 断线”报警信息。

3）后台信息：发出报警信息，相关电流、功率指示降低或为零。

（2）分析处理。

1）检查当地监控系统报警信息，相关电流、功率指示。

2）检查相关电流表、功率表、电能表指示有无异常。

3）检查本体有无异常声响、有无异常振动。

4）检查二次回路有无放电打火、开路异常现象，查找开路点。

5）检查相关继电保护及自动装置有无异常，必要时申请停用有关电流保护及自动装置。

6）二次回路开路，应申请降低负荷；如不能消除，应立即汇报调度申请停运处理。

7）查找电流互感器二次开路点时应注意安全，应穿绝缘靴，戴绝缘手套，至少两人一起。禁止用导线缠绕的方式消除电流互感器二次回路开路。

7. 电流互感器冒烟着火

（1）异常现象。

1）一次设备：1 号主变压器 1112 低压电容器电流互感器设备本体冒烟着火。

2）二次设备：相关继电保护装置动作，相关断路器跳闸。

3）后台信息：相关继电保护动作信号发出，断路器跳闸信号发出，相关电流、电压、功率无指示。

（2）分析处理。

1）检查当地监控系统告警及动作信息，相关电流、电压数据。

2）检查记录继电保护及自动装置动作信息，核对设备动作情况，查找故障点。

3）发现电流互感器冒烟着火，应立即确认各来电侧断路器是否断开，未断开的立即断开。

4）在确认各侧电源已断开且保证人身安全的前提下，用灭火器材灭火。

5）应立即向上级主管部门汇报，及时报警。

6）应及时将现场检查情况汇报值班调控人员及有关部门。

7）根据值班调控人员指令进行故障设备的隔离操作和负荷的转移操作。

第八节　低压电抗器异常处理

一、低压电抗器异常处理原则

（1）发现干式电抗器表面涂层出现裂纹时，应密切注意其发展情况，一旦裂纹较多或有明显发展趋势时应立即报告调度和有关人员，必要时停运处理。

（2）当发现运行中的干式电抗器有发热异常现象，应立即汇报调度。具体情况必须按调度指令进行。

（3）运行中干式电抗器发生下列情况时，应立即申请停用：

1）接头及包封表面异常过热、冒烟。

2）包封表面有严重开裂，出现沿面放电。

3）支持绝缘子有破损裂纹、放电。

4）出现突发性声音异常或振动。

5）倾斜严重，线圈膨胀变形。

6）其他根据现场实际认为应紧急停运的情况。

二、典型异常处理

1. 低压电抗器外绝缘冒烟、起火

（1）异常现象。

1）一次设备：1号主变压器1111低压电抗器运行中外绝缘冒烟、起火。

2）二次设备：可能会有保护动作信号。

3）后台信息：可能会有保护动作信号。

（2）分析处理。

1）现场检查保护范围内的一、二次设备的动作情况，相应断路器是否跳开。

2）如保护未动作跳开相应断路器，应立即自行将干式电抗器停运。

3）汇报调度人员和上级主管部门，及时灭火。

4）联系检修人员组织抢修。

2. 低压电抗器内部有鸟窝或异物

（1）异常现象。

1）一次设备：1号主变压器1111低压电抗器内部有鸟窝或异物。

2）二次设备：无信号。

3）后台信息：无信号。

（2）分析处理。

1）如有异物位置较方便，可采用不停电方法用绝缘棒将异物挑离。

2）不宜进行带电处理的应填报缺陷，安排计划停运处理。

3）如同时伴有内部放电声，应立即汇报调度人员，及时停运处理。

3. 低压电抗器声音异常

（1）异常现象。

1）一次设备：1 号主变压器 1111 低压电抗器声音与正常运行时对比有明显增大且伴有各种噪声。

2）二次设备：无信号。

3）后台信息：无信号。

（2）分析处理。

1）正常运行时，响声均匀，但比平时增大，结合电压表计的指示检查是否电网电压较高，发生单相过电压或产生谐振过电压等，汇报调度并联系检修人员进一步检查。

2）对于干式空心电抗器，在运行中或拉开后经常会听到“咔咔”声，这是电抗器由于热胀冷缩而发出的声音，可利用红外检测是否有发热，利用紫外成像仪检测是否有放电，必要时联系检修人员处理。

3）有杂音，检查是否为零部件松动或内部有异物，汇报调度并联系检修人员进一步检查。

4）外表有放电声，检查是否为污秽严重或接头接触不良，可用紫外成像仪协助判断，必要时联系检修人员处理。

5）内部有放电声，检查是否为不接地部件静电放电、绕组匝间放电，影响设备正常运行的，应汇报调度人员，及时停运，联系检修人员处理。

4. 低压电抗器外绝缘破损、开裂

（1）异常现象。

1）一次设备：1 号主变压器 1111 低压电抗器外绝缘破损、开裂。

2）二次设备：无信号。

3）后台信息：无信号。

（2）分析处理。

1）检查外绝缘表面缺陷情况，如破损、杂质、凸起等。

2）判断外绝缘表面缺陷的面积和深度。

3）查看外绝缘的放电情况，有无火花、放电痕迹。

4）巡视时应注意与设备保持足够的安全距离，应远离进行观察。

5）发现外绝缘破损、外套开裂，需要更换外绝缘时，应立即按照规定申请停运，并做好安全措施。

6）待设备缺陷消除并试验合格后，方可重新投入运行。

5. 低压电抗器温度异常

（1）异常现象。

1）一次设备：巡视时发现1号主变压器1111低压电抗器本体或接头有发热。

2）二次设备：无信号。

3）后台信息：无信号。

（2）分析处理。

1）利用红外热像仪记录异常相电抗器的发热点的温度、正常相电抗器温度、环境温度同时记录负荷电流，并立即汇报调度。

2）做好低压电抗器停电准备，同时通知检修人员处理。

第九节　电力电容器异常处理

一、电力电容器异常处理原则

（1）电容器运行中，应监视电容器的三相电流是否平衡，当中性点不平衡电流较大时，应检查电容器熔丝是否熔断。必要时向调度申请停用电容器，进行处理。

（2）电容器保护动作断路器跳闸后，应立即进行现场检查，查明保护动作情况，并汇报调度和领导。电流保护动作未经查明原因并消除故障，不得对电容器送电。系统电压波动致使电容器跳闸，5min后允许试送。

（3）检查处理电容器故障时的注意事项：

1）电容器组断路器跳闸后，不允许强送电。过流保护动作跳闸应查明原因，否则不允许再投入运行。

2）在检查处理电容器故障前，应先拉开断路器及隔离开关，然后验电装设接地线。

3）由于故障电容器可能发生引线接触不良，内部断线或熔丝熔断，因此有一部分电荷有可能未放出来，所以在接触故障电容器前，应戴绝缘手套，用短路线将故障电容器的两极短接，方可动手拆卸。对星形接线电容器组的中性线及多个电容器的串接线，还应单独放电。

（4）运行中的电力电容器有下列情况时，应立即申请停运：

1）电容器发生爆炸、喷油或起火。

2）接头严重发热。

3）电容器套管发生破裂或有闪络放电。

4）电容器严重渗漏油时。

5）电容器壳体明显膨胀，内部有异常声响。

6）电容器的配套设备有明显损坏，危及安全运行时。

7）其他根据现场实际认为应紧急停运的情况。

二、典型异常处理

1. 电容器壳体破裂、漏油、鼓肚

（1）异常现象。

1）一次设备：1 号主变压器 1112 低压电容器壳体破裂、漏油、鼓肚。

2）二次设备：无信号。

3）后台信息：无信号。

（2）分析处理。

1）发现电容器壳体有破裂、漏油、鼓肚异常现象后，记录该电容器所在位置编号，并查看电容器不平衡保护读数（不平衡电压或电流）是否有异常，立即汇报调度部门，做紧急停运处理。

2）现场无法判断时，联系检修人员检查处理。

2. 电容器声音异常

（1）异常现象。

1）一次设备：1 号主变压器 1112 低压电容器伴有异常振动声、漏气声、放电声；异常声响与正常运行时对比有明显增大。

2）二次设备：无信号。

3）后台信息：无信号。

（2）分析处理。

1）有异常振动声时应检查金属构架是否有螺栓松动脱落等异常现象。

2）有异常漏气声时应检查电容器是否有渗漏、喷油等异常现象。

3）有异常放电声时应检查电容器套管是否有爬电异常现象，接地是否良好。

4）现场无法判断时，联系检修人员检查处理。

3. 电容器瓷套异常

（1）异常现象。

1）一次设备：1号主变压器1112低压电容器瓷套外表面严重污秽，伴有一定程度电晕或放电；瓷套有开裂、破损异常现象。

2）二次设备：无信号。

3）后台信息：无信号。

（2）分析处理。

1）瓷套表面污秽较严重并伴有一定程度电晕，有条件的可先采用带电清扫。

2）瓷套表面有明显放电或较严重电晕异常现象的，应立即汇报调度部门，做紧急停运处理。

3）电容器瓷套有开裂、破损异常现象的，应立即汇报调度部门，做紧急停运处理。

4）现场无法判断时，联系检修人员检查处理。

4. 电容器本体及接头发热异常

（1）异常现象。

1）一次设备：1号主变压器1112低压电容器壳体温度异常；电容器金属连接部分温度异常。

2）二次设备：无信号。

3）后台信息：无信号。

（2）分析处理。

1）红外测温发现电容器壳体相对温差$\delta \geqslant 80\%$的，可先采取降温措施。如降温措施无效的，应立即汇报调度，做紧急停运处理。

2）红外测温发现电容器金属连接部分热点温度大于80℃或相对温差$\delta \geqslant 80\%$的，应检查相应的接头、引线、螺栓有无松动，引线端子板有无变形、开裂，并联系检修人员检查处理。

5. 电容器冒烟着火处理

（1）异常现象。

1）一次设备：1号主变压器1112低压电容器本体冒烟着火。

2）二次设备：相关继电保护装置动作，相关断路器跳闸。

3）后台信息：监控系统相关继电保护动作信号发出，断路器跳闸信号发出，相关电流、电压、功率无指示。

（2）分析处理。

1）检查现场监控系统告警及动作信息，相关电流、电压数据。

2）检查记录继电保护及自动装置动作信息，核对设备动作情况，查找故障点。

3）在确认各侧电源已断开且保证人身安全的前提下，用灭火器材灭火。

4）立即向上级主管部门汇报，及时报警。

5）及时将现场检查情况汇报调度及有关部门。

6）根据调度指令，进行故障设备的隔离操作。

第五章

特高压仿真变电站事故处理

第一节　事故处理总原则

当值调度员是系统事故处理的指挥者，运维人员应按当值调度员的命令迅速正确的进行事故处理。当通信中断时，应按照相关规定执行。

一、事故处理基本要求

（1）尽快弄清事故发生的原因，限制事故的发展，清除事故的根源，解除对人员和设备安全的威胁。

（2）调整系统的运行方式，使其恢复正常。

（3）用一切可能的方法，保持设备继续安全运行，以保持对用户的正常供电。

（4）尽可能对已停电的用户恢复供电，对重要用户应优先恢复供电。

二、事故处理注意事项

（1）发生事故情况后，应根据保护信号或信息、断路器动作、表计指示及设备外部象征等全面分析判断事故的情况。

（2）迅速正确地向调度报告事故发生的时间、事故象征、跳闸断路器、保护动作情况、设备状况、处理方法及周波、电压、潮流变化等。根据调度命令进行事故处理，若事故危及人身、设备的安全时，则先作紧急处理后再作汇报，整个处理过程须详细记录并录音。

（3）在事故及异常处理告一段落后，需将事故发生及处理过程向有关领导汇报，紧急情况下需立即汇报。在向调度及相关部门汇报时，应按时间顺序将事故发生的时间、事故象征、断路器跳闸情况、保护及信号动作情况、处理方法、设备状况等详细说明。

（4）事故处理时必须严格执行发令、复诵、监护、汇报、录音及记录规定，事故的处理必须迅速果断，必须使用规范的调度术语和操作术语，汇报内容应简明扼要。

三、事故处理现场组织原则

（1）变电站当班值长是现场事故、异常处理的负责人，应对汇报信息和事故操作处理的正确性负责。其他运行维护人员应坚守岗位，服从调度指挥。

（2）事故发生在交接班期间，应由交班者负责处理事故，直到事故处理完毕或事故处理告一段落，方可交接班。接班人员可因交班者请求协助处理事故。交接班完毕后，交班人员可以根据接班者的请求协助处理事故。

（3）发生事故时，凡与处理事故无关的人员，禁止进入发生事故的地点，非直接参加处理事故的人员不得进入控制室，更不得占用通信电话。

四、事故处理一般流程

（1）下列情况下，为防止事故扩大，现场变电运行维护人员可先做紧急处理后再汇报调度：

1）将直接威胁人员安全的设备停电。

2）为保证系统的正常运行将已损坏的设备隔离。

3）当备用电源因故未能自动投入，手动投入备用电源恢复供电。

（2）第一次向调度汇报（5min 内）：

1）故障发生时间。

2）发生故障的具体设备及其故障后的状态。

3）相关设备潮流变化情况，有无设备越限或过载。

4）现场天气情况。

（3）第二次向调度汇报（15min 内）：

1）二次设备的动作详细情况，包括：主保护、后备保护动作情况，线路故障测距，二次设备的复归情况等。

2）相关设备检查情况，是否具备送电条件，现场是否有人工作，站用电安全是否受到威胁。

（4）及时将相关设备状况及各保护动作信息的详细情况向相关专职人员及领导进行汇报。

（5）现场事故处理工作结束后，根据调度指令进行恢复运行的操作结束后应将恢复运行的状况汇报相关专职人员及领导。

第二节　线路故障处理

一、线路处理原则

（1）线路故障跳闸后，经现场检查站内断路器本身回路完好，操动机构工作正常，油压、气压在额定值，断路器故障跳闸次数在允许范围内且继电保护完好，汇报调度后按调度指令进行送电。

（2）线路事故跳闸后（包括单相重合不成功），允许强送一次。若强送不成，等待调度下一步指令。

（3）线路强送前应对故障线路站内有关回路（包括断路器、隔离开关、TA、TV、避雷器等设备）进行外部检查，无明显故障情况下方可强送。

（4）当1000kV线路保护和高压电抗器保护同时动作跳闸时，则应按线路和高压电抗器同时故障来考虑事故处理。在未查明高压电抗器保护动作原因和消除故障之前不得进行强送，配置高压电抗器的1000kV线路不得无高压电抗器运行。

（5）有带电作业的线路故障跳闸后，强送电规定如下：

1）工作负责人未向调度提出要求故障跳闸后不得强送者，可以进行强送。

2）工作负责人向调度提出要求故障跳闸后不得强送者，调度员只有在得到工作负责人的同意后才能强送，工作负责人在线路不论何种原因停电后，应迅速联系调度，说明能否进行强送电。

3）线路带电作业要求停用线路重合闸或故障跳闸后不得强送电者，工作负责人应向有关值班调度员申请并得到调度许可后方可进行工作。

（6）线路断路器故障跳闸时发生拒动造成越级跳闸，在恢复系统送电前，应将拒动的断路器隔离并保持原状。拒动断路器待查清原因并消除缺陷后方可投入运行。

（7）断路器允许切除故障的次数应在现场规程中规定。断路器实际切除故障的次数，现场应作好记录。线路故障跳闸，是否允许强送或强送成功后是否需要停用重合闸，或断路器切除故障次数已到规定的次数，均由变电运维人员根据现场规定，向有关调度提出要求。

二、线路故障检查处理步骤

（1）记录跳闸时间、跳闸断路器，检查并记录相关设备潮流指示、告警信息、继电保护及自动装置动作情况，并根据故障信息进行初步分析判断。并汇报调度，初次汇报内容包括：时间、跳闸断路器、潮流变化、保护动作情况，详细情况待现场值班员详细检查后再汇报。

（2）现场有工作时应通知现场人员停止工作、保护现场，了解现场工作与故障是否关联。

（3）变电运维班人员迅速赶赴现场详细检查继电保护、安全自动装置动作信号、故障相别、故障测距等故障信息，复归信号，综合判断故障性质、地点和停电范围。然后检查保护范围内的设备情况，检查跳闸线路断路器位置及线路保护范围内的所有一次设备外观、油位、导线、绝缘子、SF_6压力、液压等是否完好。将检查结果汇报调控人员和上级主管部门。

（4）检查发现故障设备后，应按照调控人员指令将故障点隔离，若检查发现其余设备存在异常影响送电也应将异常设备隔离，将无故障设备恢复送电。

第三节 变压器故障处理

一、变压器故障处理一般原则

（1）变压器的主保护（包括重瓦斯、差动保护）同时动作跳闸，未经查明原因和消除故障之前，不得进行强送。

（2）变压器的气体继电器或差动之一动作跳闸，在检查变压器外部无明显故障，检查瓦斯气体和进行油中溶解气体色谱分析，证明变压器内部无明显故障者，可以试送一次，有条件时，应尽量进行零起升压。若变压器压力释放保护动作跳闸，在排除误动的可能性后，检查外部无明显故障，进行油中溶解气体色谱分析，证明变压器内部无明显故障者，在系统急需时可以试送一次。

（3）变压器后备保护动作跳闸，确定本体及引线无故障后，一般可对变压器试送一次。

（4）变压器过负荷及其他异常情况，一方面应汇报调度，同时按现场规程进行处置。

二、变压器故障检查处理步骤

（1）记录跳闸时间、跳闸断路器，检查并记录相关设备潮流指示（应注意其余并列运行变压器是否过负荷）、告警信息、继电保护及自动装置动作情况、站用变压器及直流系统运行情况，并根据故障信息进行初步分析判断。并汇报调度，初次汇报内容包括：时间、跳闸断路器、潮流变化、保护动作情况，详细情况待现场值班员详细检查后再汇报。

（2）现场有工作时应通知现场人员停止工作、保护现场，了解现场工作与故障是否关联。

（3）变电运维班人员迅速赶赴现场详细检查继电保护、安全自动装置动作信号、故障相别等故障信息，复归信号，综合判断故障性质、地点和停电范围。然后检查保护范围内的设备情况，检查跳闸断路器位置及变压器保护范围内的所有一次设备外观、油位、温度、导线、绝缘子、SF_6压力等是否完好。将检查结果汇报调控人员和上级主管部门。在处理过程中应注意：若变电站站用电失去，应优先手动恢复站用电，并检查直流系统运行正常。

（4）检查发现故障设备后，应按照调控人员指令将故障点隔离，若检查发现其余设备存在异常影响送电也应将异常设备隔离，将无故障设备恢复送电。

第四节　高压电抗器事故处理

一、高压电抗器事故处理一般原则

（1）高压并联电抗器故障的处置与变压器故障的处置原则相同。

（2）高压并联电抗器保护动作跳闸，一般不得试送，经现场检查并处理后，确定具备送电条件方可送电。

二、高压电抗器故障检查处理步骤

（1）记录跳闸时间、跳闸断路器，检查并记录相关设备潮流指示、告警信息、继电保护及自动装置动作情况，并根据故障信息进行初步分析判断。并汇报调度，初次汇报内容包括：时间、跳闸断路器、潮流变化、保护动作情况，详细情况待现场值班员详细检查后再汇报。

（2）现场有工作时应通知现场人员停止工作、保护现场，了解现场工作与故障是否关联。

（3）变电运维班人员迅速赶赴现场详细检查继电保护、安全自动装置动作信号、故障相别等故障信息，复归信号，综合判断故障性质、地点和停电范围。然后检查保护范围内的设备情况，检查跳闸断路器位置及电抗器保护范围内的所有一次设备外观、油位、温度、导线、绝缘子、SF_6压力等是否完好。将检查结果汇报调控人员和上级主管部门。

（4）检查发现故障设备后，应按照调控人员指令将故障点隔离，若检查发现其余设备存在异常影响送电也应将异常设备隔离，将无故障设备恢复送电（线路需符合无高压电抗器运行规定）。

第五节 母线故障处理

一、母线故障处理一般原则

（1）当母线发生故障停电后，变电运维人员应立即报告有关调度，并可以自行将故障母线上的断路器全部拉开，再汇报有关调度。

（2）当母线故障停电后，变电运维人员应对停电的母线进行外部检查，并把检查情况报告值班调度员。

（3）变电站母线失电后，除规定的保留断路器外，变电运维人员自行将失电母线上的断路器全部拉开，然后汇报有关调度。

（4）变电站母线失电后，变电运维人员应根据断路器失灵保护、出线和主变压器保护的动作情况分析失电原因，并将保护动作情况和分析结果汇报有关调度员。

（5）当 GIS 设备发生故障时，必须查明故障原因，同时将故障点进行隔离或修复后才能对 GIS 设备恢复送电。

二、母线故障检查处理步骤

（1）记录跳闸时间、跳闸断路器，检查并记录相关设备潮流指示、告警信息、继电保护及自动装置动作情况，并根据故障信息进行初步分析判断。并汇报调度，初次汇报内容包括：时间、跳闸断路器、潮流变化、保护动作情况，详细情况待现场值班员详细检查后再汇报。

（2）现场有工作时应通知现场人员停止工作、保护现场，了解现场工作与故障是否关联。

（3）变电运维班人员迅速赶赴现场详细检查继电保护、安全自动装置动作信号、故障相别等故障信息，复归信号，综合判断故障性质、地点和停电范围。然后检查保护范围内的设备情况，检查跳闸断路器位置及母线保护范围内的所有一次设备外观、导线、绝缘子、SF_6 压力等是否完好。将检查结果汇报调控人员和上级主管部门。

（4）检查发现故障设备后，应按照调控人员指令将故障点隔离，若检查发现其余设备存在异常影响送电也应将异常设备隔离，将无故障设备恢复送电。

（5）若未找到故障点，按照调度指令处理。

第六节　低压电抗器、电容器故障处理

一、低压电抗器、电容器故障处理一般原则

（1）干式低压电抗器的异常处置以各厂站现场规程的规定为准。各站在发生干式低压电抗器异常时应立即汇报调度员，调度员设法将电抗器隔离并做好记录。

（2）电抗器、电容器保护动作跳闸，一般不得试送，经现场检查并处理后，确定具备送电条件后方可送电。

二、低压电抗器、电容器故障检查处理步骤

（1）记录跳闸时间、跳闸断路器，检查并记录相关设备电压指示、告警信息、继电保护及自动装置动作情况，根据故障信息进行初步分析判断，并汇报调度，初次汇报内容包括：时间、跳闸断路器、电压变化、保护动作情况，详细情况待现场值班员详细检查后再汇报。

（2）现场有工作时应通知现场人员停止工作、保护现场，了解现场工作与故障是否关联。

（3）变电运维班人员迅速赶赴现场详细检查继电保护、安全自动装置动作信号、故障相别等故障信息，复归信号，综合判断故障性质、地点和停电范围。然后检查保护范围内的设备情况，检查跳闸断路器位置及电抗器（电容器）保护范围内的所有一次设备外观、导线、绝缘子、SF_6压力等是否完好。检查电容器组、电抗器、电流互感器、电力电缆有无爆炸、鼓肚、喷油，接头是否过热或融化，套管有无放电痕迹，电容器的熔断器有无熔断。如果发现设备着火，应确认电容器或电抗器断路器断开后，拉开隔离开关，电容器装设地线（或合接地开关）后灭火。将检查结果汇报调控人员和上级主管部门。

（4）如果是过电压或低电压保护动作跳闸，且检查设备没有异常，待系统稳定并经过 5min 放电后，电容器方可投入运行。

（5）如果电容器速断保护、过电流保护、零序保护或不平衡保护动作跳闸，或者密集型并联电容器压力释放阀动作，或者电容器组、电流互感器、电力电缆有爆炸、鼓肚、喷油，接头过热或融化，套管有放电痕迹，电容器的熔断器有熔断现象时，应将电容器停用。

（6）不平衡保护动作跳闸，运维人员应检查电容器的熔断器有无熔断。如有熔断，汇报调度进行停电，接地并充分放电后由检修人员处理。

（7）故障电容器经检修、试验正常后方可投入系统运行。如果故障点不在电容器内部，可不对电容器进行试验。排除故障后可恢复电容器送电。

（8）检查发现故障设备后，应按照调控人员指令将故障点隔离，若检查发现其余设备存在异常影响送电也应将异常设备隔离。

第七节 站用交流系统故障

一、站用交流系统故障处理一般原则

（1）站用电因故失电，应尽快查明原因，隔离故障点，尽快恢复送电，事故处理过程中应充分考虑站用电失去对重要负荷的影响。

（2）站用电故障跳闸，经检查无法找到明显故障点时，可采用分段逐路试送的办法，找到故障支路后，应尽快隔离修复。

（3）油浸式站用变压器气体保护动作跳闸后，应立即汇报调度，并迅速对变压器外部进行检查并取气，未查明原因和消除故障前，不得将变压器投入运行。如变压器内部有故障，不得用高压隔离开关拉停，应用断路器切断电源。

（4）油浸式站用变压器本体及有载开关油箱上的压力释放阀动作，其动作标杆突出。应将站用变压器停役检查，恢复运行前，应手动复归压力释放阀动作标杆。

（5）站用变压器高压侧熔丝熔断时，应先转移负荷，检查站用变压器无明显异常后更换熔丝；若熔丝再次熔断应立即将该站用变压器停运，查明原因并消除故障后方可投入运行。

（6）站用变压器次级断路器跳闸后应查明原因。若有备用电源自动投入装置功能，而且自动投入成功，则检查动作信号、断路器位置及有关设备并做好记录，汇报相关管理人员。若无自动投入或自动投入未动，检查失电的400V母线无明显故障后，可以试送一次，若试送不成，则采用逐路试送的办法，找出故障支路后将其隔离，恢复其他支路送电。

（7）站用电分路空气开关跳闸或熔丝熔断时，应对该回路进行检查，未发现明显故障点时可试送一次，试送不成则不得再行强送。在未查明原因并加以消除前，不得将该回路切至另一段母线或合上环路联络隔离开关，以免事故扩大。

（8）站用电系统电压过高或过低时，应及时调节有载调压开关档位；如调压开关已至极限位置，而站用电电压仍过高或过低，应及时汇报有关调度，要求调节系统电压。

二、站用交流系统故障检查处理步骤

（1）事故照明应能自动切换，不能切换时应手动投入事故照明。

（2）监控系统应能正常运行，监控系统失电时应立即检查 UPS 或逆变电源是否正常投入。

（3）如因站用变压器所接母线全部因故失电，且外电源也失电时，应快速处理一次设备事故，恢复对站用电源的供电。若因备用电源自动投入装置拒动或未投，应拉开工作站用变压器二次隔离开关，手动投入备用站用变压器，恢复站用电源供电。若备用电源故障且在短时间内可以排除的，应在处理一次设备事故同时积极排除备用电源故障，恢复站用电源供电。

（4）如因各站用交流母线及受电电缆及其隔离开关等设备短路故障导致各站用变压器跳闸失压，应根据故障前各交流母线运行方式和站用变压器跳闸情况分析判断故障范围，并在此范围内查找故障点。

（5）只有部分设备交流电压失电时，应检查其供电电源的空气开关是否跳闸或熔断器熔丝是否熔断。若空气开关跳闸（熔断器熔丝熔断），可试合空气开关，若空气开关再次跳闸，应断开负荷，用 500V（1000V）绝缘电阻表遥测电缆各相间及各相对地绝缘。如电缆绝缘良好，再检查负载设备电源。

（6）单一设备交流电压失电时，应检查该设备的电源，检查其空气开关是否跳闸，试合空气开关，若空气开关再次跳闸，应断开设备，尽快通知有关专业人员进一步查找。

第八节　站用直流系统故障

一、站用直流系统故障处理一般原则

（1）对于 220V 直流系统两极对地电压绝对值差超过 40V 或绝缘降低到 25kΩ 以下，110V 直流系统两极对地电压绝对值差超过 20V 或绝缘降低到 7kΩ 以下，应视为直流系统接地。若发生直流系统接地而绝缘监测装置不能正确监测到接地，应及时消除直流接地，并更换绝缘监测装置。

（2）当交流电源中断不能及时恢复，使蓄电池组放出容量超过其额定容量的 20% 及以上时，在恢复交流电源供电后，应立即手动或自动启动充电装置，按照制造厂或按恒流限压充电 – 恒压充电 – 浮充电方式对蓄电池组进行补充充电。

（3）出现自动空气开关脱扣、熔断器熔断等异常现象后，应检查保护范围内各直流回路元件有无过热、损坏和明显故障现象。

（4）直流系统接地后，值班员应记录时间、接地极、接地检测装置提示的支路号和绝缘电阻等信息，汇报调度及分部工区。

（5）直流接地后，应立即停止站内相关工作，检查直流接地是否由站内工作引起。

（6）直流接地后，正常应由继保人员采用专用仪器进行查找。紧急情况下，经主管领导同意并汇报调度，可用试拉的方法寻找接地回路，先拉接地检测装置提示的支路，接地不能消失再拉其他支路，并按照先次要后重要的顺序逐路进行。

二、站用直流电压消失故障检查处理步骤

（1）直流部分消失，应检查直流消失设备的熔断器熔丝是否熔断，接触是否良好。如果熔丝熔断，则更换容量满足要求的合格熔断器（熔丝）。如更换熔断器后熔丝仍然熔断，应在该熔断器供电范围内查找有无短路、接地和绝缘击穿的情况。查找前应做好防止保护误动和断路器误跳的措施，保护回路检查应汇报调度停用保护装置出口跳闸连接片，断路器跳闸回路禁止引入正电或造成短路。

（2）如果全站直流消失，应首先检查直流母线有无短路、直流馈电支路有无越级跳闸。先目测检查直流母线，母线短路故障一般目测可以发现。

（3）如果母线目测未发现故障，应检查各馈电支路是否有空气开关拒跳或熔断器熔丝过大的情况。如发现直流支路越级跳闸，应拉开该支路空气开关，恢复直流母线和其他直流馈电支路的供电，然后再检查、检修故障支路。如直流支路没有越级跳闸的情况，应拉开直流母线各电源空气开关和负荷开关，用万用表电阻挡检查直流母线正负极之间和正负极对地绝缘电阻，判断绝缘情况。必要时拆开绝缘监察装置分别测量。若电阻较大，可用充电机试送电一次，不成功再用500V绝缘电阻表测量。

注意：用绝缘电阻表测量时必须把各个支路和绝缘监察装置断开，以免损坏电子设备。

（4）如果直流母线绝缘检查良好，各直流馈电支路没有越级跳闸的情况，蓄电池空气开关没有跳闸（熔丝熔断）而硅整流装置跳闸或失电，应检查蓄电池接线有无断路。应从直流母线到蓄电池室检查有无断路和接触不良情况，对蓄电池要逐个进行检查，如发现蓄电池内部损坏开路时，可临时采用容量满足要求的跨线将断路的蓄电池跨接，即将断路电池相邻两个电池正、负极相连。检查硅整流装置跳闸或失电原因，故障自己能排除的自行排除。查不出原因或故障不能排除的立即通知专业人员检查处理。

第九节　一般事故案例

一、苏州Ⅰ线单相瞬时故障（以A相为例，重合成功）

1. 故障现象

（1）一次设备：5032断路器三相跳闸（华东正常方式5032断路器重合闸停用），5031断路器A相跳闸，并重合成功。

（2）二次设备：苏州Ⅰ线第一套、第二套线路差动保护动作出口，5031断路器保护重合闸动作。

（3）告警信息：苏州Ⅰ线第一套、第二套线路差动保护动作出口、5031断路器保护重合闸动作，5031断路器A相跳闸，5032断路器跳闸，5031断路器A相合闸。

2. 事故处理流程

（1）监控后台检查。

1）主画面检查断路器变位情况（5032断路器分闸），并清闪。

2）检查光字牌及告警信息，记录关键信息（苏州Ⅰ线两套线路保护动作出口、5031断路器保护重合闸出口等）。

3）检查遥测信息（500kV母线电压、苏州Ⅰ线电流电压等）。

（2）运维人员5min向调度员初次汇报。

特高压华东变电站××，××时××分，苏州Ⅰ线第一套、第二套主保护动作，5032断路器跳闸出口，5031断路器保护重合闸出口，确认5032断路器是否具备转运行条件，相关（同杆苏州Ⅱ线）潮流、负荷正常，现场天气××。

（3）一、二次设备检查。

1）二次设备：检查苏州Ⅰ线第一套、第二套线路保护屏，5031、5032断路器保护屏，500kV故障录波屏及相关测控屏；记录苏州Ⅰ线线路保护装置及故障录波装置中故障信息（故障相别、故障电流及测距），检查装置后及时复归信号。

2）一次设备：检查跳闸断路器实际位置（5032、5031），外观及压力指示是否正常；站内保护动作范围设备（5031、5032断路器TA至线路设备）情况检查，故障点查找（根据测距情况判别站内外故障）。

（4）15min内详细汇报调度。

特高压华东变电站××，××时××分，苏州Ⅰ线5032断路器三相跳闸，5min确认5032断路器具备运行条件后，合上5032断路器，第一套差动保护动作，故障相A

相，测距 ××km，故障电流 ××A（二次值），第二套差动保护动作，故障相 ××A 相，故障电流 ××A（二次值），测距 ××km。5031 断路器重合闸出口，重合成功，现场其他一、二次设备检查。无明显异常。

二、苏州Ⅰ线单相永久故障（以 A 相为例，重合不成功）

1. 故障现象

（1）一次设备：5031、5032 断路器跳闸。

（2）二次设备：苏州Ⅰ线第一套、第二套线路差动保护动作出口，5031 断路器重合闸动作，苏州Ⅰ线加速保护动作。

（3）告警信息：苏州Ⅰ线第一套、第二套线路差动保护动作出口、5031 断路器保护重合闸动作、苏州Ⅰ线加速保护动作；5031、5032 断路器跳闸；苏州Ⅰ线失电。

2. 事故处理流程

（1）监控后台检查。

1）主画面检查断路器变位情况（5031、5032 断路器分闸），并清闪。

2）检查光字牌及告警信息，记录关键信息（苏州Ⅰ线第一套、第二套线路差动保护动作出口、5031 断路器保护重合闸出口、苏州Ⅰ线加速保护动作，苏州Ⅰ线失电）。

3）检查遥测信息（苏州Ⅰ线电流电压、同杆苏州Ⅱ线、主变相关潮流等）。

（2）运维人员 5min 向调度员初次汇报。

特高压华东变电站 ××，×× 时 ×× 分，苏州Ⅰ线第一套、第二套主保护动作，5031 断路器重合动作，重合不成功，苏州Ⅰ线加速保护动作，5031、5032 断路器跳闸，苏州Ⅰ线失电。相关（同杆苏州Ⅱ线）潮流、负荷正常，现场天气 ××。

（3）一、二次设备检查。

1）二次设备：检查苏州Ⅰ线第一套、第二套线路保护屏，5031、5032 断路器保护屏，500kV 故障录波屏及相关测控屏。记录苏州Ⅰ线线路保护装置及故障录波装置中故障信息（故障相别、故障电流及测距），检查装置后及时复归信号。

2）一次设备：检查跳闸断路器实际位置（5031、5032），外观及压力指示是否正常；站内保护动作范围设备（5031、5032 断路器 TA 至线路设备）情况检查，故障点查找（根据测距情况判别站内外故障）。

（4）15min 内详细汇报调度。

特高压华东变电站 ××，×× 时 ×× 分，苏州Ⅰ线第一套差动保护动作，故障相 A 相，测距 ××km，故障电流 ××A（二次值），苏州Ⅰ线第二套差动保护动作，故障相A相，故障电流××A（二次值），测距××km，5031断路器重合闸动作，重合不成功，苏州Ⅰ线加速保护动作，5031、5032断路器三相跳闸，苏州Ⅰ线失电；站内设备无异常或××地方有放电痕迹（若有明显故障点时），现场其他一、二次设备检查无明显异常。

（5）线路试送（站内无明显故障点）。

确认站内一、二次设备无异常后，由调度下令对苏州Ⅰ线进行试送。

1）试送成功。①接到调度发令后，将5031断路器由热备用转运行对苏州Ⅰ线试送。②5031断路器合闸成功后，检查苏州Ⅰ线电压。③根据调度指令，将5032断路器由热备用转运行。④检查苏州Ⅰ线电流。⑤操作结束后汇报。

2）试送不成功。①接到调度发令后，将5031断路器由热备用转运行对苏州Ⅰ线试送。②立即汇报调度，汇报保护动作情况。③详细现场检查一、二次设备（检查保护装置动作情况并复归信号，检查跳闸断路器位置及压力指示），并汇报调度。④根据调度指令将苏州Ⅰ线转为线路检修（验电后合上线路侧接地开关，分开线路TV低压侧空气开关），通知检修处理。

（6）站内发现明显故障点。

1）若故障点可以隔离，应申请将故障点隔离后，对苏州Ⅰ线试送。

2）若故障点不能隔离，应申请将苏州Ⅰ线转为检修（验电后合上线路侧接地开关，分开线路TV低压侧空气开关），通知检修处理。

三、苏州Ⅰ线相间故障（以A、B相为例）

1. 故障现象

（1）一次设备：5031、5032断路器跳闸。

（2）二次设备：苏州Ⅰ线第一套、第二套线路差动保护、相间距离保护动作出口。

（3）告警信息：苏州Ⅰ线第一套、第二套线路差动保护、相间距离保护动作出口，5031、5032断路器跳闸，苏州Ⅰ线失电。

2. 事故处理流程

（1）监控后台检查。

1）主画面检查断路器变位情况（5031、5032断路器分闸），并清闪。

2）检查光字牌及告警信息，记录关键信息（苏州Ⅰ线第一套、第二套线路差动保护、相间距离保护动作出口）。

3）检查遥测信息（苏州Ⅰ线电流、电压、同杆苏州Ⅱ线、主变压器相关潮流等）。

（2）运维人员 5min 向调度员初次汇报。

特高压华东变电站 ××，×× 时 ×× 分，苏州Ⅰ线第一套、第二套主保护动作，5031、5032 断路器跳闸，苏州Ⅰ线失电，相关潮流、负荷正常，现场天气 ××。

（3）一、二次设备检查。

1）二次设备：检查苏州Ⅰ线第一套、第二套线路保护屏，5031、5032 断路器保护屏，500kV 故障录波屏及相关测控屏。记录苏州Ⅰ线线路保护装置及故障录波装置中故障信息（故障相别、故障电流及测距），检查装置后及时复归信号。

2）一次设备：检查跳闸断路器实际位置（5031、5032），外观及压力指示是否正常；站内保护动作范围设备（5031、5032 断路器 TA 至线路设备）情况检查，故障点查找（根据测距情况判别站内外故障）。

（4）15min 内详细汇报调度。

特高压华东变电站 ××，×× 时 ×× 分，苏州Ⅰ线第一套差动保护动作，故障相 A、B 相，测距 ××km，故障电流 ××A（二次值），第二套差动保护动作，故障相 A、B 相，故障电流 ××A（二次值），测距 ××km，5031、5032 断路器三相跳闸，苏州Ⅰ线失电；×× 地方有放电痕迹（若有明显故障点时），现场其他一、二次设备检查无明显异常。

（5）线路试送（具备试送条件）。

确认站内一、二次设备无异常后，由调度下令对苏州Ⅰ线进行试送。

1）试送成功。①接到调度发令后，将 5031 断路器由热备用转运行对苏州Ⅰ线试送。② 5031 合闸成功后，检查苏州Ⅰ线电压。③根据调度指令，将 5032 断路器由热备用转运行。④检查苏州Ⅰ线电流。⑤操作结束后汇报。

2）试送不成功。①接到调度发令后，将 5031 断路器由热备用转运行对苏州Ⅰ线试送。②立即汇报调度，汇报保护动作情况。③详细现场检查一、二次设备（检查保护装置动作情况并复归信号，检查跳闸断路器位置及压力指示），并汇报调度。④根据调度指令将苏州Ⅰ线转为检修（验电后合上线路侧接地开关，分开线路 TV 低压侧空气开关），通知检修处理。

（6）站内发现明显故障点。

1）若故障点可以隔离，应申请将故障点隔离后，对苏州Ⅰ线试送。

2）若故障点不能隔离，应申请将苏州Ⅰ线转为检修（验电后合上线路侧接地开关，分开线路 TV 低压侧空气开关），通知检修处理。

四、500kV母线故障（以500kV Ⅰ母线为例）

1. 故障现象

（1）一次设备：5011、5031、5041断路器跳闸。

（2）二次设备：500kV Ⅰ母线第一套、第二套差动保护动作出口。

（3）告警信息：500kV Ⅰ母线第一套、第二套差动保护动作出口，5011、5031、5041断路器跳闸，500kV Ⅰ母线失电。

2. 事故处理流程

（1）监控后台检查。

1）主画面检查断路器变位情况（5011、5031、5041断路器分闸），并清闪。

2）检查光字牌及告警信息，记录关键信息（500kV Ⅰ母线第一套、第二套差动保护动作出口）。

3）检查遥测信息（500kV Ⅰ母线电流电压、相关设备潮流等）。

（2）运维人员5min向调度员初次汇报。

特高压华东变电站××，××时××分，500kV Ⅰ母线第一套、第二套差动保护动作，5011、5031、5041断路器跳闸，500kV Ⅰ母线失电，相关设备潮流、负荷正常，现场天气××。

（3）一、二次设备检查。

1）二次设备：检查500kV Ⅰ母线第一套、第二套母差保护屏，5011、5031、5041断路器保护屏，500kV故障录波屏及相关测控屏。记录500kV Ⅰ母线保护装置及故障录波装置中故障信息（故障相别、故障电流等），检查装置后及时复归信号。

2）一次设备：检查跳闸断路器实际位置（5011、5031、5041），外观及压力指示是否正常；站内保护动作范围设备（5011、5031、5041断路器TA至母线设备、母线TV）情况检查，故障点查找。

（4）15min内详细汇报调度。

特高压华东变电站××，××时××分，500kV Ⅰ母线第一套差动保护动作，故障相A相，故障电流××A（二次值），500kV Ⅰ母线第二套差动保护动作，故障相A相，故障电流××A（二次值），5011、5031、5041断路器三相跳闸，500kV Ⅰ母线失电；××地方有放电痕迹（若有明显故障点时），现场其他一、二次设备检查无明显异常。

（5）处理方法。

1）若找到明显故障点（TA与母线隔离开关之间），且故障点可以隔离时，应向调度申请隔离故障点，调度同意后隔离故障点，并根据调度指令恢复 500kV Ⅰ母线运行，并将故障设备转检修，通知检修处理，（注意相邻气室的降压及相连气室设备的停役）。

2）若找到明显故障点但是无法隔离（母线隔离开关母线侧），应向调度申请将 500kV Ⅰ母线转为检修，通知检修处理（注意相邻气室的降压及相连气室设备的停役）。

3）若 500kV Ⅰ母线保护范围内未发现明显故障点，应向调度申请将母线转为检修，并通过检修试验验证无故障后，方可向调度申请恢复 500kV Ⅰ母线运行。

五、500kV Ⅰ母线 TV 故障

1. 故障现象

（1）一次设备：5011、5031、5041 断路器跳闸。

（2）二次设备：500kV Ⅰ母线第一套、第二套差动保护动作出口。

（3）告警信息：500kV Ⅰ母线第一套、第二套差动保护动作出口，5011、5031、5041 断路器跳闸，500kV Ⅰ母线失电。

2. 事故处理流程

（1）监控后台检查。

1）主画面检查断路器变位情况（5011、5031、5041 断路器分闸），并清闪。

2）检查光字牌及告警信息，记录关键信息（500kV Ⅰ母线第一套、第二套差动保护动作出口）。

3）检查遥测信息（500kV Ⅰ母线电流电压、相关设备潮流等）。

（2）运维人员 5min 向调度员初次汇报。

特高压华东变电站 ××，×× 时 ×× 分，500kV Ⅰ母线第一套、第二套差动保护动作，5011、5031、5041 断路器跳闸，500kV Ⅰ母线失电，相关设备潮流、负荷正常，现场天气 ××。

（3）一、二次设备检查。

1）二次设备：检查 500kV Ⅰ母线第一套、第二套母差保护屏，5011、5031、5041 断路器保护屏，500kV 故障录波屏及相关测控屏。记录 500kV Ⅰ母线保护装置及故障录波装置中故障信息（故障相别、故障电流等），检查装置后及时复归信号。

2）一次设备：检查跳闸断路器实际位置（5011、5031、5041），外观及压力指示是否正常；站内保护动作范围设备（5011、5031、5041 断路器 TA 至母线设备）情况检查，故障点查找。

（4）15min 内详细汇报调度。

特高压华东变电站 ××，××时××分，500kV Ⅰ母线第一套差动保护动作，故障相 A 相，故障电流 ××A（二次值），500kV Ⅰ母线第二套差动保护动作，故障相 A 相，故障电流 ××A（二次值），5011、5031、5041 断路器三相跳闸，500kV Ⅰ母线失电；500kV Ⅰ母线 TV 有放电痕迹，现场其他一、二次设备检查无明显异常。

（5）处理方法。

应向调度申请将 500kV Ⅰ母线转为检修，通知检修处理（注意相邻气室的降压及相连气室设备的停役）。

六、苏州Ⅱ线线路 TV 故障（以 A 相为例）

1. 故障现象

（1）一次设备：5041、5043 断路器跳闸。

（2）二次设备：苏州Ⅱ线第一套、第二套线路差动保护动作出口，5041 断路器重合闸动作，苏州Ⅱ线加速保护动作。

（3）告警信息：苏州Ⅱ线第一套、第二套线路差动保护动作出口、5041 断路器保护重合闸动作、苏州Ⅱ线加速保护动作；5031、5032 断路器跳闸；苏州Ⅰ线失电。

2. 事故处理流程

（1）监控后台检查。

1）主画面检查断路器变位情况（5041、5043 断路器分闸），并清闪。

2）检查光字牌及告警信息，记录关键信息（苏州Ⅱ线第一套、第二套线路差动保护动作出口、5041 断路器保护重合闸出口、苏州Ⅱ线加速保护动作，苏州Ⅱ线失电）。

3）检查遥测信息（苏州Ⅱ线电流电压、主变压器相关潮流等）。

（2）运维人员 5min 向调度员初次汇报。

特高压华东变电站 ××，××时××分，苏州Ⅱ线第一套、第二套主保护动作，5041 断路器重合动作，重合不成功，苏州Ⅱ线加速保护动作，5041、5043 断路器跳闸，苏州Ⅱ线失电。同杆苏州Ⅰ线、主变压器等相关潮流、负荷正常，现场天气 ××。

（3）一、二次设备检查。

1）二次设备：检查苏州Ⅱ线第一套、第二套线路保护屏，5041、5043 断路器保护屏，500kV 故障录波屏及相关测控屏。记录苏州Ⅱ线线路保护装置及故障录波装置中故障信息（故障相别、故障电流及测距），检查装置后及时复归信号。

2）一次设备：检查跳闸断路器实际位置（5041、5043），外观及压力指示是否正常；

站内保护动作范围设备（5041、5043 断路器 TA 至线路设备）情况检查，故障点查找（测距很小）。

（4）15min 内详细汇报调度。

特高压华东变电站 ××，×× 时 ×× 分，苏州Ⅱ线第一套差动保护动作，故障相 A 相，测距 ××km，故障电流 ××A（二次值），第二套差动保护动作，故障相 A 相，故障电流 ××A（二次值），测距 ××km，5041 断路器重合闸动作，重合不成功，苏州Ⅱ线加速保护动作，5041、5043 断路器三相跳闸，苏州Ⅱ线失电；苏州Ⅱ线 A 相 TV 有放电痕迹，现场其他一、二次设备检查无明显异常。

（5）处理方法。

应申请将苏州Ⅱ线转为检修（验电后合上线路侧接地开关，分开线路 TV 低压侧空气开关），通知检修处理（注意相邻气室的降压及相连气室设备的停役）。

七、苏州Ⅲ线故障，5013 断路器 SF_6 压力低闭锁

1. 故障现象

（1）一次设备：5012、5033、5043 断路器跳闸。

（2）二次设备：苏州Ⅲ线第一套、第二套线路差动保护动作出口，5013 断路器失灵保护动作，500kV Ⅱ母线第一套、第二套母差失灵出口。

（3）告警信息：5013 断路器 SF_6 压力低闭锁、5013 断路器控制回路断线，苏州Ⅲ线第一套、第二套线路差动保护动作出口，5013 断路器失灵保护动作，500kV Ⅱ母线第一套、第二套母差失灵出口，失灵远跳苏州Ⅲ线；5012、5033、5043 断路器跳闸；苏州Ⅲ线失电，500kV Ⅱ母线失电。

2. 事故处理流程

（1）监控后台检查。

1）主画面检查断路器变位情况（5012、5033、5043 断路器分闸），并清闪。

2）检查光字牌及告警信息，记录关键信息（5013 断路器 SF_6 压力低闭锁、5013 断路器控制回路断线、苏州Ⅲ线两套套线路保护动作出口、5013 断路器失灵保护动作、500kV Ⅱ母线第一套、第二套母差失灵出口、失灵远跳苏州Ⅲ线；苏州Ⅲ线失电，500kV Ⅱ母线失电）。

3）检查遥测信息（500kV Ⅱ母线电压、苏州Ⅲ线电流电压、相关设备潮流等）。

（2）运维人员 5min 向调度员初次汇报。

特高压华东变电站 ××，×× 时 ×× 分，苏州Ⅲ线第一套、第二套主保护动作，

5013 断路器 SF_6 压力低闭锁，5013 断路器控制回路断线、5013 断路器失灵保护动作，失灵远跳苏州Ⅲ线，500kV Ⅱ母线第一套、第二套母差失灵出口，5012、5033、5043 断路器跳闸。苏州Ⅲ线失电，500kV Ⅱ母线失电，相关潮流、负荷正常，现场天气 ××。

（3）一、二次设备检查。

1）二次设备：检查苏州Ⅲ线第一套、第二套线路保护屏，5012、5033、5043 断路器保护屏，500kV Ⅱ母线第一套、第二套母差保护屏。记录苏州Ⅲ线线路保护装置及故障录波装置中故障信息（故障相别、故障电流及测距），检查装置后及时复归信号。

2）一次设备：值班员戴好防护面具、从上风侧接近 5013 断路器，检查跳闸断路器实际位置（5013、5012、5033、5043），外观及压力指示是否正常。全面检查拒动断路器（5013），包括一次设备本体、二次保护装置、测控装置及操作电源等，查出拒动原因（SF_6 压力低）。站内保护动作范围设备（5012、5013 断路器 TA 至线路设备）情况检查，故障点查找（参考测距）。

（4）15min 内详细汇报调度。

特高压华东变电站 ××，×× 时 ×× 分，苏州Ⅲ线第一套差动保护动作，故障相 A 相，测距 ××km，故障电流 ××A（二次值），苏州Ⅲ线第二套差动保护动作，故障相 A 相，故障电流 ××A（二次值），测距 ××km。5013 断路器三相 SF_6 压力低闭锁分闸，5013 断路器控制回路断线，5013 断路器拒动，5013 断路器失灵保护动作，500kV Ⅱ母线第一套、第二套母差失灵出口，失灵远跳苏州Ⅲ线对侧。×× 地方有放电痕迹（若有明显故障点时），现场其他一、二次设备检查无明显异常，现场无人工作；申请隔离故障 5013 断路器，解锁拉开两侧隔离开关。

（5）隔离异常断路器。

分开 5013 断路器操作电源，申请解锁并履行解锁手续，解锁拉开 50131、50132 隔离开关。操作结束后汇报（注意相邻气室的降压及相连气室设备的停役）。

（6）线路试送（具备试送条件）。

5013 断路器已经隔离后，应由对苏州Ⅲ线进行试送。

1）对侧试送成功。①停用 5013 断路器重合闸，用上 5012 断路器重合闸。②接到调度发令后，检查苏州Ⅲ线电压，将 5012 断路器由热备用转运行。③ 5012 断路器合闸成功后，检查苏州Ⅲ线电流。④操作结束后汇报。

2）对侧试送不成功。①立即汇报调度，汇报保护动作情况。②详细现场检查一、二次设备（检查保护装置动作情况并复归信号，检查跳闸断路器位置及压力指示），并汇报调度。③根据调度指令将苏州Ⅲ线转为检修（验电后合上线路侧接地开关，分开线路 TV 低压侧空气开关），通知检修处理。

（7）恢复 500kV Ⅱ母线运行。

1）根据调度令选择 5033 断路器对 500kV Ⅱ母线进行充电，检查 500kV Ⅱ母线电压正常。

2）合上 5043 断路器，恢复 500kV Ⅱ母线正常运行方式。

3）操作结束后汇报。

（8）将故障设备转检修。

1）若站内发现明显故障点且无法隔离时，将苏州Ⅲ线转检修（验电后合上线路侧接地开关，分开线路 TV 低压侧空气开关）。

2）将苏州Ⅲ线 5013 断路器转检修（验电后合上 5013 断路器两侧接地开关），若此时苏州Ⅲ线在运行，5013 断路器转检修前应将苏州Ⅲ线线路保护屏上断路器位置切换把手由“正常”切至“边断路器检修”位置，（注意相邻气室的降压及相连气室设备的停役）。

3）停用 5013 开关保护及 500kV Ⅱ母线第一套、第二套母线差动失灵跳 5013 断路器出口。

4）操作结束后汇报。

八、苏州Ⅲ线线路故障（以 A 相为例），5012 断路器拒动（断路器卡死）

1. 故障现象

（1）一次设备：5013、5011、T032、T033、1101、401 断路器跳闸。

（2）二次设备：苏州Ⅲ线第一套、第二套线路差动保护动作出口，5012 断路器失灵保护动作，1 号主体变压器两套电气量保护失灵联跳三侧出口。

（3）告警信息：苏州Ⅲ线第一套、第二套线路差动保护动作出口、5012 断路器失灵保护动作、1 号主体变压器两套电气量保护失灵联跳三侧出口，失灵远跳苏州Ⅲ线对侧；5013、5011、T032、T033、1101 断路器跳闸，110kV Ⅰ母线失电，苏州Ⅲ线失电，1 号主变压器失电。

2. 事故处理流程

（1）监控后台检查。

1）主画面检查断路器变位情况（5013、5011、T032、T033、1101、401 断路器分开），并清闪。

2）检查光字牌及告警信息，记录关键信息（苏州Ⅲ线两套线路保护动作出口、5012断路器失灵保护动作、失灵联跳1号主变压器三侧动作出口、失灵远跳苏州Ⅲ线；1号主变压器失电，110kV Ⅰ母线失电）。

3）检查遥测信息（4号主变压器负荷、1号主变压器电流电压、110kV Ⅰ母线电压、苏州Ⅲ线电流电压、相关设备潮流等）。

（2）运维人员5min向调度员初次汇报。

特高压华东变电站××，××时××分，苏州Ⅲ线第一套、第二套主保护动作，5013断路器A相跳闸出口，5012断路器拒动，5012断路器失灵保护动作，5013、5011、T032、T033、1101断路器跳闸。站用电备用电源自动投入装置动作，401断路器分闸，410断路器合闸，400V Ⅰ母线电压正常，1号主变压器失电，110kV Ⅰ母线失电，相关潮流、负荷正常，现场天气××。

（3）一、二次设备检查。

1）二次设备：检查苏州Ⅲ线第一套、第二套线路保护屏，5013、5011、5012、T032、T033断路器保护屏，1号主体变压器第一套、第二套电气量保护屏。记录苏州Ⅲ线线路保护装置及故障录波装置中故障信息（故障相别、故障电流及测距），检查装置后及时复归信号。

2）一次设备：检查跳闸断路器实际位置（5013、5012、5011、T032、T033、1101），外观及压力指示是否正常；检查站用电断路器实际位置（401、410），全面检查拒动断路器（5012），包括一次设备本体、二次保护装置、测控装置及操作电源等，查出拒动原因（机构卡死），1号主变压器三相本体检查正常。站内保护动作范围设备（5012、5013断路器TA至线路设备）情况检查，故障点查找。拉开失电断路器1111、1121、1114，查1112、1113断路器确在分位。

（4）15min内详细汇报调度。

特高压华东变电站××，××时××分，苏州Ⅲ线第一套差动保护动作，故障相A相，测距××km，故障电流××A(二次值)，苏州Ⅲ线第二套差动保护动作，故障相A相，故障电流××A（二次值），测距××km，5013断路器A相跳闸，5012断路器拒动，失灵保护动作联跳1号主变压器三侧，5011、T032、T033、1101、5013断路器跳闸，1号主变压器失电、110kV Ⅰ母失电，苏州Ⅲ线失电，400V备用电源自动投入装置动作，401断路器分闸，410断路器合闸，400V Ⅰ母线电压正常；失电断路器1111、1121、1114已经拉开，××地方有放电痕迹（若有明显故障点时），现场其他一、二次设备检查无明显异常，现场无人工作；申请隔离故障5012断路器，解锁拉开两侧隔离开关。

（5）隔离异常断路器。

分开 5012 断路器操作电源，申请解锁并履行解锁手续，解锁拉开 50121、50122 隔离开关。操作结束后汇报。

（6）线路试送（具备试送条件）。

5012 断路器已经隔离后，对苏州Ⅲ线进行试送。

1）试送成功。①接到调度发令后，将 5013 断路器由热备用转运行对苏州Ⅲ线进行试送。② 5013 合闸成功后，检查苏州Ⅲ线电压。③操作结束后汇报。

2）试送不成功。①立即汇报调度，汇报保护动作情况。②详细现场检查一、二次设备（检查保护装置动作情况并复归信号，检查跳闸断路器位置及压力指示），并汇报调度。③根据调度指令将苏州Ⅲ线转为检修（验电后合上线路侧接地开关，分开线路 TV 低压侧空气开关），通知检修处理。

（7）故障线路改冷备用（发现故障点无法隔离时）。

拉开 50131、50132 隔离开关，将苏州Ⅲ线 5013 断路器由热备用转冷备用。

（8）1 号主变压器恢复送电。

1）合上 T033 断路器，对 1 号主变压器进行充电，检查 1 号主变压器充电正常（检查相关遥信、主变压器三侧电压等正常，主变压器三侧避雷器泄漏电流表指示正常），然后合上 T032 断路器。

2）合上 1101 断路器，检查 110kV Ⅰ母充电正常，遥测量正常。

3）合上 5011 断路器。

4）合上 1 号站用变压器 1114 断路器，检查站用变压器充电正常后，分开 410、合上 401 断路器，恢复站用变压器正常运行方式。检查交直流系统、主变压器风冷运行正常。

5）根据 1 号主变压器高、中压侧电压情况，适时合上低压电抗器 1111 及 1112 断路器。

6）操作结束后汇报。

（9）将故障设备转检修。

1）若站内发现明显故障点无法隔离时，将苏州Ⅲ线转检修（验电后合上线路侧接地开关，分开线路 TV 低压侧空气开关）。

2）将苏州Ⅲ线 5012 断路器转检修（验电后合上 5012 断路器两侧接地开关），若此时苏州Ⅲ线在运行，5012 断路器转检修前应将苏州Ⅲ线线路保护屏上断路器位置切换把手由“正常”切至“中断路器检修”位置，（注意相邻气室的降压及相连气室设备的停役）。

3）停用5012断路器保护及500kV1号主变压器主体变压器两套电气量保护失灵联跳5012断路器出口。

4）操作结束后汇报。

九、5033断路器靠近50331侧TA之间故障（以A相为例）

1. 故障现象

（1）一次设备：5013、5033、5043、5032断路器跳闸。

（2）二次设备：苏州Ⅳ线第一套、第二套线路差动保护动作出口，500kV Ⅱ母线第一套、第二套差动保护动作。

（3）告警信息：苏州Ⅳ线第一套、第二套线路差动保护动作出口、500kV Ⅱ母线第一套、第二套差动保护动作，5013、5033、5043、5032断路器跳闸，苏州Ⅳ线失电，500kV Ⅱ母线失电。

2. 事故处理流程

（1）监控后台检查。

1）主画面检查断路器变位情况（5013、5033、5043、5032断路器分闸），并清闪。

2）检查光字牌及告警信息，记录关键信息（苏州Ⅳ线第一套、第二套线路差动保护动作出口、500kV Ⅱ母线第一套、第二套差动保护动作出口，苏州Ⅳ线失电，500kV Ⅱ母线失电）。

3）检查遥测信息（苏州Ⅳ线电流电压、相关潮流等）。

（2）运维人员5min向调度员初次汇报。

特高压华东变电站××，××时××分，苏州Ⅳ线第一套、第二套主保护动作，500kV Ⅱ母线第一套、第二套差动保护动作，5013、5033、5043、5032断路器跳闸，苏州Ⅳ线失电，500kV Ⅱ母线失电。相关潮流、负荷正常，现场天气××。

（3）一、二次设备检查。

1）二次设备：检查苏州Ⅳ线第一套、第二套线路保护屏，500kV Ⅱ母线第一套、第二套母差保护屏，5013、5033、5043、5032断路器保护屏，500kV故障录波屏及相关测控屏。记录500kV Ⅱ母线差动保护装置、苏州Ⅳ线线路保护装置及故障录波装置中故障信息（故障相别、故障电流及测距），检查装置后及时复归信号。

2）一次设备：检查跳闸断路器实际位置（5013、5033、5043、5032），外观及压力指示是否正常；站内保护动作范围设备（5033断路器两侧TA）情况检查，故障点查找。

（4）15min 内详细汇报调度。

特高压华东变电站 ××，×× 时 ×× 分，苏州Ⅳ线第一套差动保护动作，故障相 A 相，测距 ××km，故障电流 ××A（二次值），苏州Ⅳ线第二套差动保护动作，故障相 A 相，故障电流 ××A（二次值），测距 ××km，500kV Ⅱ母线第一套差动保护动作，故障相 A 相，故障电流 ××A，500kV Ⅱ母线第二套差动保护动作，故障相 A 相，故障电流 ××A，5013、5033、5043、5032 断路器三相跳闸，苏州Ⅳ线失电，500kV Ⅱ母线失电；5033 断路器与 50331TA 之间有放电痕迹，现场其他一、二次设备检查无明显异常，申请隔离故障 5033 断路器。

（5）隔离故障点。

分开 5033 断路器操作电源，拉开 50331、50332 隔离开关，操作结束后汇报。

（6）恢复送电。

1）应由 5032 断路器对苏州Ⅳ线进行试送（如果有条件的话，由对侧充电，本侧合环）。

2）试送成功后检查线路电压正常、避雷器泄漏电流指示正常。

3）检查苏州Ⅳ线电流正常。

4）合上 5043 断路器，检查母线电压正常。

5）合上 5013 断路器。

（7）故障设备转检修。

1）申请将 5033 断路器转为检修（验电后合上 503317、503327 接地开关）。

2）5033 断路器转检修前应将苏州Ⅳ线线路保护屏上断路器位置切换把手由“正常”切至“边断路器检修”位置，（注意相邻气室的降压及相连气室设备的停役）。

3）停用 5033 断路器保护及 500kV Ⅱ母线第一套、第二套母差失灵跳 5033 断路器出口。

十、5033 断路器靠近 50332TA 之间故障（以 A 相为例）

1. 故障现象

（1）一次设备：5013、5033、5043、5032 断路器跳闸。

（2）二次设备：苏州Ⅳ线第一套、第二套线路差动保护动作出口，500kV Ⅱ母线第一套、第二套差动保护动作。

（3）告警信息：苏州Ⅳ线第一套、第二套线路差动保护动作出口、500kV Ⅱ母线第一套、第二套差动保护动作，5013、5033、5043、5032 断路器跳闸，苏州Ⅳ线失电，500kV Ⅱ母线失电。

2. 事故处理流程

（1）监控后台检查。

1）主画面检查断路器变位情况（5013、5033、5043、5032断路器分闸），并清闪。

2）检查光字牌及告警信息，记录关键信息（苏州Ⅳ线第一套、第二套线路差动保护动作出口、500kV Ⅱ母线第一套、第二套差动保护动作出口，苏州Ⅳ线失电，500kV Ⅱ母线失电）。

3）检查遥测信息（苏州Ⅳ线电流电压、相关潮流等）。

（2）运维人员5min向调度员初次汇报。

特高压华东变电站××，××时××分，苏州Ⅳ线第一套、第二套主保护动作，500kV Ⅱ母线第一套、第二套差动保护动作，5013、5033、5043、5032断路器跳闸，苏州Ⅳ线失电，500kV Ⅱ母线失电。相关潮流、负荷正常，现场天气××。

（3）一、二次设备检查。

1）二次设备：检查苏州Ⅳ线第一套、第二套线路保护屏，500kV Ⅱ母线第一套、第二套母差保护屏，5013、5033、5043、5032断路器保护屏，500kV故障录波屏及相关测控屏。记录500kV Ⅱ母线差动保护装置、苏州Ⅳ线线路保护装置及故障录波装置中故障信息（故障相别、故障电流及测距），检查装置后及时复归信号。

2）一次设备：检查跳闸断路器实际位置（5013、5033、5043、5032），外观及压力指示是否正常；站内保护动作范围设备（5033断路器两侧TA）情况检查，故障点查找。

（4）15min内详细汇报调度。

特高压华东变电站××，××时××分，苏州Ⅳ线第一套差动保护动作，故障相A相，测距××km，故障电流××A（二次值），苏州Ⅳ线第二套差动保护动作，故障相A相，故障电流××A（二次值），测距××km，500kV Ⅱ母线第一套差动保护动作，故障相A相，故障电流××A，500kV Ⅱ母线第二套差动保护动作，故障相A相，故障电流××A，5013、5033、5043、5032断路器三相跳闸，苏州Ⅳ线失电，500kV Ⅱ母线失电；5033断路器与50332TA之间有放电痕迹，现场其他一、二次设备检查无明显异常，申请隔离5033断路器。

（5）隔离故障点。

分开5033断路器操作电源，拉开50331、50332隔离开关，操作结束后汇报。

（6）恢复送电。

1）应由对侧站对苏州Ⅳ线进行试送。

2）试送成功后检查线路电压正常、避雷器泄漏电流指示正常。

3）合上 5032 断路器，检查苏州Ⅳ线电流正常。

4）合上 5043 断路器，检查母线电压正常。

5）合上 5013 断路器。

（7）故障设备转检修。

1）申请将 5033 断路器转为检修（验电后合上 503317、503327 接地开关）。

2）5033 断路器转检修前应将苏州Ⅳ线线路保护屏上断路器位置切换把手由“正常”切至“边断路器检修”位置，（注意相邻气室的降压及相连气室设备的停役）。

3）停用 5033 断路器保护及 500kV Ⅱ母线第一套、第二套母线差动失灵跳 5033 断路器出口。

十一、5043 断路器靠近 50431 侧 TA 之间故障，5013 断路器卡死（以 A 相为例）

1. 故障现象

（1）一次设备：5043、5033、5041、5012 断路器跳闸。

（2）二次设备：苏州Ⅱ线第一套、第二套线路差动保护动作出口，500kV Ⅱ母线第一套、第二套差动保护动作出口，5041 断路器保护重合闸动作，苏州Ⅱ线加速保护动作，5013 断路器失灵保护动作。

（3）告警信息：苏州Ⅱ线第一套、第二套线路差动保护动作出口、500kV Ⅱ母线第一套、第二套差动保护动作出口，5041 断路器保护重合闸动作，苏州Ⅱ线加速保护动作，5013 断路器失灵保护动作出口，失灵远跳苏州Ⅲ线对侧，5043、5033、5041、5012 断路器跳闸，苏州Ⅱ线失电，苏州Ⅲ线失电，500kV Ⅱ母线失电。

2. 事故处理流程

（1）监控后台检查。

1）主画面检查断路器变位情况（5043、5033、5041、5012 断路器分闸），并清闪。

2）检查光字牌及告警信息，记录关键信息（苏州Ⅱ线第一套、第二套线路差动保护动作出口、500kV Ⅱ母线第一套、第二套差动保护动作出口，5041 断路器保护重合闸动作，苏州Ⅱ线加速保护动作，5013 断路器失灵保护动作出口，失灵远跳苏州Ⅲ线对侧，苏州Ⅱ线失电，苏州Ⅲ线失电，500kV Ⅱ母线失电）。

3）检查遥测信息（苏州Ⅱ线电流电压、苏州Ⅲ线电流电压、相关潮流等）。

（2）运维人员 5min 向调度员初次汇报。

特高压华东变电站 ××，×× 时 ×× 分，苏州Ⅱ线第一套、第二套主保护动作，

500kV Ⅱ母线第一套、第二套差动保护动作，5041 断路器保护重合闸动作，苏州Ⅱ线加速保护动作，5013 断路器失灵保护动作，5043、5033、5041、5012 断路器跳闸，苏州Ⅱ线失电，苏州Ⅲ线失电，500kV Ⅱ母线失电，相关潮流、负荷正常，现场天气 ××。

（3）一、二次设备检查。

1）二次设备：检查苏州Ⅱ线第一套、第二套线路保护屏，检查苏州Ⅲ线第一套、第二套线路保护屏，500kV Ⅱ母线第一套、第二套母线差动保护屏，5013、5033、5043、5041、5012 断路器保护屏，500kV 故障录波屏及相关测控屏。记录 500kV Ⅱ母线差动保护装置、苏州Ⅱ线线路保护装置及故障录波装置中故障信息（故障相别、故障电流及测距），检查装置后及时复归信号。

2）一次设备：检查跳闸断路器实际位置（5013、5033、5043、5041、5012），外观及压力指示是否正常；站内保护动作范围设备（5043 断路器两侧 TA）情况检查，故障点查找。

（4）15min 内详细汇报调度。

特高压华东变电站 ××，×× 时 ×× 分，苏州Ⅱ线第一套差动保护动作，故障相 A 相，测距 ××km，故障电流 ××A（二次值），苏州Ⅱ线第二套差动保护动作，故障相 A 相，故障电流 ××A（二次值），测距 ××km，500kV Ⅱ母线第一套差动保护动作，故障相 A 相，故障电流 ××A，500kV Ⅱ母线第二套差动保护动作，故障相 A 相，故障电流 ××A，5041 断路器重合闸动作，重合失败，苏州Ⅱ线加速保护动作，5013 断路器机构卡死拒动，5013 断路器失灵保护动作，5043、5033、5041、5012 断路器三相跳闸，苏州Ⅱ线失电，苏州Ⅲ线失电，500kV Ⅱ母线失电；5043 断路器与 50431TA 之间有放电痕迹，现场其他一、二次设备检查无明显异常，申请隔离 5043、5013 断路器。

（5）隔离故障点。

分开 5043 断路器操作电源，拉开 50431、50432 隔离开关，分开 5013 断路器操作电源，申请解锁并履行解锁手续，解锁拉开 50131、50132 隔离开关，操作结束后汇报。

（6）恢复送电。

1）向调度申请恢复苏州Ⅱ线、苏州Ⅲ线、500kV Ⅱ母线送电。

2）合上 5041 断路器，检查苏州Ⅱ线电压正常、避雷器泄漏电流指示正常。

3）由对侧充电正常后，检查苏州Ⅲ线电压正常、避雷器泄漏电流指示正常。

4）合上 5012 断路器，检查苏州Ⅲ线电流正常。

5）用上 5012 断路器重合闸。

6）合上 5033 断路器，检查母线电压正常。

（7）故障设备转检修。

1）申请将5043断路器转为检修（验电后合上504317、504327接地开关），通知检修处理，5043断路器转检修前应停用5043断路器保护及500kV Ⅱ母线第一套、第二套差动保护失灵跳5043断路器出口，并将苏州Ⅱ线线路保护屏上断路器位置切换把手由"正常"切至"中断路器检修"位置（注意相邻气室的降压及相连气室设备的停役）。

2）申请将5013断路器转为检修（验电后合上501317、501327接地开关），通知检修处理，5013断路器转检修前应停用5013断路器保护及500kV Ⅱ母线第一套、第二套差动保护失灵跳5013断路器出口，并将苏州Ⅲ线线路保护屏上断路器位置切换把手由"正常"切至"边断路器检修"位置（注意相邻气室的降压及相连气室设备的停役）。

十二、5043断路器靠近Ⅱ母侧TA之间故障，5013断路器卡死（以A相为例）

1. 故障现象

（1）一次设备：5043、5033、5012断路器跳闸。

（2）二次设备：苏州Ⅱ线第一套、第二套线路差动保护动作出口，500kV Ⅱ母线第一套、第二套差动保护动作出口，5041断路器保护重合闸动作，5013断路器失灵保护动作。

（3）告警信息：苏州Ⅱ线第一套、第二套线路差动保护动作出口、500kV Ⅱ母线第一套、第二套差动保护动作出口，5041断路器保护重合闸动作，5013断路器失灵保护动作出口，失灵远跳苏州Ⅲ线对侧，5043、5033、5012断路器跳闸，苏州Ⅲ线失电，500kV Ⅱ母线失电。

2. 事故处理流程

（1）监控后台检查。

1）主画面检查断路器变位情况（5043、5033、5012断路器分闸），并清闪。

2）检查光字牌及告警信息，记录关键信息（苏州Ⅱ线第一套、第二套线路差动保护动作出口、500kV Ⅱ母线第一套、第二套差动保护动作出口，5041断路器保护重合闸动作，5013断路器失灵保护动作出口，失灵远跳苏州Ⅲ线，苏州Ⅲ线失电，500kV Ⅱ母线失电）。

3）检查遥测信息（苏州Ⅱ线电流电压、苏州Ⅲ线电流电压、相关潮流等）。

（2）运维人员5min向调度员初次汇报。

特高压华东变电站××，××时××分，苏州Ⅱ线第一套、第二套主保护动作，

500kV Ⅱ母线第一套、第二套差动保护动作，5041 断路器保护重合闸动作，5013 断路器失灵保护动作，5043、5033、5012 断路器跳闸，苏州Ⅲ线失电，500kV Ⅱ母线失电，相关潮流、负荷正常，现场天气 × ×。

（3）一、二次设备检查。

1）二次设备：检查苏州Ⅱ线第一套、第二套线路保护屏，检查苏州Ⅲ线第一套、第二套线路保护屏，500kV Ⅱ母线第一套、第二套母差保护屏，5013、5033、5043、5041、5012 断路器保护屏，500kV 故障录波屏及相关测控屏。记录 500kV Ⅱ母线差动保护装置、苏州Ⅱ线线路保护装置及故障录波装置中故障信息（故障相别、故障电流及测距），检查装置后及时复归信号。

2）一次设备：检查跳闸断路器实际位置（5013、5033、5043、5041、5012），外观及压力指示是否正常；站内保护动作范围设备（5043 断路器两侧 TA）情况检查，故障点查找。

（4）15min 内详细汇报调度。

特高压华东变电站 × ×，× × 时 × × 分，苏州Ⅱ线第一套差动保护动作，故障相 A 相，测距 × ×km，故障电流 × ×A（二次值），苏州Ⅱ线第二套差动保护动作，故障相 A 相，故障电流 × ×A（二次值），测距 × ×km，500kV Ⅱ母线第一套差动保护动作，故障相 A 相，故障电流 × ×A，500kV Ⅱ母线第二套差动保护动作，故障相 A 相，故障电流 × ×A，5041 断路器重合闸动作，重合成功，5013 断路器机构卡死拒动，5013 断路器失灵保护动作，5043、5033、5012 断路器三相跳闸，苏州Ⅲ线失电，500kV Ⅱ母线失电；5043 断路器与 50432TA 之间有放电痕迹，现场其他一、二次设备检查无明显异常，申请隔离 5043、5013 断路器。

（5）隔离故障点。

分开 5043 断路器操作电源，拉开 50431、50432 隔离开关，分开 5013 断路器操作电源，申请解锁并履行解锁手续，解锁拉开 50131、50132 隔离开关，操作结束后汇报。

（6）恢复送电。

1）向调度申请恢复苏州Ⅲ线、500kV Ⅱ母线送电。

2）苏州Ⅲ线由对侧充电正常后，检查苏州Ⅲ线电压正常、避雷器泄漏电流指示正常。

3）合上 5012 断路器，检查苏州Ⅲ线电流正常。

4）用上 5012 断路器重合闸。

5）合上 5033 断路器，检查母线电压正常。

（7）故障设备转检修。

1）申请将 5043 断路器转为检修（验电后合上 504317、504327 接地开关），通知检修处理，5043 断路器转检修前应停用 5043 断路器保护及 500kV Ⅱ母线第一套、第二套差动保护失灵跳 5043 断路器出口，并将苏州Ⅱ线线路保护屏上断路器位置切换把手由“正常”切至“中断路器检修”位置（注意相邻气室的降压及相连气室设备的停役）。

2）申请将 5013 断路器转为检修（验电后合上 501317、501327 接地开关），通知检修处理，5013 断路器转检修前应停用 5013 断路器保护及 500kV Ⅱ母线第一套、第二套差动保护失灵跳 5013 断路器出口，并将苏州Ⅲ线线路保护屏上断路器位置切换把手由“正常”切至“边断路器检修”位置（注意相邻气室的降压及相连气室设备的停役）。

十三、5032 断路器与 50321 侧 TA 之间故障

1. 故障现象

（1）一次设备：5032、5031 断路器跳闸。

（2）二次设备：苏州Ⅰ线第一套、第二套线路差动保护动作出口，苏州Ⅳ线第一套、第二套差动保护动作出口，5031 断路器保护重合闸动作，苏州Ⅰ线加速保护动作，5033 断路器保护重合闸动作。

（3）告警信息：苏州Ⅰ线第一套、第二套线路差动保护动作出口，苏州Ⅳ线第一套、第二套线路差动保护动作出口，5031 断路器保护重合闸动作，苏州Ⅰ线加速保护动作，5033 断路器保护重合闸动作，5032、5031 断路器跳闸，苏州Ⅰ线失电。

2. 事故处理流程

（1）监控后台检查。

1）主画面检查断路器变位情况（5031、5032 断路器分闸），并清闪。

2）检查光字牌及告警信息，记录关键信息（苏州Ⅰ线第一套、第二套线路差动保护动作出口、苏州Ⅳ线第一套、第二套线路差动保护动作出口，5031 断路器保护重合闸动作，苏州Ⅰ线加速保护动作，5033 断路器保护重合闸动作，苏州Ⅰ线失电）。

3）检查遥测信息（苏州Ⅰ线电流电压、苏州Ⅳ线电流电压、相关潮流等）。

（2）运维人员 5min 向调度员初次汇报。

特高压华东变电站 ××，×× 时 ×× 分，苏州Ⅰ线第一套、第二套主保护动作，苏州Ⅳ线第一套、第二套主保护动作，5031 断路器保护重合闸动作，苏州Ⅰ线加速保护动作，5033 断路器保护重合闸动作，5031、5032 断路器跳闸，苏州Ⅰ线失电，相关潮流、负荷正常，现场天气 ××。

（3）一、二次设备检查。

1）二次设备：检查苏州Ⅰ线第一套、第二套线路保护屏，检查苏州Ⅳ线第一套、第二套线路保护屏，5031、5032、5033 断路器保护屏，500kV 故障录波屏及相关测控屏。记录苏州Ⅰ线线路保护装置、苏州Ⅳ线线路保护装置及故障录波装置中故障信息（故障相别、故障电流及测距），检查装置后及时复归信号。

2）一次设备：检查跳闸断路器实际位置（5031、5032、5033），外观及压力指示是否正常；站内保护动作范围设备（5032 断路器两侧 TA）情况检查，故障点查找。

（4）15min 内详细汇报调度。

特高压华东变电站 ××，×× 时 ×× 分，苏州Ⅰ线第一套差动保护动作，故障相 A 相，测距 ××km，故障电流 ××A（二次值），苏州Ⅰ线第二套差动保护动作，故障相 A 相，故障电流 ××A（二次值），测距 ××km，苏州Ⅳ线第一套差动保护动作，故障相 A 相，测距 ××km，故障电流 ××A（二次值），苏州Ⅳ线第二套差动保护动作，故障相 A 相，故障电流 ××A（二次值），测距 ××km，5031 断路器重合闸动作，苏州Ⅰ线加速保护动作，5033 断路器重合闸动作，重合成功，5031、5032 断路器三相跳闸，苏州Ⅰ线失电，5032 断路器与 50321TA 之间有放电痕迹，现场其他一、二次设备检查。无明显异常，申请隔离 5032 断路器。

（5）隔离故障点。

分开 5032 断路器操作电源，拉开 50321、50322 隔离开关，操作结束后汇报。

（6）恢复送电。

1）向调度申请恢复苏州Ⅰ线送电。

2）合上 5031 断路器，检查苏州Ⅰ线电压正常、避雷器泄漏电流指示正常。

（7）故障设备转检修。

申请将 5032 断路器转为检修（验电后合上 503217、503227 接地开关），通知检修处理，5032 断路器转检修前应将苏州Ⅰ线线路保护屏上断路器位置切换把手切至“中断路器检修”位置，苏州Ⅳ线线路保护屏上断路器位置切换把手切至“中断路器检修”位置，停用 5032 断路器保护（注意相邻气室的降压及相连气室设备的停役）。

十四、5032 断路器与 50322 侧 TA 之间故障

1. 故障现象

（1）一次设备：5032、5033 断路器跳闸。

（2）二次设备：苏州Ⅰ线第一套、第二套线路差动保护动作出口，苏州Ⅳ线第一套、

第二套差动保护动作出口，5031 断路器保护重合闸动作，5033 断路器保护重合闸动作，苏州Ⅳ线加速保护动作。

（3）告警信息：苏州Ⅰ线第一套、第二套线路差动保护动作出口，苏州Ⅳ线第一套、第二套线路差动保护动作出口，5031 断路器保护重合闸动作，5033 断路器保护重合闸动作，苏州Ⅳ线加速保护动作，5032、5033 断路器跳闸，苏州Ⅳ线失电。

2. 事故处理流程

（1）监控后台检查。

1）主画面检查断路器变位情况（5033、5032 断路器分闸），并清闪。

2）检查光字牌及告警信息，记录关键信息（苏州Ⅰ线第一套、第二套线路差动保护动作出口、苏州Ⅳ线第一套、第二套线路差动保护动作出口，5031 断路器保护重合闸动作，5033 断路器保护重合闸动作，苏州Ⅳ线加速保护动作，苏州Ⅳ线失电）。

3）检查遥测信息（苏州Ⅰ线电流电压、苏州Ⅳ线电流电压、相关潮流等）。

（2）运维人员 5min 向调度员初次汇报。

特高压华东变电站 ××，×× 时 ×× 分，苏州Ⅰ线第一套、第二套主保护动作，苏州Ⅳ线第一套、第二套主保护动作，5031 断路器保护重合闸动作，5033 断路器保护重合闸动作，苏州Ⅳ线加速保护动作，5033、5032 断路器跳闸，苏州Ⅳ线失电，相关潮流、负荷正常，现场天气 ××。

（3）一、二次设备检查。

1）二次设备：检查苏州Ⅰ线第一套、第二套线路保护屏，检查苏州Ⅳ线第一套、第二套线路保护屏，5031、5032、5033 断路器保护屏，500kV 故障录波屏及相关测控屏。记录苏州Ⅰ线线路保护装置、苏州Ⅳ线线路保护装置及故障录波装置中故障信息（故障相别、故障电流及测距），检查装置后及时复归信号。

2）一次设备：检查跳闸断路器实际位置（5031、5032、5033），外观及压力指示是否正常；站内保护动作范围设备（5032 断路器两侧 TA）情况检查，故障点查找。

（4）15min 内详细汇报调度。

特高压华东变电站 ××，×× 时 ×× 分，苏州Ⅰ线第一套差动保护动作，故障相 A 相，测距 ××km，故障电流 ××A（二次值），苏州Ⅰ线第二套差动保护动作，故障相 A 相，故障电流 ××A（二次值），测距 ××km，苏州Ⅳ线第一套差动保护动作，故障相 A 相，测距 ××km，故障电流 ××A（二次值），苏州Ⅳ线第二套差动保护动作，故障相 A 相，故障电流 ××A（二次值），测距 ××km，5031 断路器重合闸动作，重合成功，5033 断路器重合闸动作，苏州Ⅳ线加速保护动作，5033、5032 断路器三相跳闸，苏州Ⅳ线失电，5032断路器与50322TA之间有放电痕迹，现场其他一、二次设备检查无明显异常，申请隔离5032断路器。

（5）隔离故障点。

分开5032断路器操作电源，拉开50321、50322隔离开关，操作结束后汇报。

（6）恢复送电。

1）向调度申请恢复苏州Ⅳ线送电。

2）合上5033断路器，检查苏州Ⅰ线电压正常、避雷器泄漏电流指示正常。

（7）故障设备转检修。

申请将5032断路器转为检修（验电后合上503217、503227接地开关），通知检修处理，5032断路器转检修前应将苏州Ⅰ线线路保护屏上断路器位置切换把手切至“中断路器检修”位置，苏州Ⅳ线线路保护屏上断路器位置切换把手切至“中断路器检修”位置，停用5032断路器保护（注意相邻气室的降压及相连气室设备的停役）。

十五、华东Ⅰ线单相瞬时故障（以A相为例，重合成功）

1. 故障现象

（1）一次设备：T042断路器三相跳闸（华东正常方式T042断路器重合闸停用），T041断路器A相跳闸，并重合成功。

（2）二次设备：华东Ⅰ线第一套、第二套线路差动保护动作出口，T041断路器保护重合闸动作。

（3）告警信息：华东Ⅰ线第一套、第二套线路差动保护动作出口、T041断路器保护重合闸动作，T041断路器A相跳闸，T041断路器A相合闸，T042断路器三相跳闸。

2. 事故处理流程

（1）监控后台检查。

1）主画面检查断路器变位情况（T042断路器分闸），并清闪。

2）检查光字牌及告警信息，记录关键信息（华东Ⅰ线两套线路保护动作出口、T041断路器保护重合闸出口等）。

3）检查遥测信息（1000kV母线电压、华东Ⅰ线电流电压等）。

（2）运维人员5min向调度员初次汇报。

特高压华东变电站××，××时××分，华东Ⅰ线第一套、第二套主保护动作，T042断路器跳闸出口，T041断路器保护重合闸出口，确认T042断路器是否具备转运行条件。相关潮流、负荷正常，现场天气××。

（3）一、二次设备检查。

1）二次设备：检查华东Ⅰ线第一套、第二套线路保护屏，T041、T042 断路器保护屏，1000kV 故障录波屏及相关测控屏。记录华东Ⅰ线线路保护装置及故障录波装置中故障信息（故障相别、故障电流及测距），检查装置后及时复归信号。

2）一次设备：检查跳闸断路器实际位置（T042、T041），外观及压力指示是否正常；站内保护动作范围设备（T041、T042 断路器 TA 至线路设备）情况检查，故障点查找。

（4）15min 内详细汇报调度。

特高压华东变电站 ××，×× 时 ×× 分，华东Ⅰ线 T042 断路器三相跳闸，5min 确认 T042 断路器具备运行条件后合上 T042 断路器，第一套差动保护动作，故障相 A 相，测距 ××km，故障电流 ××A（二次值），第二套差动保护动作，故障相 A 相，故障电流 ××A（二次值），测距 ××km。T041 断路器重合闸出口，重合成功，现场其他一、二次设备检查无明显异常。

（5）检查、汇报后向调度申请 T042 断路器改运行。

确认 T042 断路器具备运行条件后合上 T042 断路器。

十六、华东Ⅰ线单相永久故障（以 A 相为例，重合不成功）

1. 故障现象

（1）一次设备：T041、T042 断路器跳闸。

（2）二次设备：华东Ⅰ线第一套、第二套线路差动保护动作出口，T041 断路器重合闸动作，华东Ⅰ线加速保护动作。

（3）告警信息：华东Ⅰ线第一套、第二套线路差动保护动作出口、T041 断路器保护重合闸动作、华东Ⅰ线加速保护动作；T041、T042 断路器跳闸；华东Ⅰ线失电。

2. 事故处理流程

（1）监控后台检查。

1）主画面检查断路器变位情况（T041、T042 断路器分闸），并清闪。

2）检查光字牌及告警信息，记录关键信息（华东Ⅰ线第一套、第二套线路差动保护动作出口、T041 断路器保护重合闸出口、华东Ⅰ线加速保护动作，华东Ⅰ线失电）。

3）检查遥测信息（华东Ⅰ线电流电压、主变压器相关潮流等）。

（2）运维人员 5min 向调度员初次汇报。

特高压华东变电站 ××，×× 时 ×× 分，华东Ⅰ线第一套、第二套主保护动作，T041 断路器重合动作，重合不成功，华东Ⅰ线加速保护动作，T041、T042 断路器跳闸，华东Ⅰ线失电。相关潮流、负荷正常，现场天气 ××。

（3）一、二次设备检查。

1）二次设备：检查华东Ⅰ线第一套、第二套线路保护屏，T041、T042 断路器保护屏，1000kV 故障录波屏及相关测控屏。记录华东Ⅰ线线路保护装置及故障录波装置中故障信息（故障相别、故障电流及测距），检查装置后及时复归信号。

2）一次设备：检查跳闸断路器实际位置（T041、T042），外观及压力指示是否正常；站内保护动作范围设备（T041、T042 断路器 TA 至线路设备）情况检查，故障点查找。

（4）15min 内详细汇报调度。

特高压华东变电站 ××，×× 时 ×× 分，华东Ⅰ线第一套差动保护动作，故障相 A 相，测距 ××km，故障电流 ××A（二次值），华东Ⅰ线第二套差动保护动作，故障相 A 相，故障电流 ××A（二次值），测距 ××km，T041 断路器重合闸动作，重合不成功，华东Ⅰ线加速保护动作，T041、T042 断路器三相跳闸，华东Ⅰ线失电；×× 地方有放电痕迹（若有明显故障点时），现场其他一、二次设备检查无明显异常。

（5）线路试送（站内无明显故障点）。

确认站内一、二次设备无异常后，由调度下令对华东Ⅰ线进行试送。

1）试送成功。①接到调度发令后，将 T041 断路器由热备用转运行对华东Ⅰ线试送。② T041 断路器合闸成功后，检查华东Ⅰ线电压。③根据调度指令，将 T042 断路器由热备用转运行。④检查华东Ⅰ线电流。⑤操作结束后汇报。

2）试送不成功。①接到调度发令后，将 T041 断路器由热备用转运行对华东Ⅰ线试送。②试送失败后，立即汇报调度，汇报保护动作情况。③详细现场检查一、二次设备（检查保护装置动作情况并复归信号，检查跳闸断路器位置及压力指示），并汇报调度。④根据调度指令将华东Ⅰ线转为检修（验电后合上线路侧接地开关，分开线路 TV 低压侧空气开关），通知检修处理。

（6）站内发现明显故障点。

1）若故障点可以隔离，应申请将故障点隔离后，对华东Ⅰ线试送。

2）若故障点不能隔离，应申请将华东Ⅰ线转为检修（验电后合上线路侧接地开关，分开线路 TV 低压侧空气开关），通知检修处理。

十七、华东Ⅰ线相间故障（以 A、B 相为例）

1. 故障现象

（1）一次设备：T041、T042 断路器跳闸。

（2）二次设备：华东Ⅰ线第一套、第二套线路差动保护动作出口，相间距离保护动作出口。

（3）告警信息：华东Ⅰ线第一套、第二套线路差动保护动作出口，相间距离保护动作出口，T041、T042 断路器跳闸，华东Ⅰ线失电。

2. 事故处理流程

（1）监控后台检查。

1）主画面检查断路器变位情况（T041、T042 断路器分闸），并清闪。

2）检查光字牌及告警信息，记录关键信息（华东Ⅰ线第一套、第二套线路差动保护动作出口）。

3）检查遥测信息（华东Ⅰ线电流电压、主变压器相关潮流等）。

（2）运维人员 5min 向调度员初次汇报。

特高压华东变电站 ××，×× 时 ×× 分，华东Ⅰ线第一套、第二套主保护动作，T041、T042 断路器跳闸，华东Ⅰ线失电，相关潮流、负荷正常，现场天气 ××。

（3）一、二次设备检查。

1）二次设备：检查华东Ⅰ线第一套、第二套线路保护屏，T041、T042 断路器保护屏，1000kV 故障录波屏及相关测控屏。记录华东Ⅰ线线路保护装置及故障录波装置中故障信息（故障相别、故障电流及测距），检查装置后及时复归信号。

2）一次设备：检查跳闸断路器实际位置（T041、T042），外观及压力指示是否正常；站内保护动作范围设备（T041、T042 断路器 TA 至线路设备）情况检查，故障点查找。

（4）15min 内详细汇报调度。

特高压华东变电站 ××，×× 时 ×× 分，华东Ⅰ线第一套差动保护动作，故障相 A、B 相，测距 ××km，故障电流 ××A（二次值），第二套差动保护动作，故障相 A、B 相，故障电流 ××A（二次值），测距 ××km，T041、T042 断路器三相跳闸，华东Ⅰ线失电；×× 地方有放电痕迹（若有明显故障点时），现场其他一、二次设备检查无明显异常。

（5）线路试送（具备试送条件）。

确认站内一、二次设备无异常后，由调度下令对华东Ⅰ线进行试送。

1）试送成功。①接到调度发令后，将 T041 断路器由热备用转运行对华东Ⅰ线试送。② T041 断路器合闸成功后，检查华东Ⅰ线电压。③根据调度指令，将 T042 断路器由热备用转运行。④检查华东Ⅰ线电流。⑤操作结束后汇报。

2）试送不成功。①接到调度发令后，将 T041 断路器由热备用转运行对华东Ⅰ线试送。②试送失败后，立即汇报调度，汇报保护动作情况。③详细现场检查一、二次设备（检查保护装置动作情况并复归信号，检查跳闸断路器位置及压力指示），并汇报调度。④根据调度指令将华东Ⅰ线转为检修（验电后合上线路侧接地开关，分开线路TV低压侧空气开关），通知检修处理。

（6）站内发现明显故障点。

1）若故障点可以隔离，应申请将故障点隔离后，对华东Ⅰ线试送。

2）若故障点不能隔离，应申请将华东Ⅰ线转为检修（验电后合上线路侧接地开关，分开线路TV低压侧空气开关），通知检修处理。

十八、1000kV母线故障（以1000kV Ⅰ母线为例）

1. 故障现象

（1）一次设备：T031、T041、T051断路器跳闸。

（2）二次设备：1000kV Ⅰ母线第一套、第二套差动保护动作出口。

（3）告警信息：1000kV Ⅰ母线第一套、第二套差动保护动作出口，T031、T041、T051断路器跳闸，1000kV Ⅰ母线失电。

2. 事故处理流程

（1）监控后台检查。

1）主画面检查断路器变位情况（T031、T041、T051断路器分闸），并清闪。

2）检查光字牌及告警信息，记录关键信息（1000kV Ⅰ母线第一套、第二套差动保护动作出口）。

3）检查遥测信息（1000kV Ⅰ母线电流电压、相关设备潮流等）。

（2）运维人员5min向调度员初次汇报。

特高压华东变电站××，××时××分，1000kV Ⅰ母线第一套、第二套差动保护动作，T031、T041、T051断路器跳闸，1000kV Ⅰ母线失电，相关设备潮流、负荷正常，现场天气××。

（3）一、二次设备检查。

1）二次设备：检查1000kV Ⅰ母线第一套、第二套母差保护屏，T031、T041、T051断路器保护屏，1000kV故障录波屏及相关测控屏。记录1000kV Ⅰ母线保护装置及故障录波装置中故障信息（故障相别、故障电流等），检查装置后及时复归信号。

2）一次设备：检查跳闸断路器实际位置（T031、T041、T051），外观及压力指示是否正常；站内保护动作范围设备（T031、T041、T051断路器TA至母线设备）情况检查，故障点查找。

（4）15min 内详细汇报调度。

特高压华东变电站 ××，×× 时 ×× 分，1000kV Ⅰ母线第一套差动保护动作，故障相 A 相，故障电流 ××A（二次值），1000kV Ⅰ母线第二套差动保护动作，故障相 A 相，故障电流 ××A（二次值），T031、T041、T051 断路器三相跳闸，1000kV Ⅰ母线失电；×× 地方有放电痕迹（若有明显故障点时），现场其他一、二次设备检查无明显异常。

（5）处理方法。

1）若找到明显故障点，且故障点可以隔离时，应向调度申请隔离故障点，调度同意后隔离故障点，并根据调度指令恢复 1000kV Ⅰ母线运行，并将故障设备转检修，通知检修处理。

2）若找到明显故障点但是无法隔离，应向调度申请将 1000kV Ⅰ母线转为检修，通知检修处理。

3）若 1000kV Ⅰ母线保护范围内未发现明显故障点，应向调度申请将母线转为检修，并通过检修试验验证无故障后，方可向调度申请恢复 1000kV Ⅰ母线运行。

十九、1000kV Ⅰ母线 TV 故障

1. 故障现象

（1）一次设备：T031、T041、T051 断路器跳闸。

（2）二次设备：1000kV Ⅰ母线第一套、第二套差动保护动作出口。

（3）告警信息：1000kV Ⅰ母线第一套、第二套差动保护动作出口，T031、T041、T051 断路器跳闸，1000kV Ⅰ母线失电。

2. 事故处理流程

（1）监控后台检查。

1）主画面检查断路器变位情况（T031、T041、T051 断路器分闸），并清闪。

2）检查光字牌及告警信息，记录关键信息（1000kV Ⅰ母线第一套、第二套差动保护动作出口）。

3）检查遥测信息（1000kV Ⅰ母线电流电压、相关设备潮流等）。

（2）运维人员 5min 向调度员初次汇报。

特高压华东变电站 ××，×× 时 ×× 分，1000kV Ⅰ母线第一套、第二套差动保护动作，T031、T041、T051 断路器跳闸，1000kV Ⅰ母线失电，相关设备潮流、负荷正常，现场天气 ××。

（3）一、二次设备检查。

1）二次设备：检查 1000kV Ⅰ母线第一套、第二套母差保护屏，T031、T041、T051 断路器保护屏，1000kV 故障录波屏及相关测控屏。记录 1000kV Ⅰ母线保护装置及故障录波装置中故障信息（故障相别、故障电流等），检查装置后及时复归信号。

2）一次设备：检查跳闸断路器实际位置（T031、T041、T051），外观及压力指示是否正常；站内保护动作范围设备（T031、T041、T051 断路器 TA 至母线设备）情况检查，故障点查找。

（4）15min 内详细汇报调度。

特高压华东变电站 ××，×× 时 ×× 分，1000kV Ⅰ母线第一套差动保护动作，故障相 A 相，故障电流 ××A（二次值），1000kV Ⅰ母线第二套差动保护动作，故障相 A 相，故障电流 ××A（二次值），T031、T041、T051 断路器三相跳闸，1000kV Ⅰ母线失电；1000kV Ⅰ母线 TV 有放电痕迹，现场其他一、二次设备检查无明显异常。

（5）处理方法。

应向调度申请将 1000kV Ⅰ母线转为检修，通知检修处理。

二十、华东Ⅱ线高抗内部故障（以 A 相为例）

1. 故障现象

（1）一次设备：T031、T032 断路器跳闸。

（2）二次设备：华东Ⅱ线高压电抗器第一套、第二套差动保护动作出口，高压电抗器重瓦斯保护动作、远跳动作跳华东Ⅱ线对侧。

（3）告警信息：华东Ⅱ线高压电抗器第一套、第二套差动保护动作出口、高压电抗器重瓦斯保护动作、远跳开出动作；T031、T032 断路器跳闸；华东Ⅱ线失电。

2. 事故处理流程

（1）监控后台检查。

1）主画面检查断路器变位情况（T031、T032 断路器分闸），并清闪。

2）检查光字牌及告警信息，记录关键信息（华东Ⅱ线高压电抗器第一套、第二套差动保护动作出口、高压电抗器重瓦斯保护动作；T031、T032 断路器跳闸；华东Ⅱ线失电）。

3）检查遥测信息（华东Ⅱ线电流电压、主变压器相关潮流等）。

（2）运维人员 5min 向调度员初次汇报。

特高压华东变电站 ××，×× 时 ×× 分，华东Ⅱ线高压电抗器第一套、第二套差动保护动作，T031、T032 断路器跳闸，远方跳闸保护动作，华东Ⅱ线失电。相关潮流、负荷正常，现场天气 ××。

（3）一、二次设备检查。

1）二次设备：检查华东Ⅱ线高压电抗器第一套、第二套保护屏，T031、T032 断路器保护屏，1000kV 故障录波屏及相关测控屏。记录华东Ⅱ线高压电抗器保护装置及故障录波装置中故障信息（故障相别、故障电流及测距），检查装置后及时复归信号。

2）一次设备：检查跳闸断路器实际位置（T031、T032），外观及压力指示是否正常；站内保护动作范围设备（华东Ⅱ线高压电抗器）情况检查，故障点查找；检查停电设备（华东Ⅱ线）。

（4）15min 内详细汇报调度。

特高压华东变电站 ××，×× 时 ×× 分，华东Ⅱ线高压电抗器第一套、第二套差动保护动作，故障相 A 相，故障电流 ××A（二次值），重瓦斯保护动作，T031、T032 断路器三相跳闸，远跳开出动作，华东Ⅱ线失电；未发现明显故障点，判断为高压电抗器内部故障，现场其他一、二次设备检查无明显异常。

（5）处理方法。

应申请将华东Ⅱ线转为检修（验电后合上线路侧接地开关，分开线路 TV 低压侧空气开关），高压电抗器改检修（特高压站无高压电抗器隔离开关和高压电抗器接地开关，需验电、挂接地线），通知检修处理。

二十一、华东Ⅲ线故障，T053 断路器 SF_6 压力低闭锁

1. 故障现象

（1）一次设备：T052、T033、T043 断路器跳闸。

（2）二次设备：华东Ⅲ线第一套、第二套线路差动保护动作出口，T053 断路器失灵保护动作，1000kV Ⅱ母线第一套、第二套母线差动保护失灵出口。

（3）告警信息：T053 断路器 SF_6 压力低闭锁、T053 断路器控制回路断线，华东Ⅲ线第一套、第二套线路差动保护动作出口，T053 断路器失灵保护动作，1000kV Ⅱ母线第一套、第二套母线差动保护失灵出口，失灵远跳华东Ⅲ线对侧；T052、T033、T043 断路器跳闸；华东Ⅲ线失电，1000kV Ⅱ母线失电。

2. 事故处理流程

（1）监控后台检查。

1）主画面检查断路器变位情况（T052、T033、T043 断路器分闸），并清闪。

2）检查光字牌及告警信息，记录关键信息（T053 断路器 SF_6 压力低闭锁、T053 断路器控制回路断线、华东Ⅲ线两套线路保护动作出口、T053 断路器失灵保护动作、1000kV Ⅱ母线第一套、第二套母线差动保护失灵出口、失灵远跳华东Ⅲ线对侧；华东Ⅲ线失电，1000kV Ⅱ母线失电）。

3）检查遥测信息（1000kV Ⅱ母线电压、华东Ⅲ线电流电压、相关设备潮流等）。

（2）运维人员 5min 向调度员初次汇报。

特高压华东变电站 ××，×× 时 ×× 分，华东Ⅲ线第一套、第二套主保护动作，T053 断路器 SF_6 压力低闭锁，T053 断路器控制回路断线，T053 断路器失灵保护动作，失灵远跳华东Ⅲ线对侧，1000kV Ⅱ母线第一套、第二套母线差动保护失灵出口，T052、T033、T043 断路器跳闸。华东Ⅲ线失电，1000kV Ⅱ母线失电，相关潮流、负荷正常，现场天气 ××。

（3）一、二次设备检查。

1）二次设备：检查华东Ⅲ线第一套、第二套线路保护屏，T052、T033、T043 断路器保护屏，1000kV Ⅱ母线第一套、第二套母线差动保护保护屏。记录华东Ⅲ线线路保护装置及故障录波装置中故障信息（故障相别、故障电流及测距），检查装置后及时复归信号。

2）一次设备：检查值班员戴好防护面具、从上风侧接近 T053 断路器，检查跳闸断路器实际位置（T053、T052、T033、T043），外观及压力指示是否正常。全面检查拒动断路器（T053），包括一次设备本体、二次保护装置、测控装置及操作电源等，查出拒动原因（SF_6 压力低）。站内保护动作范围设备（T052、T053 断路器 TA 至线路设备）情况检查，故障点查找。

（4）15min 内详细汇报调度。

特高压华东变电站 ××，×× 时 ×× 分，华东Ⅲ线第一套差动保护动作，故障相 A 相，测距 ××km，故障电流 ××A（二次值），华东Ⅲ线第二套差动保护动作，故障相 A 相，故障电流 ××A（二次值），测距 ××km。T053 断路器三相 SF_6 压力低闭锁分闸，T053 断路器控制回路断线，T053 断路器拒动，T053 断路器失灵保护动作，1000kV Ⅱ母线第一套、第二套母差失灵出口，失灵远跳华东Ⅲ线对侧。×× 地方有放电痕迹（若有明显故障点时），现场其他一、二次设备检查无明显异常，现场无人工作；申请隔离故障 T053 断路器，解锁拉开两侧隔离开关。

（5）隔离异常断路器。

分开 T053 断路器操作电源，申请解锁并履行解锁手续，解锁拉开 T0531、T0532 隔离开关。操作结束后汇报。

（6）线路试送（具备试送条件）。

T053 断路器已经隔离后，应由对华东Ⅲ线进行试送。

1）对侧试送成功。①停用 T053 断路器重合闸，用上 T052 断路器重合闸。②接到调度发令后，检查华东Ⅲ线电压，将 T052 断路器由热备用转运行。③ T052 合闸成功后，检查华东Ⅲ线电流。④操作结束后汇报。

2）对侧试送不成功。①立即汇报调度，汇报保护动作情况。②详细现场检查一、二次设备（检查保护装置动作情况并复归信号，检查跳闸断路器位置及压力指示），并汇报调度。③根据调度指令将华东Ⅲ线转为检修（验电后合上线路侧接地开关，分开线路 TV 低压侧空气开关），通知检修处理。

（7）1000kV Ⅱ母线恢复送电。

用 T043 断路器对 1000kV Ⅱ母线充电，检查母线电压正常，合上 T033 断路器，操作结束后汇报。

（8）将故障设备转检修。

1）若站内发现明显故障点且无法隔离时，将华东Ⅲ线转检修（验电后合上线路侧接地开关，分开线路 TV 低压侧空气开关）。

2）将华东Ⅲ线 T053 断路器转检修（验电后合上 T053 断路器两侧接地开关），若此时华东Ⅲ线在运行，T053 断路器转检修前应将华东Ⅲ线线路保护屏上断路器位置切换把手由“正常”切至“边断路器检修”位置，退出华东Ⅲ线 T053 断路器保护、退出 1000kV Ⅱ母线失灵跳 T053 断路器出口（注意相邻气室的降压及相连气室设备的停役）。

二十二、华东Ⅲ线线路故障（以 A 相为例），T052 断路器拒动（机构卡死）

1. 故障现象

（1）一次设备：T053、T051、5051、5052、1107、402 断路器跳闸。

（2）二次设备：华东Ⅲ线第一套、第二套线路差动保护动作出口，T052 断路器失灵保护动作，1 号主体变压器两套电气量保护失灵联跳三侧出口。

（3）告警信息：华东Ⅲ线第一套、第二套线路差动保护动作出口、T052 断路器失灵保护动作、4 号主体变压器两套电气量保护失灵联跳三侧出口，失灵远跳华东Ⅲ线对侧；T053、T051、5051、5052、1107、402 断路器跳闸，110kV Ⅱ母失电，华东Ⅲ线失电，4 号主变压器失电。

2. 事故处理流程

（1）监控后台检查。

1）主画面检查断路器变位情况（T053、T051、5051、5052、1107、402 断路器分闸），并清闪。

2）检查光字牌及告警信息，记录关键信息（华东Ⅲ线两套线路保护动作出口、T052 断路器失灵保护动作、失灵联跳 4 号主变压器三侧动作出口、失灵远跳华东Ⅲ线对侧；4 号主变压器失电，110kV Ⅱ母失电）。

3）检查遥测信息（1 号主变压器负荷、4 号主变压器电流电压、110kV Ⅱ母线电压、华东Ⅲ线电流电压、相关设备潮流等）。

（2）运维人员 5min 向调度员初次汇报。

特高压华东变电站 ××，×× 时 ×× 分，华东Ⅲ线第一套、第二套主保护动作，T053 断路器 A 相跳闸出口，T052 断路器拒动，T052 断路器失灵保护动作，T053、T051、5051、5052、1107、402 断路器跳闸。站用电备用电源自动投入装置动作，420 断路器合闸，400V Ⅱ母线电压正常，4 号主变压器失电，110kV Ⅱ母失电，相关潮流、负荷正常，现场天气 ××。

（3）一、二次设备检查。

1）二次设备：检查华东Ⅲ线第一套、第二套线路保护屏，T052、T053、T051、5051、5052 断路器保护屏，4 号主体变压器第一套、第二套电气量保护屏。记录华东Ⅲ线线路保护装置及故障录波装置中故障信息（故障相别、故障电流及测距），检查装置后及时复归信号。

2）一次设备：检查跳闸断路器实际位置（T053、T051、5051、5052、1107、402），外观及压力指示是否正常；检查站用电断路器实际位置（402、420），全面检查拒动断路器（T052），包括一次设备本体、二次保护装置、测控装置及操作电源等，查出拒动原因（机构卡死），4 号主变压器三相本体检查正常，将 4 号主变压器风冷电源拉开。站内保护动作范围设备（T052、T053 断路器 TA 至线路设备）情况检查，故障点查找。拉开失电断路器 1171、1181、1174，检查 1172、1173 断路器确在分位。

（4）15min 内详细汇报调度。

特高压华东变电站 ××，×× 时 ×× 分，华东Ⅲ线第一套差动保护动作，故障相 A 相，测距 ××km，故障电流 ××A（二次值），华东Ⅲ线第二套差动保护动作，故障相 A 相，故障电流 ××A（二次值），测距 ××km，T053 断路器跳闸，T052 断路器拒动，失灵保护动作联跳 4 号主变压器三侧，T051、5051、5052、1107 断路器跳闸，4 号主变压器失电、110kV Ⅱ母失电，华东Ⅲ线失电，400V 备用电源自动投入装置动作，402 断路器分闸，420 断路器合闸，400V Ⅱ母线电压正常；失电 1171、1181、1174 断路器已经拉开，××地方有放电痕迹（若有明显故障点时），现场其他一、二次设备检查无明显异常，现场无人工作；申请隔离故障 T052 断路器，解锁拉开两侧隔离开关。

（5）隔离异常断路器。

分开 T052 断路器操作电源，申请解锁并履行解锁手续，解锁拉开 T0521、T0522 隔离开关。操作结束后汇报。

（6）线路试送（具备试送条件）。

T052 断路器已经隔离后，对华东Ⅲ线进行试送。

1）试送成功。①接到调度发令后，将 T053 断路器由热备用转运行对华东Ⅲ线进行试送。② T053 合闸成功后，检查华东Ⅲ线电压。③操作结束后汇报。

2）试送不成功。①立即汇报调度，汇报保护动作情况。②详细现场检查一、二次设备（检查保护装置动作情况并复归信号，检查跳闸断路器位置及压力指示），并汇报调度。③根据调度指令将华东Ⅲ线转为检修（验电后合上线路侧接地开关，分开线路 TV 低压侧空气开关），通知检修处理。

（7）故障线路改冷备用（发现故障点无法隔离时）。

拉开 T0531、T0532 隔离开关，将华东Ⅲ线 T053 断路器由热备用转冷备用。

（8）1 号主变压器恢复送电。

1）合上 T051 断路器，对 4 号主变压器进行充电，检查 4 号主变压器充电正常（检查相关遥信、主变压器三侧电压等正常，主变压器三侧避雷器泄漏电流表指示正常）。

2）合上 1107 断路器，检查 110kV Ⅱ母充电正常，遥测量正常。

3）合上 5051、5052 断路器。

4）合上 1 号站用变压器 1174 断路器，检查站用变压器充电正常后，分开 420、合上 402 断路器，恢复站用变压器正常运行方式。检查交直流系统、主变压器风冷运行正常。

5）根据 1 号主变压器高、中压侧电压情况，适时合上低压电抗器 1171 及 1172 断路器。

6）操作结束后汇报。

（9）将故障设备转检修。

1）若站内发现明显故障点无法隔离时，将华东Ⅲ线转检修（验电后合上线路侧接地开关，分开线路 TV 低压侧空气开关）。

2）将华东Ⅲ线T052断路器转检修（验电后合上T052断路器两侧接地开关），若此时华东Ⅲ线在运行，T052断路器转检修前应将华东Ⅲ线线路保护屏上断路器位置切换把手由“正常”切至“中断路器检修”位置，退出T052断路器保护以及主变压器失灵跳T052断路器出口（注意相邻气室的降压及相连气室设备的停役）。

二十三、T043断路器靠近T0431侧TA之间故障（以A相为例）

1. 故障现象

（1）一次设备：T033、T043、T053、T042断路器跳闸。

（2）二次设备：华东Ⅳ线第一套、第二套线路差动保护动作出口，1000kV Ⅱ母线第一套、第二套差动保护动作。

（3）告警信息：华东Ⅳ线第一套、第二套线路差动保护动作出口、1000kV Ⅱ母线第一套、第二套差动保护动作，T033、T043、T053、T042断路器跳闸，华东Ⅳ线失电，1000kV Ⅱ母线失电。

2. 事故处理流程

（1）监控后台检查。

1）主画面检查断路器变位情况（T033、T043、T053、T042断路器分闸），并清闪。

2）检查光字牌及告警信息，记录关键信息（华东Ⅳ线第一套、第二套线路差动保护动作出口、1000kV Ⅱ母线第一套、第二套差动保护动作出口，华东Ⅳ线失电，1000kV Ⅱ母线失电）。

3）检查遥测信息（华东Ⅳ线电流电压、相关潮流等）。

（2）运维人员5min向调度员初次汇报。

特高压华东变电站××，××时××分，华东Ⅳ线第一套、第二套主保护动作，1000kV Ⅱ母线第一套、第二套差动保护动作，T033、T043、T053、T042断路器跳闸，华东Ⅳ线失电，1000kV Ⅱ母线失电。相关潮流、负荷正常，现场天气××。

（3）一、二次设备检查。

1）二次设备：检查华东Ⅳ线第一套、第二套线路保护屏，1000kV Ⅱ母线第一套、第二套母线差动保护屏，T033、T043、T053、T042断路器保护屏，1000kV故障录波屏及相关测控屏。记录1000kV Ⅱ母线差动保护装置、华东Ⅳ线线路保护装置及故障录波装置中故障信息（故障相别、故障电流及测距），检查装置后及时复归信号。

2）一次设备：检查跳闸断路器实际位置（T033、T043、T053、T042），外观及压力指示是否正常；站内保护动作范围设备（T043断路器两侧TA）情况检查，故障点查找。

（4）15min 内详细汇报调度。

特高压华东变电站 ××，×× 时 ×× 分，华东Ⅳ线第一套差动保护动作，故障相 A 相，测距 ××km，故障电流 ××A（二次值），华东Ⅳ线第二套差动保护动作，故障相 A 相，故障电流 ××A（二次值），测距 ××km，1000kV Ⅱ母线第一套差动保护动作，故障相 A 相，故障电流 ××A，1000kV Ⅱ母线第二套差动保护动作，故障相 A 相，故障电流 ××A，T033、T043、T053、T042 断路器三相跳闸，华东Ⅳ线失电，1000kV Ⅱ母线失电；T043 断路器与 T0431TA 之间有放电痕迹，现场其他一、二次设备检查无明显异常，申请隔离故障 T043 断路器。

（5）隔离故障点。

分开 T043 断路器操作电源，拉开 T0431、T0432 隔离开关，操作结束后汇报。

（6）恢复送电。

1）应由对侧站对华东Ⅳ线进行试送。

2）试送成功后检查线路电压正常、避雷器泄漏电流指示正常。

3）合上 T042 断路器，检查华东Ⅳ线电流正常。

4）合上 T053 断路器，检查母线电压正常。

5）合上 T033 断路器。

（7）故障设备转检修。

申请将 T043 断路器转为检修（验电后合上 T04317、T04327 接地开关），通知检修处理，T043 断路器转检修前应将华东Ⅳ线线路保护屏上断路器位置切换把手由“正常”切至“边断路器检修”位置，退出 T043 断路器保护及 1000kV Ⅱ母线跳 T043 断路器出口（注意相邻气室的降压及相连气室设备的停役）。

二十四、T043 断路器靠近 T0432 侧 TA 之间故障（以 A 相为例）

1. 故障现象

（1）一次设备：T033、T043、T053、T042 断路器跳闸。

（2）二次设备：华东Ⅳ线第一套、第二套线路差动保护动作出口，1000kV Ⅱ母线第一套、第二套差动保护动作。

（3）告警信息：华东Ⅳ线第一套、第二套线路差动保护动作出口、1000kV Ⅱ母线第一套、第二套差动保护动作，T033、T043、T053、T042 断路器跳闸，华东Ⅳ线失电，1000kV Ⅱ母线失电。

2. 事故处理流程

（1）监控后台检查。

1）主画面检查断路器变位情况（T033、T043、T053、T042 断路器分闸），并清闪。

2）检查光字牌及告警信息，记录关键信息（华东Ⅳ线第一套、第二套线路差动保护动作出口、1000kV Ⅱ母线第一套、第二套差动保护动作出口，华东Ⅳ线失电，1000kV Ⅱ母线失电）。

3）检查遥测信息（华东Ⅳ线电流电压、相关潮流等）。

（2）运维人员 5min 向调度员初次汇报。

特高压华东变电站 ××，××时××分，华东Ⅳ线第一套、第二套主保护动作，1000kV Ⅱ母线第一套、第二套差动保护动作，T033、T043、T053、T042 断路器跳闸，华东Ⅳ线失电，1000kV Ⅱ母线失电。相关潮流、负荷正常，现场天气 ××。

（3）一、二次设备检查。

1）二次设备：检查华东Ⅳ线第一套、第二套线路保护屏，1000kV Ⅱ母线第一套、第二套母线差动保护屏，T033、T043、T053、T042 断路器保护屏，1000kV 故障录波屏及相关测控屏。记录 1000kV Ⅱ母线差动保护装置、华东Ⅳ线线路保护装置及故障录波装置中故障信息（故障相别、故障电流及测距），检查装置后及时复归信号。

2）一次设备：检查跳闸断路器实际位置（T033、T043、T053、T042），外观及压力指示是否正常；站内保护动作范围设备（T043 断路器两侧 TA）情况检查，故障点查找。

（4）15min 内详细汇报调度。

特高压华东变电站 ××，××时××分，华东Ⅳ线第一套差动保护动作，故障相 A 相，测距 ××km，故障电流 ××A（二次值），华东Ⅳ线第二套差动保护动作，故障相 A 相，故障电流 ××A（二次值），测距 ××km，1000kV Ⅱ母线第一套差动保护动作，故障相 A 相，故障电流 ××A，1000kV Ⅱ母线第二套差动保护动作，故障相 A 相，故障电流 ××A，T033、T043、T053、T042 断路器三相跳闸，华东Ⅳ母线失电，1000kV Ⅱ母线失电；T043 断路器与 T0432TA 之间有放电痕迹，现场其他一、二次设备检查无明显异常，申请隔离故障 T043 断路器。

（5）隔离故障点。

分开 T043 断路器操作电源，拉开 T0431、T0432 隔离开关，操作结束后汇报。

（6）恢复送电。

1）应由对站对华东Ⅳ线进行试送。

2）试送成功后检查线路电压正常、避雷器泄漏电流指示正常。

3）合上 T042 断路器，检查华东Ⅳ线电流正常。

4）合上 T053 断路器，检查母线电压正常。

5）合上 T033 断路器。

（7）故障设备转检修。

申请将 T043 断路器转为检修（验电后合上 T04317、T04327 接地开关），通知检修处理，T043 断路器转检修前应将华东Ⅳ线线路保护屏上断路器位置切换把手由“正常”切至“边断路器检修”位置，退出 T043 断路器保护及 1000kV Ⅱ母线跳 T043 断路器出口（注意相邻气室的降压及相连气室设备的停役）。

二十五、T043 断路器靠近 T0432 侧 TA 之间故障，T053 断路器卡死（以 A 相为例）

1. 故障现象

（1）一次设备：T043、T033、T042、T052 断路器跳闸。

（2）二次设备：华东Ⅳ线第一套、第二套线路差动保护动作出口，1000kV Ⅱ母线第一套、第二套差动保护动作，T053 断路器失灵保护动作。

（3）告警信息：华东Ⅳ线第一套、第二套线路差动保护动作出口，1000kV Ⅱ母线第一套、第二套差动保护动作，T053 断路器失灵保护动作，失灵远跳华东Ⅲ线对侧，T043、T033、T042、T052 断路器跳闸，华东Ⅳ线失电，华东Ⅲ线失电，1000kV Ⅱ母线失电。

2. 事故处理流程

（1）监控后台检查。

1）主画面检查断路器变位情况（T043、T033、T042、T052 断路器分闸），并清闪。

2）检查光字牌及告警信息，记录关键信息（华东Ⅳ线第一套、第二套线路差动保护动作出口、1000kV Ⅱ母线第一套、第二套差动保护动作出口，T053 断路器失灵保护动作出口，失灵远跳华东Ⅲ线对侧，华东Ⅳ线失电，华东Ⅲ线失电，1000kV Ⅱ母线失电）。

3）检查遥测信息（华东Ⅳ线电流电压、华东Ⅲ线电流电压、相关潮流等）。

（2）运维人员 5min 向调度员初次汇报。

特高压华东变电站 ××，×× 时 ×× 分，华东Ⅳ线第一套、第二套线路差动保护动作，1000kV Ⅱ母线第一套、第二套差动保护动作，T053 断路器失灵保护动作，T043、T033、T042、T052 断路器跳闸，华东Ⅳ线失电，华东Ⅲ线失电，1000kV Ⅱ母线失电，相关潮流、负荷正常，现场天气 ××。

（3）一、二次设备检查。

1）二次设备：检查华东Ⅳ线第一套、第二套线路保护屏，检查华东Ⅲ线第一套、第二套线路保护屏，1000kV Ⅱ母线第一套、第二套母差保护屏，T043、T033、T042、T052、T053 断路器保护屏，1000kV 故障录波屏及相关测控屏。记录 1000kV Ⅱ母线差动保护装置、华东Ⅳ线线路保护装置及故障录波装置中故障信息（故障相别、故障电流及测距），检查装置后及时复归信号。

2）一次设备：检查跳闸断路器实际位置（T043、T033、T042、T052），外观及压力指示是否正常；站内保护动作范围设备（T043 断路器两侧 TA）情况检查，故障点查找，检查拒动断路器实际位置（T053），外观及压力指示。

（4）15min 内详细汇报调度。

特高压华东变电站 ××，×× 时 ×× 分，华东Ⅳ线第一套差动保护动作，故障相 A 相，测距 ××km，故障电流 ××A（二次值），华东Ⅳ线第二套差动保护动作，故障相 A 相，故障电流 ××A（二次值），测距 ××km，500kV Ⅱ母线第一套差动保护动作，故障相 A 相，故障电流 ××A，500kV Ⅱ母线第二套差动保护动作，故障相 A 相，故障电流 ××A，T053 断路器机构卡死拒动，T053 断路器失灵保护动作，T043、T033、T042、T052 断路器三相跳闸，华东Ⅳ线失电，华东Ⅲ线失电，1000kV Ⅱ母线失电；T043 断路器与 T0432TA 之间有放电痕迹，现场其他一、二次设备检查无明显异常，申请隔离 T043、T053 断路器。

（5）隔离故障点。

分开 T043 断路器操作电源，拉开 T0431、T0432 隔离开关，分开 T053 断路器操作电源，申请解锁并履行解锁手续，解锁拉开 T0531、T0532 隔离开关，操作结束后汇报。

（6）恢复送电。

1）向调度申请恢复华东Ⅳ线、华东Ⅲ线、1000kV Ⅱ母线送电。

2）合上 T042 断路器，检查华东Ⅳ线电压正常、避雷器泄漏电流指示正常。

3）由对侧充电正常后，检查华东Ⅲ线电压正常、避雷器泄漏电流指示正常。

4）合上 T052 断路器，检查华东Ⅲ线电流正常。

5）合上 T033 断路器，检查母线电压正常。

（7）故障设备转检修。

1）申请将 T043 断路器转为检修（验电后合上 T04317、T04327 接地开关），通知检修处理，T043 断路器转检修前应将华东Ⅳ线线路保护屏上断路器位置切换把手由“正常”切至“边断路器检修”位置，退出 T043 断路器保护及 1000kV Ⅱ母线跳 T043 断路器出口（注意相邻气室的降压及相连气室设备的停役）。

2）申请将 T053 断路器转为检修（验电后合上 T05317、T05327 接地开关），通知检修处理，T053 断路器转检修前应停用停用 T053 断路器重合闸，启用 T052 断路器重合闸，并将华东Ⅲ线线路保护屏上断路器位置切换把手由“正常”切至“边断路器检修”位置。退出 T053 断路器保护及 1000kV Ⅱ母线跳 T053 断路器出口（注意相邻气室的降压及相连气室设备的停役）。

二十六、T042 断路器与 T0421 侧 TA 之间故障

1. 故障现象

（1）一次设备：T042、T041 断路器跳闸。

（2）二次设备：华东Ⅰ线第一套、第二套线路差动保护动作出口，华东Ⅳ线第一套、第二套差动保护动作出口，T041 断路器保护重合闸动作，华东Ⅰ线加速保护动作，T043 断路器保护重合闸动作。

（3）告警信息：华东Ⅰ线第一套、第二套线路差动保护动作出口，华东Ⅳ线第一套、第二套线路差动保护动作出口，T041 断路器保护重合闸动作，华东Ⅰ线加速保护动作，T043 断路器保护重合闸动作，T042、T041 断路器跳闸，华东Ⅰ线失电。

2. 事故处理流程

（1）监控后台检查。

1）主画面检查断路器变位情况（T041、T042 断路器分闸），并清闪。

2）检查光字牌及告警信息，记录关键信息（华东Ⅰ线第一套、第二套线路差动保护动作出口，华东Ⅳ线第一套、第二套线路差动保护动作出口，T041 断路器保护重合闸动作，华东Ⅰ线加速保护动作，T043 断路器保护重合闸动作，华东Ⅰ线失电）。

3）检查遥测信息（华东Ⅰ线电流电压、华东Ⅳ线电流电压、相关潮流等）。

（2）运维人员 5min 向调度员初次汇报。

特高压华东变电站 ××，×× 时 ×× 分，华东Ⅰ线第一套、第二套主保护动作，华东Ⅳ线第一套、第二套主保护动作，T041 断路器保护重合闸动作，华东Ⅰ线加速保护动作，T043 断路器保护重合闸动作，T041、T042 断路器跳闸，华东Ⅰ线失电，相关潮流、负荷正常，现场天气 ××。

（3）一、二次设备检查。

1）二次设备：检查华东Ⅰ线第一套、第二套线路保护屏，检查华东Ⅳ线第一套、第二套线路保护屏，T041、T042、T043 断路器保护屏，1000kV 故障录波屏及相关测控屏。

记录华东Ⅰ线线路保护装置、华东Ⅳ线线路保护装置及故障录波装置中故障信息（故障相别、故障电流及测距），检查装置后及时复归信号。

2）一次设备：检查断路器实际位置（T041、T042、T043），外观及压力指示是否正常；站内保护动作范围设备（T042 断路器两侧 TA）情况检查，故障点查找。

（4）15min 内详细汇报调度。

特高压华东变电站 ××，×× 时 ×× 分，华东Ⅰ线第一套差动保护动作，故障相A相，测距 ××km，故障电流 ××A（二次值），华东Ⅰ线第二套差动保护动作，故障相A相，故障电流 ××A（二次值），测距 ××km，华东Ⅳ线第一套差动保护动作，故障相A相，测距 ××km，故障电流 ××A（二次值），华东Ⅳ线第二套差动保护动作，故障相A相，故障电流 ××A（二次值），测距 ××km，T041 断路器重合闸动作，华东Ⅰ线加速保护动作，T043 断路器重合闸动作，重合成功，T041、T042 断路器三相跳闸，华东Ⅰ线失电，T042 断路器与 T0421TA 之间有放电痕迹，现场其他一、二次设备检查无明显异常，申请隔离 T042 断路器。

（5）隔离故障点。

分开 T042 断路器操作电源，拉开 T0421、T0422 隔离开关，操作结束后汇报。

（6）恢复送电。

1）向调度申请恢复华东Ⅰ线送电。

2）合上 T041 断路器，检查华东Ⅰ线电压正常、避雷器泄漏电流指示正常。

（7）故障设备转检修。

申请将 T042 断路器转为检修（验电后合上 T04217、T04227 接地开关），通知检修处理，T042 断路器转检修前应将华东Ⅰ线线路保护屏上断路器位置切换把手由“正常”切至“中断路器检修”位置，华东Ⅳ线线路保护屏上断路器位置切换把手切至“中断路器检修”位置。退出 T042 断路器保护（注意相邻气室的降压及相连气室设备的停役）。

二十七、T042 断路器与 T0422 侧 TA 之间故障

1. 故障现象

（1）一次设备：T042、T043 断路器跳闸。

（2）二次设备：华东Ⅰ线第一套、第二套线路差动保护动作出口，华东Ⅳ线第一套、第二套差动保护动作出口，T041 断路器保护重合闸动作，T043 断路器保护重合闸动作，华东Ⅳ线加速保护动作。

（3）告警信息：华东Ⅰ线第一套、第二套线路差动保护动作出口，华东Ⅳ线第一套、第二套线路差动保护动作出口，T041 断路器保护重合闸动作，T043 断路器保护重合闸动作，华东Ⅳ线加速保护动作，T042、T043 断路器跳闸，华东Ⅳ线失电。

2. 事故处理流程

（1）监控后台检查。

1）主画面检查断路器变位情况（T043、T042 断路器分闸），并清闪。

2）检查光字牌及告警信息，记录关键信息（华东Ⅰ线第一套、第二套线路差动保护动作出口、华东Ⅳ线第一套、第二套线路差动保护动作出口，T041 断路器保护重合闸动作，T043 断路器保护重合闸动作，华东Ⅳ线加速保护动作，华东Ⅳ线失电）。

3）检查遥测信息（华东Ⅰ线电流电压、华东Ⅳ线电流电压、相关潮流等）。

（2）运维人员 5min 向调度员初次汇报。

特高压华东变电站 ××，×× 时 ×× 分，华东Ⅰ线第一套、第二套主保护动作，华东Ⅳ线第一套、第二套主保护动作，T041 断路器保护重合闸动作，T043 断路器保护重合闸动作，华东Ⅳ线加速保护动作，T043、T042 断路器跳闸，华东Ⅳ线失电，相关潮流、负荷正常，现场天气 ××。

（3）一、二次设备检查。

1）二次设备：检查华东Ⅰ线第一套、第二套线路保护屏，检查华东Ⅳ线第一套、第二套线路保护屏，T041、T042、T043 断路器保护屏，1000kV 故障录波屏及相关测控屏。记录华东Ⅰ线线路保护装置、华东Ⅳ线线路保护装置及故障录波装置中故障信息（故障相别、故障电流及测距），检查装置后及时复归信号。

2）一次设备：检查跳闸断路器实际位置（T041、T042、T043），外观及压力指示是否正常；站内保护动作范围设备（T042 断路器两侧 TA）情况检查，故障点查找。

（4）15min 内详细汇报调度。

特高压华东变电站 ××，×× 时 ×× 分，华东Ⅰ线第一套差动保护动作，故障相 A 相，测距 ××km，故障电流 ××A（二次值），华东Ⅰ线第二套差动保护动作，故障相 A 相，故障电流 ××A（二次值），测距 ××km，华东Ⅳ线第一套差动保护动作，故障相 A 相，测距 ××km，故障电流 ××A（二次值），华东Ⅳ线第二套差动保护动作，故障相 A 相，故障电流 ××A（二次值），测距 ××km，T041 断路器重合闸动作，重合成功，T043 断路器重合闸动作，华东Ⅳ线加速保护动作，T043、T042 断路器三相跳闸，华东Ⅳ线失电，T042 断路器与 T0422TA 之间有放电痕迹，现场其他一、二次设备检查无明显异常，申请隔离 T042 断路器。

（5）隔离故障点。

分开 T042 断路器操作电源，拉开 T0421、T0422 隔离开关，操作结束后汇报。

（6）恢复送电。

1）向调度申请恢复华东Ⅳ线送电。

2）合上 T043 断路器，检查华东Ⅰ线电压正常、避雷器泄漏电流指示正常。

（7）故障设备转检修。

申请将 T042 断路器转为检修（验电后合上 T04217、T04227 接地开关），通知检修处理，T042 断路器转检修前应将华东Ⅰ线线路保护屏上断路器位置切换把手由“正常”切至“中断路器检修”位置，华东Ⅳ线线路保护屏上断路器位置切换把手切至“中断路器检修”位置。退出 T042 断路器保护（注意相邻气室的降压及相连气室设备的停役）。

二十八、1号主变压器B相内部故障

1. 故障现象

（1）一次设备：T032、T033、5011、5012、1101 断路器跳闸。

（2）二次设备：1 号主变压器主体变压器第一套、第二套差动保护动作，重瓦斯保护动作，400V 备用电源自动投入装置动作。

（3）其他信息：1 号主变压器失电，110kV Ⅰ母线失电。

2. 事故处理流程

（1）监控后台检查。

1）主画面检查断路器变位情况（T032、T033、5011、5012、1101、401 断路器分闸，410 断路器合闸）。

2）检查光字及告警信息，记录关键信息（1 号主变压器主体变压器第一套、第二套差动保护动作，重瓦斯保护动作，400V 备用电源自动投入装置动作，1 号主变压器失电，110kV Ⅰ母线失电）。

3）检查遥测信息（1 号主变压器三侧电流电压，110kV Ⅰ母线电压，4 号主变压器负荷，站用变压器负荷等）。

（2）运维人员 5min 向调度员初次汇报。

特高压华东变电站 ××，×× 时 ×× 分，1 号主变压器主体变压器第一套、第二套差动保护动作，重瓦斯保护动作，T032、T033、5011、5012、1101 断路器跳闸，400V 备用电源自动投入装置正确动作，站用电系统正常，1 号主变压器失电，110kV Ⅰ母线失电，其他负荷正常，现场天气 ××。

（3）一、二次设备检查。

1）二次设备：检查 1 号主变压器主体变压器第一套、第二套本体变压器保护，1 号主变压器非电量保护，检查故障信息，并复归信号；检查 T032、T033、5011、5012 断路器保护屏，复归信号。

2）一次设备：检查动作断路器实际位置（T032、T033、5011、5012、1101、40、410）；拉开失电断路器（1114、1111、1121），检查 1 号主变压器，查找故障点。

（4）15min 内详细汇报调度。

特高压华东变电站 ××，×× 时 ×× 分，1 号主变压器主体变压器第一套、第二套差动保护动作，故障相 B 相，故障电流 ××A（二次值），重瓦斯保护动作，T032、T033、5011、5012、1101 断路器跳闸。400V 备用电源自动投入装置正确动作，站用电系统正常，1 号主变失电，110kV Ⅰ母线失电，已经拉开失电断路器 1114、1111、1121，现场无人工作。现场检查发现 1 号主变压器 B 相无异常，判断为内部故障，其他一、二次设备检查正常。申请隔离故障点 1 号主变压器。

（5）隔离故障点并转检修。

1）拉开 50121、50122、50112、50111 隔离开关，将主变压器中压侧改为冷备用；拉开 11011、11001 隔离开关，将主变压器低压侧改为冷备用，拉 11001 之前将 TV 二次空气开关拉开；拉开 T0322、T0321、T0331、T0332 隔离开关，将主变压器高压侧改为冷备用。

2）合上主变压器三侧接地开关 T03367、501167、11017（合接地开关前验电，合后分开 TV 二次空气开关）。

（6）故障分析。

主变压器 B 相内部短路故障，主变压器差动保护动作，重瓦斯保护动作，跳主变压器三侧断路器。

二十九、1 号主变压器外部至高压侧差动 TA 之间单相接地故障（A 相）

1. 故障现象

（1）一次设备：T032、T033、5011、5012、1101 断路器跳闸。

（2）二次设备：1 号主变压器第一套、第二套差动保护动作，400V 备用电源自动投入装置动作。

（3）其他信息：1 号主变压器失电，110kV Ⅰ母线失电。

2. 事故处理流程

（1）监控后台检查。

1）主画面检查断路器变位情况（T032、T033、5011、5012、1101、401断路器分闸，410断路器合闸）。

2）检查光字及告警信息，记录关键信息（1号主变压器第一套、第二套差动保护动作，400V备用电源自动投入装置动作，1号主变压器失电，110kV Ⅰ母线失电）。

3）检查遥测信息（1号主变压器三侧电流电压，110kV Ⅰ母线电压，4号主变压器负荷，站用变压器负荷等）。

（2）运维人员5min向调度员初次汇报。

特高压华东变电站××，××时××分，1号主变压器第一套、第二套差动保护动作，T032、T033、5011、5012、1101断路器跳闸，400V备用电源自动投入装置正确动作，站用电系统正常，1号主变压器失电，110kV Ⅰ母线失电，其他负荷正常，现场天气晴。

（3）一、二次设备检查。

1）二次设备：检查1号主变压器第一套、第二套本体变压器保护，检查故障信息，并复归信号；检查T032、T033、5011、5012断路器保护屏，复归信号。

2）一次设备：检查动作断路器实际位置（T032、T033、5011、5012、1101、401、410）；拉开失电断路器（1114、1111、1121），检查1号主变压器，查找故障点。

（4）15min内详细汇报调度。

特高压华东变电站××，××时××分，1号主变压器第一套、第二套差动保护动作，故障相A相，故障电流××（二次值）A，T032、T033、5011、5012、1101断路器跳闸。400V备用电源自动投入装置正确动作，站用电系统正常，1号主变压器失电，110kV Ⅰ母线失电，已经拉开失电断路器1114、1111、1121，现场无人工作。现场检查发现1号主变压器主体变压器A相高压套管裂纹击穿，其他一、二次设备检查正常。申请隔离1号主变压器。

（5）隔离故障点并转检修。

1）拉开50121、50122、50112、50111隔离开关，将主变压器中压侧改为冷备用；拉开11011、11001隔离开关，将主变压器低压侧改为冷备用，拉11001之前将TV二次空气开关拉开；拉开T0322、T0321、T0331、T0332隔离开关，将主变压器高压侧改为冷备用。

2）合上主变三侧接地开关T03367、501167、11017（合接地开关前验电，合后分开TV二次空气开关）。

（6）故障分析。

主变压器 A 相高压套管短路击穿，故障点位于 1 号主变压器外部至高压侧差动 TA 之间，主变压器差动保护动作，跳主变压器三侧断路器。

三十、1 号主变压器外部至中压侧差动 TA 之间单相接地故障（A 相）

1. 故障现象

（1）一次设备：T032、T033、5011、5012、1101 断路器跳闸。

（2）二次设备：1 号主变压器第一套、第二套差动保护动作，400V 备用电源自动投入装置动作。

（3）其他信息：1 号主变压器失电，110kV Ⅰ母线失电。

2. 事故处理流程

（1）监控后台检查。

1）主画面检查断路器变位情况（T032、T033、5011、5012、1101、401 断路器分闸，410 断路器合闸）。

2）检查光字及告警信息，记录关键信息（1 号主变压器第一套、第二套差动保护动作，400V 备用电源自动投入装置动作，1 号主变压器失电，110kV Ⅰ母线失电）。

3）检查遥测信息（1 号主变压器三侧电流电压，110kV Ⅰ母线电压，4 号主变压器负荷，站用变压器负荷等）。

（2）运维人员 5min 向调度员初次汇报。

特高压华东变电站 ××，×× 时 ×× 分，1 号主变压器第一套、第二套差动保护动作，T032、T033、5011、5012、1101 断路器跳闸，400V 备用电源自动投入装置正确动作，站用电系统正常，1 号主变压器失电，110kV Ⅰ母线失电，其他负荷正常，现场天气 ××。

（3）一、二次设备检查。

1）二次设备：检查 1 号主变压器第一套、第二套本体变压器保护，检查故障信息，并复归信号；检查 T032、T033、5011、5012 断路器保护屏，复归信号。

2）一次设备：检查动作断路器实际位置（T032、T033、5011、5012、1101、401、410）；拉开失电断路器（1114、1111、1121）；检查 1 号主变压器，查找故障点。

（4）15min 内详细汇报调度。

特高压华东变电站 ××，×× 时 ×× 分，1 号主变压器第一套、第二套差动保护动作，故障相 A 相，故障电流 ××（二次值）A，T032、T033、5011、5012、1101 断路器跳闸。400V 备用电源自动投入装置正确动作，站用电系统正常，1 号主变压器失电，

110kV Ⅰ母失电，已经拉开失电断路器1114、1111、1121，现场无人工作。现场检查发现1号主变压器主体变压器A相中压套管裂纹击穿，其他一、二次设备检查正常。申请隔离故障点1号主变压器。

（5）隔离故障点并转检修。

1）拉开50121、50122、50112、50111隔离开关，将主变压器中压侧改为冷备用；拉开11011、11001隔离开关，将主变压器低压侧改为冷备用，拉11001之前将TV二次空气开关拉开；拉开T0322、T0321、T0331、T0332隔离开关，将主变压器高压侧改为冷备用。

2）合上主变压器三侧接地开关T03367、501167、11017（合接地开关前验电，合后分开TV二次空气开关）。

（6）故障分析。

主变压器A相中压套管短路击穿，故障点位于1号主变压器外部至高压侧差动TA之间，主变压器差动保护动作，跳主变压器三侧断路器。

三十一、4号主变压器B相外部至高压侧差动TA之间单相接地故障，T052断路器拒动

1. 故障现象

（1）一次设备：T051、T053、5051、5052、1107断路器跳闸。

（2）二次设备：4号主变压器第一套、第二套主体变压器差动保护动作，T052断路器失灵保护动作，华东Ⅲ线两套线路保护远传发信，4号主变压器失灵联跳开关量输入，400V备用电源自动投入装置动作。

（3）其他信息：T052断路器SF_6压力低闭锁，T052断路器控制回路断线，华东Ⅲ线线路无压，1号主变压器失电，110kV Ⅱ母线失电。

2. 事故处理流程

（1）监控后台检查。

1）主画面检查断路器变位情况（T051、T053、5051、5052、1107、401断路器分闸，410断路器合闸）。

2）检查光字及告警信息，记录关键信息（T052断路器SF_6压力低闭锁，T052断路器控制回路断线，4号主变压器第一套、第二套主体变压器差动保护动作，T052断路器失灵保护动作，华东Ⅲ线两套线路保护远传发信，4号主变压器失灵联跳开关量输入，400V备用电源自动投入装置动作，华东Ⅲ线线路无压，4号主变压器失电，110kV Ⅱ母

失电）。

3）检查遥测信息（1 号主变压器负荷正常、4 号主变压器三侧电流电压、华东Ⅲ线线路电流电压、110kV Ⅱ母线电压）。

（2）运维人员 5min 向调度员初次汇报。

特高压华东变电站 ××，×× 时 ×× 分，4 号主变压器第一套、第二套主体变压器差动保护动作，T051、5051、5052、1107 断路器跳闸，T052 断路器 SF_6 压力低闭锁，T052 断路器控制回路断线，T052 断路器失灵保护动作，华东Ⅲ线两套线路保护远传发信，T053 断路器跳闸，400V 备用电源自动投入装置正确动作，站用电系统正常；1 号主变压器负荷正常，华东Ⅲ线线路无压，4 号主变压器失电，110kV Ⅱ母线失电，其他相关潮流、负荷正常，现场天气 ××。

（3）一、二次设备检查。

1）二次设备：检查 4 号主变压器主体变压器第一套、第二套保护屏，记录故障信息 [故障相 B，故障电流 ××A（二次值）]，并复归信号；检查华东Ⅲ线第一套、第二套线路保护屏，复归信号；检查 T052 断路器保护屏，复归信号；检查 T051、T053、5051、5052 断路器保护屏，复归信号。

2）一次设备：戴好防毒面具从上风侧接近故障断路器、检查跳闸断路器实际位置（T051、T053、5051、5052、1107），外观及压力指示是否正常；检查拒动断路器（T052 断路器 SF_6 压力低闭锁，分开 T052 断路器操作电源）；拉开失电断路器 1174、1171、1181，检查 4 号主变压器，查找故障点。

（4）15min 内详细汇报调度。

特高压华东变电站 ××，×× 时 ×× 分，4 号主变压器第一套、第二套主体变压器差动保护动作出口，故障相别 B 相，故障电流 ××A（二次值），T051、5051、5052、1107 断路器跳闸，T052 断路器 SF_6 压力 ××，闭锁分闸，T052 断路器控制回路断线、T052 断路器失灵保护动作，华东Ⅲ线两套线路保护远传发信，T053 断路器跳闸，400V 备用电源自动投入装置正确动作，站用电系统正常；1 号主变压器负荷正常，华东Ⅲ线线路无压，4 号主变压器失电，110kV Ⅱ母线失电，现场无人工作；已手动拉开失电断路器 1174、1171、1181，现场检查 4 号主变压器 B 相高压侧套管破裂，其他一、二次设备检查正常。申请隔离 4 号主变压器、解锁隔离 T052 断路器。

（5）隔离故障点。

1）申请解锁并履行解锁手续，依次拉开 T0521、T0522 隔离开关（操作结束后恢复联锁状态）。

2）拉开T0512、T0511、11071、50512、50511、50521、50522隔离开关，分开4号主变压器110kV TV二次空气开关后，拉开11004隔离开关。

（6）试送华东Ⅲ线。

合上T053断路器，对华东Ⅲ线进行送电，检查送电正常。

（7）故障设备转检修。

1）合上T05217、T05227接地开关，将华东Ⅲ线两套线路保护切换把手由“正常”切至“中断路器检修”位置，退出5052断路器保护。

2）主变压器三侧验电后，合上T05167接地开关，分开4号主变压器1000kV侧TV二次空气开关；合上505167接地开关，分开4号主变压器500kV侧TV二次空气开关；合上11047接地开关。

（8）故障分析。

4号主变压器B相高压侧套管破裂，主变压器差动保护动作，跳开三侧断路器，由于T052断路器SF_6压力低闭锁分闸，T052断路器拒动，故障点未切除，T052断路器失灵保护动作，跳开T053断路器，同时向华东Ⅲ线对侧发远跳，跳开线路对侧断路器。

三十二、1号主变压器外部至低压侧差动TA之间单相故障（C相）

1. 故障现象

告警信息：110kV Ⅰ母线C相接地，1号主变压器中性点偏移。

2. 事故处理流程

（1）监控后台检查。

1）检查光字及告警信息，记录关键信息（110kV Ⅰ母线C相接地，1号主变压器中性点偏移）。

2）检查遥测信息（1号主变压器负荷正常、1号主变压器110kV侧电压、110kV Ⅰ母线电压等）。

（2）运维人员5min向调度员初次汇报。

特高压华东变电站××，××时××分，110kV系统发单相接地，1号主变压器发中性点电压偏移信号，1号主变压器负荷正常，其他相关潮流、负荷正常，现场天气晴。

（3）一、二次设备检查。

1）二次设备：检查110kV Ⅰ母线第一套、第二套保护屏，记录故障信息[故障相C，故障电流××A（二次值）]。

2）一次设备：检查1号主变压器低压侧及110kV母线、低压电容器、低压电抗器，查找故障点。

（4）15min内详细汇报调度。

特高压华东变电站××，××时××分，1号主变压器110kV侧单相接地，故障相别C相，故障电流××A（二次值），现场无人工作。现场检查发现1号主变压器低压侧C相套管击穿接地故障，其他一、二次设备检查正常，申请隔离1号主变压器。

（5）隔离故障并检修。

1）110kV 1号站用变压器倒站用变压器操作，1号主变压器低压侧无功补偿设备退出运行。

2）拉开5012、5011、T032、T033、1101断路器。

3）拉开50121、50122、50112、50111、11011，11001、T0322、T0321、T0331、T0332隔离开关。（注意隔离开关操作顺序；拉开TV隔离开关11001前，分开TV低压侧二次空气开关）。

4）1号主变压器转检修，间接验电：主变压器三侧隔离断路器分位（操作过程已检查），检查监控系统1号主变压器1000kV侧TV三相无压，检查1号主变压器1000kV侧带电显示装置显示无压，合上T03367接地开关，分开主变压器高压侧TV二次空气开关；合上501167接地开关（间接验电），分开主变压器中压侧TV二次空气开关；合上11017接地开关（合接地开关之前先直接验电）。

（6）故障分析。

特高压主变压器低压侧为三角形接线，单相接地故障时，保护不会动作跳闸，只有单相接地信号；现场查找接地点时注意穿绝缘靴，使用望远镜远距离观察，不得触碰设备。

三十三、1号主变压器外部至低压侧差动TA之间A相故障，1号主变压器110kV侧TV B相故障

1. 故障现象

（1）一次设备：T032、T033、5011、5012、1101断路器跳闸。

（2）二次设备：110kV Ⅰ母接地，1号主变压器中性点电压偏移，1号主变压器第一套、第二套差动保护动作，400V备用电源自动投入装置动作。

（3）其他信息：1号主变压器失电，110kV Ⅰ母线失电。

2. 事故处理流程

（1）监控后台检查。

1）主画面检查断路器变位情况（T032、T033、5011、5012、1101、401 断路器分闸，410 断路器合闸）。

2）检查光字及告警信息，记录关键信息（110kV Ⅰ母接地，1 号主变压器中性点电压偏移，1 号主变压器第一套、第二套差动保护动作，400V 备用电源自动投入装置动作，1 号主变压器失电，110kV Ⅰ母线失电）。

3）检查遥测信息（1 号主变压器三侧电流电压，110kV Ⅰ母线电压）。

（2）运维人员 5min 向调度员初次汇报。

特高压华东变电站 ××，×× 时 ×× 分，110kV Ⅰ母接地，1 号主变压器中性点电压偏移，1 号主变压器第一套、第二套差动保护动作，T032、T033、5011、5012、1101 断路器跳闸，400V 备用电源自动投入装置正确动作，站用电系统正常，1 号主变压器失电，110kV Ⅰ母线失电，其他负荷正常，现场天气 ××。

（3）一、二次设备检查。

1）二次设备：检查 1 号主变压器第一套、第二套本体变压器保护，检查故障信息，并复归信号；检查 110kV Ⅰ母线第一套、第二套保护，检查故障信息，并复归信号；检查 T032、T033、5011、5012 断路器保护屏，复归信号。

2）一次设备：检查动作断路器实际位置（T032、T033、5011、5012、1101）；拉开失电断路器（1114、1111、1121）；检查 1 号主变压器，查找故障点。

（4）15min 内详细汇报调度。

特高压华东变电站 ××，×× 时 ×× 分，1 号主变压器第一套、第二套差动保护动作，故障相 AB 相，故障电流 ××A（二次值），T032、T033、5011、5012、1101 断路器跳闸。400V 备用电源自动投入装置正确动作，站用电系统正常，1 号主变压器失电，110kV Ⅰ母失电，已经拉开失电断路器 1114、1111、1121，现场无人工作。现场检查发现 1 号主变压器 B 相调补变接至 A 相汇流母线的套管破裂，1 号主变压器低压侧 TV B 相接地故障，其他一、二次设备检查正常。申请隔离故障点 1 号主变压器和 1 号主变压器低压侧 TV。

（5）隔离故障点并转检修。

1）拉开 50121、50122、50112、50111 隔离开关；拉开 11011、11001 隔离开关，拉 11001 之前将 TV 二次空气开关拉开；拉开 T0322、T0321、T0331、T0332 隔离开关，将主变压器改为冷备用。

2）1 号主变压器转检修，间接验电：主变压器三侧隔离断路器分位（操作过程已检查），检查监控系统 1 号主变压器 1000kV 侧 TV 三相无压，检查 1 号主变压器 1000kV 侧带电显示装置显示无压，合上 T03367 接地开关，分开主变压器高压侧 TV 二次空气开关；合上 501167 接地开关（间接验电），分开主变压器中压侧 TV 二次空气开关；合上 11017 接地开关（合接地开关之前先直接验电）。

3）合上 1 号主变压器低压侧 TV 110017 接地开关（直接验电）。

（6）故障分析。

主变压器低压侧两点接地，故障信息显示为 AB 相，分别为 1 号主变压器 B 相调补变接至 A 相汇流母线的套管破裂，1 号主变压器低压侧 TV B 相接地故障，主变压器差动保护动作，跳主变压器三侧断路器。

三十四、1 号主变压器外部至低压侧差动 TA 之间 A 相故障，1121 低压电抗器 B 相故障

1. 故障现象

（1）一次设备：T032、T033、5011、5012、1101、1121 断路器跳闸。

（2）二次设备：110kV Ⅰ母线 A 相接地，1 号主变压器中性点偏移，1 号主变压器第一套、第二套主体变压器差动动作，1121 低压电抗器保护动作，400V 备用电源自动投入装置动作。

（3）其他信息：1 号主变压器失电，110kV Ⅰ母线失电。

2. 事故处理流程

（1）监控后台检查。

1）主画面检查断路器变位情况（T032、T033、5011、5012、1101、1121、401 断路器分闸，410 断路器合闸）。

2）检查光字及告警信息，记录关键信息（110kV 母线单相接地，1 号主变压器第一套、第二套主体变压器差动保护动作出口，1121 低压电抗器保护动作出口，T032、T033、5011、5012、1101、1121 断路器跳闸，400V 备用电源自动投入装置动作，401 断路器跳闸，410 断路器合闸。1 号主变压器失电，110kV Ⅰ母线失电）。

3）检查遥测信息（4 号主变压器负荷正常、1 号主变压器三侧电流电压、110kV Ⅰ母线电压等）。

（2）运维人员 5min 向调度员初次汇报。

特高压华东变电站 ××，×× 时 ×× 分，110kV 母线发生单相接地，1 号主变压

器发中性点电压偏移信号，1 号主变压器第一套、第二套主体变压器差动保护动作出口，1121 低压电抗器保护动作出口，T032、T033、5011、5012、1101、1121 断路器跳闸；400V 备用电源自动投入装置正确动作，站用电系统正常；4 号主变压器负荷正常，1 号主变压器失电，110kV Ⅰ母线失电，其他相关潮流、负荷正常，现场天气 ××。

（3）一、二次设备检查。

1）二次设备：检查 1 号主变压器主体变压器第一套、第二套保护屏，记录故障信息 [故障相别 A 相，故障电流 ××A（二次值）]，并复归信号；检查 1 号主变压器无功设备保护屏 2，1121 低压电抗器保护装置，记录故障信息 [故障相别 B 相，故障电流 ××A（二次值）]，并复归信号；检查 T032、T033、5011、5012 断路器保护屏，复归信号。

2）一次设备：检查跳闸断路器实际位置（T032、T033、5011、5012、1101、1121），外观及压力指示是否正常；检查 1 号主变压器，拉开失电断路器 1111、1114，查找故障点。

（4）15min 内详细汇报调度。

特高压华东变电站 ××，×× 时 ×× 分，1 号主变压器第一套、第二套主体变压器差动保护动作出口，故障相别 A 相，故障电流 ××A（二次值）；1121 低压电抗器保护动作出口，故障相别 B 相，故障电流 ××A（二次值），T032、T033、5011、5012、1101、1121 断路器跳闸；400V 备用电源自动投入装置正确动作，站用电系统正常；4 号主变压器负荷正常，1 号主变压器失电、110kV Ⅰ母线失电，已拉开失电 1111、1114 断路器，现场无人工作。现场检查发现 1 号主变压器低压侧汇流母线 A 相顶端套管发生击穿接地故障，1121 低压电抗器 B 相防雨罩下方有异物接地，其他一、二次设备检查正常。申请隔离 1 号主变压器及 1121 低压电抗器。

（5）隔离故障并检修。

1）拉开 50121、50122、50112、50111、11011，11001、T0322、T0321、T0331、T0332 隔离开关（注意隔离开关操作顺序；拉开 TV 隔离开关 11001 前，分开 TV 低压侧二次空气开关）；拉开 11211 隔离开关。

2）1 号主变压器转检修，间接验电：主变压器三侧隔离开关分位（操作过程已检查），检查监控系统 1 号主变压器 1000kV 侧 TV 三相无压，检查 1 号主变压器 1000kV 侧带电显示装置显示无压，合上 T03367 接地开关，分开主变压器高压侧 TV 二次空气开关；合上 501167 接地开关（间接验电），分开主变压器中压侧 TV 二次空气开关；合上 11017 接地开关（合接地开关之前先直接验电）。

3）1121 断路器转检修，合上 112117 接地开关（合接地开关之前先直接验电）；1121 断路器避雷器侧验明三相无压，装设编号为 ×× 接地线一组。

（6）故障分析。

主变压器低压侧两点接地，故障信息显示为AB相，分别为1号主变压器低压侧汇流母线A相顶端套管发生击穿接地故障，1121低压电抗器B相防雨罩下方有异物接地，主变压器差动保护动作，跳主变压器三侧断路器。1121低压电抗器保护动作、跳1121断路器。

三十五、1号主变压器汇流母线C相接地，110kV Ⅰ母线A相支撑绝缘子故障

1. 故障现象

（1）一次设备：T032、T033、5011、5012、1101、1114断路器跳闸。

（2）二次设备：1号主变压器第一套、第二套主体变压器差动动作，1号主变压器中性点电压偏移信号，110kV Ⅰ母线第一套、第二套差动动作，400V备用电源自动投入装置动作。

（3）其他信息：1号主变压器失电，110kV Ⅰ母线失电。

2. 事故处理流程

（1）监控后台检查。

1）主画面检查断路器变位情况（T032、T033、5011、5012、1101、1114、401断路器分闸，410断路器合闸）。

2）检查光字及告警信息，记录关键信息（110kV母线单相接地，1号主变压器第一套、第二套主体变压器差动保护动作出口，110kV Ⅰ母第一套、第二套差动保护动作出口，T032、T033、5011、5012、1101、1114断路器跳闸，400V备用电源自动投入装置动作，401断路器跳闸，410断路器合闸。1号主变压器失电，110kV Ⅰ母线失电）。

3）检查遥测信息（4号主变压器负荷正常、1号主变压器三侧电流电压、110kV Ⅰ母线电压等）。

（2）运维人员5min向调度员初次汇报。

特高压华东变电站××，××时××分，110kV母线发单相接地，1号主变压器发中性点电压偏移信号，1号主变压器第一套、第二套主体变压器差动保护动作出口，110kV Ⅰ母第一套、第二套差动保护动作出口，T032、T033、5011、5012、1101、1114断路器跳闸；400V备用电源自动投入装置正确动作，站用电系统正常；4号主变压器负荷正常，1号主变压器失电，110kV Ⅰ母线失电，其他相关潮流、负荷正常，现场天气××。

（3）一、二次设备检查。

1）二次设备：检查1号主体变压器第一套、第二套保护屏，记录故障信息［故障相别C相，故障电流 ××A（二次值）］，并复归信号；检查110kV Ⅰ母线第一套、第二套保护屏，记录故障信息［故障相A，故障电流 ××A（二次值）］，并复归信号；检查T032、T033、5011、5012断路器保护屏，复归信号。

2）一次设备：检查跳闸断路器实际位置（T032、T033、5011、5012、1101、1114），外观及压力指示是否正常；检查1号主变压器本体；拉开失电断路器1111、1121，查找故障点。

（4）15min内详细汇报调度。

特高压华东变电站 ××，××时××分，1号主变压器第一套、第二套主体变压器差动保护动作出口，故障相别C相，故障电流 ××A（二次值）；110kV Ⅰ母第一套、第二套母线单相接地，差动保护动作出口，故障相别A相，故障电流 ××A（二次值），T032、T033、5011、5012、1101、1114断路器跳闸；1111，1121保护装置异常；400V备用电源自动投入装置正确动作，站用电系统正常；4号主变压器负荷正常，1号主变压器失电、110kV Ⅰ母失电，已拉开失电断路器1111、1121，现场无人工作。现场检查发现1号主变压器低压侧汇流母线C相顶端发生接地故障，1号站用变压器1114断路器A相绝缘子击穿接地，其他一、二次设备检查正常。申请隔离1号主变压器及故障的1114断路器。

（5）隔离故障并检修。

1）拉开50121、50122、50112、50111、11011、11001、T0322、T0321、T0331、T0332隔离开关（注意隔离开关操作顺序；拉开TV隔离开关11001前，分开TV低压侧二次空气开关）；拉开11141隔离开关。

2）1号主变压器转检修，间接验电：主变压器三侧隔离开关分位（操作过程已检查），检查监控系统1号主变压器1000kV侧TV三相无压，检查1号主变压器1000kV侧带电显示装置显示无压，合上T03367接地开关，分开主变压器高压侧TV二次空气开关；合上501167接地开关（间接验电），分开主变压器中压侧TV二次空气开关；合上11017接地开关（合接地开关之前先直接验电）。

3）1114断路器转检修。

4）将110kV 1号站用变压器401断路器手车由工作位置摇至试验位置，合上111417、111427接地开关（合接地开关之前先直接验电），分开1114断路器操作电源。

（6）故障分析。

主变压器低压侧两点接地，故障信息显示为A、C相，分别为1号主变压器低压侧汇流母线 C 相顶端发生接地故障，1 号站用变压器 1114 断路器 A 相绝缘子击穿接地，主变压器差动保护动作，跳主变压器三侧断路器。110kV Ⅰ母线第一套、第二套母线差动保护动作出口、跳 1101、1114 断路器。

三十六、110kV Ⅰ母线 A 相接地故障，1121 低压电抗器 B 相接地故障

1. 故障现象

（1）一次设备：1101、1121、1114 断路器跳闸。

（2）二次设备：110kV Ⅰ母线 A 相接地，1 号主变压器中性点偏移，110kV Ⅰ母线第一套、第二套差动保护动作，1121 低压电抗器保护动作，400V 备用电源自动投入装置动作。

2. 事故处理流程

（1）监控后台检查。

1）主画面检查断路器变位情况（1101、1121、1114、401 断路器分闸，410 断路器合闸）。

2）检查光字及告警信息，记录关键信息（110kV 母线单相接地，110kV Ⅰ母线第一套、第二套差动保护动作出口，1121 低压电抗器保护动作出口，1101、1121、1114 断路器跳闸，400V 备用电源自动投入装置动作，401 断路器跳闸，410 断路器合闸。110kV Ⅰ母线失电）。

3）检查遥测信息（1 号主变压器三侧电压、110kV Ⅰ母线电压等）。

（2）运维人员 5min 向调度员初次汇报。

特高压华东变电站 ××，×× 时 ×× 分，110kV Ⅰ母线发单相接地，1 号主变压器发中性点电压偏移信号，110kV Ⅰ母线第一套、第二套差动保护动作出口，1121 低压电抗器保护动作出口，1101、1121、1114 断路器跳闸；400V 备用电源自动投入装置正确动作，站用电系统正常；1 号主变压器三侧电压正常，110kV Ⅰ母线失电，其他相关潮流、负荷正常，现场天气 ××。

（3）一、二次设备检查。

1）二次设备：检查 110kV Ⅰ母线第一套、第二套保护屏，记录故障信息 [故障相别 A 相，故障电流 ××A（二次值）]，并复归信号；检查 1 号主变压器无功设备保护屏 2，1121 低压电抗器保护装置，记录故障信息 [故障相别 B 相，故障电流 ××A（二次值）]，并复归信号。

2）一次设备：检查跳闸断路器实际位置（1101、1121、1114），外观及压力指示是否正常；检查 110kV Ⅰ母线；检查 1121 低压电抗器；拉开失电断路器 1111，查找故障点。

（4）15min 内详细汇报调度。

特高压华东变电站 ××，×× 时 ×× 分，110kV Ⅰ母线第一套、第二套母线单相接地，差动保护动作出口，故障相别 A 相，故障电流 ××A（二次值）；1121 低压电抗器保护动作出口，故障相 B，故障电流 ××A（二次值），1101、1121、1114 断路器跳闸；400V 备用电源自动投入装置正确动作，站用电系统正常；110kV Ⅰ母线失电，已拉开失电 1111 断路器，现场无人工作。现场检查发现 110kV Ⅰ母线 A 相末端绝缘子击穿接地，1121 低压电抗器 B 相避雷器绝缘子处发生接地故障，其他一、二次设备检查正常。申请隔离 110kV Ⅰ母线及 1121 低压电抗器。

（5）隔离故障并检修。

1）拉开 11011、11111、11211、11141 隔离开关。

2）110kV Ⅰ母线转检修，1121 低压电抗器转检修。

三十七、110kV 1 号站用变压器外部至高压侧 TA 间相间故障（A、B 相）

1. 故障现象

（1）一次设备：1114、401 断路器跳闸。

（2）二次设备：110kV 1 号站用变压器差动动作，400V 备用电源自动投入装置动作。

（3）其他信息：110kV 1 号站用变压器失电。

2. 事故处理流程

（1）监控后台检查。

1）主画面检查断路器变位情况（1114、401 断路器分闸，410 断路器合闸）。

2）检查光字及告警信息，记录关键信息（110kV 1 号站用变压器差动动作，1114 断路器跳闸，400V 备用电源自动投入装置动作，401 断路器跳闸，410 断路器合闸）。

3）检查遥测信息（110kV 1 号站用变压器电压电流，400V Ⅰ母线电压）。

（2）运维人员 5min 向调度员初次汇报。

特高压华东变电站 ××，×× 时 ×× 分，1 号站用变压器差动保护动作出口，1114、401 断路器跳闸；400V 备用电源自动投入装置正确动作，站用电系统正常，其他相关潮流、负荷正常，现场天气 ××。

（3）一、二次设备检查。

1）二次设备：检查1号站用变压器保护装置，记录保护动作信息[A、B相间，故障电流 ××A（二次值）]，并复归信号；检查410开关柜备用电源自动投入装置动作情况，复归相关信号。

2）一次设备：检查跳闸1114、401断路器实际位置，外观及压力指示情况，检查110kV 1号站用变压器外观。

（4）15min内详细汇报调度。

特高压华东变电站 ××，×× 时 ×× 分，110kV 1号站用变压器差动保护动作出口，故障相AB相，故障电流 ××A（二次值），1114、401断路器跳闸，400V备用电源自动投入装置正确动作，站用电系统正常；现场无人工作。现场检查发现1号站用变压器高压套管A、B相有击穿放电痕迹，其他一、二次设备检查正常。申请将110kV 1号站用变压器隔离。

（5）隔离故障点。

将110kV 1号站用变压器401断路器手车由工作位置摇至试验位置，拉开11141隔离开关，验明站用变压器高压侧三相无压，合上111417、111427接地开关；验明1号站用变压器低压侧三相无压，装设编号 ×× 的接地线一组。

三十八、110kV1号站用变压器外部至高压侧TA间C相故障

1. 故障现象

告警信息：110kV侧单相接地，1号主变压器中性点偏移。

2. 事故处理流程

（1）监控后台检查。

1）检查光字及告警信息，记录关键信息（110kV侧C相接地，1号主变压器中性点偏移）。

2）检查遥测信息（1号站用变压器负荷、110kV Ⅰ母线电压等）。

（2）运维人员5min向调度员初次汇报。

特高压华东变电站 ××，×× 时 ×× 分，110kV侧发单相接地，1号主变压器发中性点电压偏移信号，1号主变压器负荷正常，其他相关潮流、负荷正常，现场天气 ××。

（3）一、二次设备检查。

1）二次设备：检查110kV Ⅰ母线第一套、第二套保护屏，记录故障信息[故障相

C，故障电流 ××A（二次值）]。

2）一次设备：查找故障点。

（4）15min 内详细汇报调度。

特高压华东变电站 ××，×× 时 ×× 分，110kV Ⅰ母线单相接地，故障相别 C 相，故障电流 ××A（二次值），现场无人工作。现场检查发现 1 号站用变压器高压侧 C 相套管击穿接地故障，其他一、二次设备检查正常。申请隔离 1 号站用变压器。

（5）隔离故障并检修。

1）拉开 401 断路器、合上 410 断路器。

2）拉开 1114 断路器。

3）将 110kV 1 号站用变压器 401 断路器手车由工作位置摇至试验位置，拉开 11141 隔离开关，验明站用变压器高压侧三相无压，合上 111417、111427 接地开关；验明 1 号站用变压器低压侧三相无压，装设编号 ×× 的接地线一组。

三十九、110kV 1 号站用变压器外部至高压侧 TA 间 B 相故障，主变压器外部至低压侧差动 TA 之间 A 相故障

1. 故障现象

（1）一次设备：T032、T033、5011、5012、1101、1114 断路器跳闸。

（2）二次设备：110kV 侧发单相接地，1 号主变压器发中性点电压偏移信号，1 号主变压器第一套、第二套主体变压器差动动作，110kV 1 号站用变压器差动保护动作，400V 备用电源自动投入装置动作。

（3）其他信息：1 号主变压器失电，110kV Ⅰ母线失电。

2. 事故处理流程

（1）监控后台检查。

1）主画面检查断路器变位情况（T032、T033、5011、5012、1101、1114、401 断路器分闸，410 断路器合闸）。

2）检查光字及告警信息，记录关键信息（110kV 侧单相接地，1 号主变压器第一套、第二套主体变压器差动保护动作出口，110kV 1 号站用变压器差动保护动作出口，T032、T033、5011、5012、1101、1114 断路器跳闸，400V 备用电源自动投入装置动作，401 断路器跳闸，410 断路器合闸。1 号主变压器失电，110kV Ⅰ母线失电）。

3）检查遥测信息（4 号主变压器负荷正常、1 号主变压器三侧电流电压、110kV Ⅰ母线电压等）。

（2）运维人员 5min 向调度员初次汇报。

特高压华东变电站 ××，××时××分，110kV 侧发单相接地，1 号主变压器发中性点电压偏移信号，1 号主变压器第一套、第二套主体变压器差动保护动作出口，110kV 1 号站用变压器差动保护动作出口，T032、T033、5011、5012、1101、1114 断路器跳闸；400V 备用电源自动投入装置正确动作，站用电系统正常；4 号主变压器负荷正常，1 号主变压器失电，110kV Ⅰ母线失电，其他相关潮流、负荷正常，现场天气 ××。

（3）一、二次设备检查。

1）二次设备：检查 1 号主体变压器第一套、第二套保护屏，记录故障信息［故障相别 A 相，故障电流 ××A（二次值）］，并复归信号；检查 110kV 1 号站用变压器差动保护屏，记录故障信息［故障相别 B 相，故障电流 ××A（二次值）］，并复归信号；检查 T032、T033、5011、5012 断路器保护屏，复归信号。

2）一次设备：检查跳闸断路器实际位置（T032、T033、5011、5012、1101、1114），外观及压力指示是否正常；检查 1 号主变压器；查找故障点；拉开失电断路器 1111、1121。

（4）15min 内详细汇报调度。

特高压华东变电站 ××，××时××分，1 号主变压器第一套、第二套主体变压器差动保护动作出口，故障相别 A 相，故障电流 ××A（二次值）；110kV 1 号站用变压器差动保护动作出口，故障相别 B 相，故障电流 ××A（二次值），T032、T033、5011、5012、1101、1114 断路器跳闸；400V 备用电源自动投入装置正确动作，站用电系统正常；4 号主变压器负荷正常，1 号主变压器失电、110kV Ⅰ母线失电，已拉开失电断路器 1111、1121，现场无人工作。现场检查发现 1 号主变压器调补变压器 B 相至 A 相汇流母线套管击穿、1 号站用变压器高压侧 B 相套管击穿，其他一、二次设备检查正常。申请隔离 1 号主变压器及故障的 110kV 1 号站用变压器。

（5）隔离故障并检修。

1）拉开 50121、50122、50112、50111、11011、11001、T0322、T0321、T0331、T0332 隔离开关（注意隔离开关操作顺序；拉开 TV 隔离开关 11001 前，分开 TV 低压侧二次空气开关）。

2）将 110kV 1 号站用变压器 401 断路器手车由工作位置摇至试验位置，拉开 11141 隔离开关。

3）1 号主变压器转检修，间接验电：主变压器三侧隔离开关分位（操作过程已检查），检查监控系统 1 号主变压器 1000kV 侧 TV 三相无压，检查 1 号主变压器 1000kV

侧带电显示装置显示无压，合上 T03367 接地开关，分开主变压器高压侧 TV 二次空气开关；合上 501167 接地开关（间接验电），分开主变压器中压侧 TV 二次空气开关；合上 11017 接地开关（合接地开关之前先直接验电）。

4）110kV1 号站用变压器转检修，验明站用变压器高压侧三相无压，合上 111417、111427 接地开关；验明 1 号站用变压器低压侧三相无压，装设编号 ×× 的接地线一组。

四十、1 号主变压器第一套、第二套差动保护退出，主变压器外部至中压侧差动 TA 之间 C 相故障

1. 故障现象

（1）一次设备：T032、T033、5011、5012、1101 断路器跳闸。

（2）二次设备：1 号主变压器中后备保护动作，400V 备用电源自动投入装置动作。

（3）其他信息：1 号主变压器失电，110kV Ⅰ母线失电，苏州Ⅰ、Ⅱ、Ⅲ、Ⅳ线失电，500kV Ⅰ母线失电，500kV Ⅱ母线失电。

2. 事故处理流程

（1）监控后台检查。

1）主画面检查断路器变位情况（T032、T033、5011、5012、1101、401 断路器分闸，410 断路器合闸）。

2）检查光字及告警信息，记录关键信息（1 号主变压器中后备保护动作出口，T032、T033、5011、5012、1101 断路器跳闸，400V 备用电源自动投入装置动作，401 断路器跳闸，410 断路器合闸。1 号主变压器失电，110kV Ⅰ母线失电，苏州Ⅰ、Ⅱ、Ⅲ、Ⅳ线失电，500kV Ⅰ母线失电，500kV Ⅱ母线失电）。

3）检查遥测信息（4 号主变压器负荷正常、1 号主变压器三侧电流电压、110kV Ⅰ母线电压、苏州Ⅰ线电压、苏州Ⅱ线电压、苏州Ⅲ线电压、苏州Ⅳ线电压、500kV Ⅰ母线电压、500kV Ⅱ母线电压等）。

（2）运维人员 5min 向调度员初次汇报。

特高压华东变电站 ××，×× 时 ×× 分，1 号主变压器中后备保护动作出口，T032、T033、5011、5012、1101 断路器跳闸，400V 备用电源自动投入装置正确动作，站用电系统正常；4 号主变压器负荷正常，1 号主变压器失电，110kV Ⅰ母线失电，苏州Ⅰ、Ⅱ、Ⅲ、Ⅳ线失电，500kV Ⅰ母线失电，500kV Ⅱ母线失电，其他相关潮流、负荷正常，现场天气 ××。

（3）一、二次设备检查。

1）二次设备：检查1号主变压器主体变压器第一套、第二套保护屏，记录故障信息（故障相C，故障电流××A（二次值）），并复归信号；1号主体变压器第一套、第二套差动保护功能连接片退出，手动投入；检查T032、T033、5011、5012断路器保护屏，复归信号。

2）一次设备：检查跳闸断路器实际位置（5011、5012、1101、T032、T033），外观及压力指示是否正常；拉开失电1111、1121、1114、5013、5031、5032、5033、5041、5043断路器；检查主变压器C相及相关出线；查找故障点。

（4）15min内详细汇报调度。

特高压华东变电站××，××时×分，1号主变压器中后备保护动作出口，故障相别C相，故障电流为××A（二次值），T032、T033、5011、5012、1101断路器三相跳闸，400V备用电源自动投入装置正确动作，站用电系统正常；1号主变压器失电，110kV Ⅰ母失电，苏州Ⅰ线失电，苏州Ⅱ线失电，苏州Ⅲ线失电，苏州Ⅳ线失电，500kV Ⅰ母线失电，500kV Ⅱ母线失电，现场无人工作，已拉开失电1111、1121、1114、5013、5031、5032、5033、5041、5043断路器。现场检查发现1号主变压器两套差动保护装置上差动保护功能连接片退出，已经投入该连接片，一次设备检查发现1号主变压器主体变压器C相中压侧进线过度构架绝缘子击穿短路，其他一、二次设备检查正常。申请隔离故障1号主变压器。

（5）隔离故障。

拉开50121、50122、50112、50111、11011、11001、T0322、T0321、T0331、T0332隔离开关（注意隔离开关操作顺序；拉开TV隔离开关11001前，分开TV低压侧二次空气开关）

（6）恢复送电。

1）苏州Ⅳ线对侧和断路器充电（检查充电正常）。

2）合上5033断路器，对500kV Ⅱ母线充电（检查充电正常）。

3）合上5013断路器，对苏州Ⅲ线充电（检查充电正常）。

4）合上5043断路器，对苏州Ⅱ线充电（检查充电正常）。

5）合上5041断路器，对500kV Ⅰ母线充电（检查充电正常）。

6）合上5031断路器，对苏州Ⅰ线充电（检查充电正常）。

7）合上5032断路器（合环）。

（7）故障设备转检修。

1号主变压器转检修，间接验电：主变压器三侧隔离开关分位（操作过程已检查），检查监控系统 1 号主变压器 1000kV 侧 TV 三相无压，检查 1 号主变压器 1000kV 侧带电显示装置显示无压，合上 T03367 接地开关，分开主变压器高压侧 TV 二次空气开关；合上 501167 接地开关（间接验电），分开主变压器中压侧 TV 二次空气开关；合上 11017 接地开关（合接地开关之前先直接验电）。

（8）故障分析。

1 号主变压器主体变压器 C 相中压侧故障，因为主变压器差动保护退出，故障不能切除，经延时由相邻 500kV 线路对侧距离Ⅱ段保护动作，跳对侧断路器；此时，高压侧未切除，故障继续存在，延时 2s 由主变压器中压侧后备保护动作，跳主变压器三侧断路器，切除故障。

四十一、1 号主变压器第一套、第二套差动保护退出，主变压器外部至低压侧差动 TA 之间 A 相故障，1121 低压电抗器 B 相故障

1. 故障现象

（1）一次设备：1121 断路器跳闸。

（2）二次设备：1121 低压电抗器保护动作，110kV Ⅰ母线单相接地，1 号主变压器中性点电压偏移。

2. 事故处理流程

（1）监控后台检查。

1）主画面检查断路器变位情况（1121 断路器跳闸）。

2）检查光字及告警信息，记录关键信息（1121 低压电抗器保护动作，110kV Ⅰ母线单相接地，1 号主变压器中性点电压偏移）。

3）检查遥测信息（110kV Ⅰ母线电压）。

（2）运维人员 5min 向调度员初次汇报。

特高压华东变电站 ××，×× 时 ×× 分，1121 低压电抗器保护动作，110kV Ⅰ母线单相接地，1 号主变压器中性点电压偏移，1121 断路器跳闸，110kV Ⅰ母线 A 相电压为 0，B、C 相为原来的 1.73 倍，站用电系统正常，相关设备潮流、负荷正常，现场天气 ××。

（3）一、二次设备检查。

1）二次设备：检查 1 号主变压器无功设备保护屏，1121 低压电抗器保护装置，记录故障信息 [故障相 B，故障电流 ××A（二次值）]，并复归信号；检查 110kV Ⅰ母第一套、第二套母差保护屏，记录故障信息 [A 相接地，故障电流 ××A（二次值）]，并

复归信号；根据故障信息首先是 110kV Ⅰ母线 A 相接地，然后 1121 低压电抗器保护动作，且故障相为 B 相，A 相接地信号依旧在，说明 A 相接地点在 1121 低压电抗器保护范围之外，但是主变压器低压侧没有其他保护动作，检查低压侧保护范围内的所有保护装置（1 号主变压器保护，1111 低压电抗器保护，站用变压器保护，110kV 母线差动保护），发现 1 号主变压器两套差动保护装置上差动保护功能连接片退出，手动投入连接片。

2）一次设备：检查跳闸断路器实际位置（1121），外观及压力指示是否正常；查找故障点。

（4）15min 内详细汇报调度。

特高压华东变电站 ××，×× 时 ×× 分，110kV Ⅰ母线单相接地，1 号主变压器中性点电压偏移，1121 低压电抗器保护动作，故障相 B 相，故障电流 ××A（二次值），1121 断路器跳闸，站用电系统正常，现场无人工作。现场二次检查发现 1 号主变压器两套差动保护装置上差动保护功能连接片退出，已经手动投入，一次检查发现 1 号主变压器 B 相调补变压器接至 A 相汇流母线的套管破裂，1121 低压电抗器 B 相接地，其他一、二次设备检查正常。申请隔离故障的 1 号主变压器和 1121 低压电抗器。

（5）隔离故障点。

1）拉开 11211 隔离开关，隔离 1121 低压电抗器。

2）倒切站用变压器。

3）拉开 1111 断路器，查 1112、1113 断路器在分位，1 号主变压器低压侧无功设备停役。

4）依次拉开 5012、5011、1101、T032、T033、1101 断路器，将 1 号主变压器转热备用。

5）分开 1 号主变压器 110kV TV 二次空气开关后，拉开 11001 隔离开关，依次拉开 50121、50122、50112、50111、T0322、T0321、T0331、T0332 隔离开关。

（6）故障设备转检修。

1）1 号主变压器三侧验电后，合上 T03367 接地开关，分开 1 号主变压器 1000kV 侧 TV 二次空气开关；合上 501167 接地开关，分开 1 号主变压器 500kV 侧 TV 二次空气开关；合上 11017 接地开关。

2）在 1121 低压电抗器与 1121 断路器间验明确无电压后，装设 ×× 接地线一组。

（7）故障分析。

先是 1 号主变压器 B 相调补变压器接至 A 相汇流母线的套管破裂，发 110kV 母线单相接地与 1 号主变压器中性点电压偏移信号，紧接着 1121 低压电抗器发生 B 相接地，

1121 低压电抗器保护动作，1121 断路器跳闸，同时 1 号主变压器 A 相产生差流，但是由于 1 号主变压器两套差动保护装置上差动保护功能连接片退出，差动保护未动作。1121 断路器跳开后，1 号主变压器低压侧又恢复了单相接地，差流消失，主变压器后备保护不会动作。

四十二、1 号主变压器调补变压器内部故障

1. 故障现象

（1）一次设备：T032、T033、5011、5012、1101 断路器跳闸。

（2）二次设备：1 号主变压器调补变压器第一套、第二套差动保护动作，重瓦斯保护动作，400V 备用电源自动投入装置动作。

（3）其他信息：1 号主变压器失电，110kV Ⅰ母线失电。

2. 事故处理流程

（1）监控后台检查。

1）主画面检查断路器变位情况（T032、T033、5011、5012、1101、401 断路器分闸，410 断路器合闸）。

2）检查光字及告警信息，记录关键信息（1 号主变压器调补变压器第一套、第二套差动保护动作，重瓦斯保护动作，400V 备用电源自动投入装置动作，1 号主变压器失电，110kV Ⅰ母线失电）。

3）检查遥测信息（1 号主变压器三侧电流电压，110kV Ⅰ母线电压，4 号主变压器负荷，站用变压器负荷等）。

（2）运维人员 5min 向调度员初次汇报。

特高压华东变电站 ××，×× 时 ×× 分，1 号主变压器调补变压器第一套、第二套差动保护动作，重瓦斯保护动作，T032、T033、5011、5012、1101 断路器跳闸，400V 备用电源自动投入装置正确动作，站用电系统正常，1 号主变压器失电，110kV Ⅰ母线失电，其他负荷正常，现场天气 ××。

（3）一、二次设备检查。

1）二次设备：检查 1 号主变压器调补变压器第一套、第二套本体变压器保护，1 号主变压器非电量保护，检查故障信息，并复归信号；检查 T032、T033、5011、5012 断路器保护屏，复归信号。

2）一次设备：检查动作断路器实际位置（T032、T033、5011、5012、1101、401、410）；拉开失电断路器（1114、1111、1121）；查找故障点。

（4）15min 内详细汇报调度。

特高压华东变电站 ××，×× 时 ×× 分，1 号主变压器调补变压器第一套、第二套差动保护动作，故障相 B 相，故障电流 ××A（二次值），重瓦斯保护动作，T032、T033、5011、5012、1101 断路器跳闸。400V 备用电源自动投入装置正确动作，站用电系统正常，1 号主变压器失电，110kV Ⅰ母线失电，已经拉开失电断路器 1114、1111、1121，现场无人工作。现场检查发现 1 号主变压器 B 相无异常，判断为内部故障，其他一、二次设备检查正常。申请隔离故障点 1 号主变压器。

（5）隔离故障点并转检修。

1）拉开 50121、50122、50112、50111 隔离开关；拉开 11011、11001 隔离开关，拉开 11001 隔离开关之前将 TV 二次空气开关拉开；拉开 T0322、T0321、T0331、T0332 隔离开关，将主变压器改为冷备用。

2）合上主变压器三侧接地开关 T03367、501167、11017（合接地开关前验电，合后分开 TV 二次空气开关）。

四十三、1 号主变压器 A 相第一、二套电气量保护启动 T033 断路器失灵连接片退出，T033 断路器机构卡死，110kV Ⅰ母线 B 相接地（绝缘子裂纹且闪络），1 号主变压器低压侧 A 相避雷器（绝缘子裂纹且闪络）

1. 故障现象

（1）一次设备：1114、1101、5011、5012、T032 断路器跳闸。

（2）二次设备：110kV Ⅰ母线单相接地，1 号主变压器中性点电压偏移，110kV Ⅰ母线第一套、第二套差动保护动作，1 号主体变压器第一套、第二套差动保护动作，400V 备用电源自动投入装置动作。

（3）其他信息：110kV Ⅰ母线失电。

2. 事故处理流程

（1）监控后台检查。

1）主画面检查断路器变位情况（1114、1101、5011、5012、T032 断路器跳闸）。

2）检查光字及告警信息，记录关键信息（110kV Ⅰ母线单相接地，1 号主变压器中性点电压偏移，110kV Ⅰ母线第一套、第二套差动保护动作，1 号主体变压器第一套、第二套差动保护动作，400V 备用电源自动投入装置动作，110kV Ⅰ母线失电）。

3）检查遥测信息（110kV Ⅰ母线电压）。

（2）运维人员5min向调度员初次汇报。

特高压华东变电站××，××时××分，110kV Ⅰ母线单相接地，1号主变压器中性点电压偏移，110kV Ⅰ母线第一套、第二套母差保护动作，1号主体变压器第一套、第二套差动保护动作，1114、1101、5011、5012、T032断路器跳闸，400V备用电源自动投入装置正确动作，站用电系统正常，1号主变压器充电运行，4号主变压器负荷正常，相关设备潮流、负荷正常，现场天气××。

（3）一、二次设备检查。

1）二次设备：检查1号主体变压器第一套、第二套差动保护屏，记录故障信息［故障相A，故障电流××A（二次值）］，并复归信号；发现1号主变压器A相第一套、第二套电气量保护启动T033断路器失灵连接片退出，手动投入；检查110kV Ⅰ母线第一套、第二套母差保护屏，记录故障信息［B相接地，故障电流××A（二次值）］，并复归信号；检查T032、T033、5011、5012断路器保护屏，复归信号。

2）一次设备：检查跳闸断路器实际位置（1114、1101、5011、5012、T032），外观及压力指示是否正常；检查拒动断路器实际位置（T033），外观及压力指示是否正常；查找故障点。

（4）15min内详细汇报调度。

特高压华东变电站××，××时××分，1号主变压器中性点电压偏移，110kV Ⅰ母线第一套、第二套差动保护动作，故障相B相，故障电流××A（二次值），1号主变压器主体变压器第一套、第二套差动保护动作，故障相A相，1114、1101、5011、5012、T032断路器跳闸，T033断路器拒动，400V备用电源自动投入装置正确动作，站用电系统正常；1号主变压器充电，110kV Ⅰ母线失电，现场无人工作，已拉开失电断路器1111、1121。现场二次检查检查发现1号主变压器两套差动保护装置上启动T033断路器失灵连接片退出，已经手动投入，一次检查发现1号主变压器110kV侧TV A相套管破裂，110kV Ⅰ母线B相绝缘子裂纹，检查T033断路器外观及压力指示正常，怀疑为机构卡死，其他一、二次设备检查正常。申请解锁操作，隔离故障的T033断路器；申请隔离1号主变压器110kV侧TV和110kV Ⅰ母线。

（5）隔离故障及异常断路器。

1）分开T033断路器操作电源。

2）拉开T043、T053断路器。

3）解锁操作，拉开T0332、T0331隔离开关。

4）分开1号主变压器110kV TV二次空气开关后，拉开11001隔离开关，拉开

11141、11011 隔离开关。

（6）1000kV Ⅱ母线恢复送电。

1）合上 T053 断路器（检查母线充电正常）。

2）合上 T043 断路器。

（7）1 号主变压器恢复送电。

1）退出 1 号主体变压器第一套、第二套差动保护屏上投 110kV 1101 分支电压连接片。

2）合上 T032 断路器，对 1 号主变压器进行充电，检查 1 号主变压器充电正常（检查相关遥信、主变压器三侧电压等正常，主变压器三侧避雷器泄漏电流表指示正常）。

3）合上 5011、5012 断路器，检查潮流。

（8）将故障设备转检修。

1）T033 断路器改为检修。

2）110kV Ⅰ母线改为检修。

3）1 号主变压器 110kV 侧 TV 改为检修。

（9）故障分析。

先是 1 号主变压器 110kV 侧 TV A 相套管破裂短路，发 110kV 母线单相接地与 1 号主变压器中性点电压偏移信号，紧接着 110kV Ⅰ母线 B 相绝缘子裂纹击穿，110kV Ⅰ母线第一套、第二套差动保护动作，同时 1 号主变压器 A 相产生差流，1 号主体变压器第一套、第二套差动保护动作，1114、1101、5011、5012、T032 断路器跳闸；T033 断路器机构卡死拒动，1 号主变压器两套差动保护装置上启动 T033 断路器失灵连接片退出，T033 断路器失灵保护不动作，又因为 1 号主变压器低压侧又恢复了单相接地，差流消失，主变压器后备保护不会动作（即使主变压器差动启失灵连接片不退，T033 断路器失灵保护也会因为差流消失，而不动作）。

四十四、110kV 1 号站用变压器内部故障

1. 故障现象

（1）一次设备：1114、401 断路器跳闸。

（2）二次设备：110kV1 号站用变压器差动动作，400V 备用电源自动投入装置动作。

（3）其他信息：110kV1 号站用变压器失电。

2. 事故处理流程

（1）监控后台检查。

1）主画面检查断路器变位情况（1114、401 断路器分闸，410 断路器合闸）。

2）检查光字及告警信息，记录关键信息（110kV1 号站用变压器差动动作，1114 断路器跳闸，400V 备用电源自动投入装置动作，401 断路器跳闸，410 断路器合闸）。

3）检查遥测信息（110kV1 号站用变压器电压电流，400V Ⅰ母线电压）。

（2）运维人员 5min 向调度员初次汇报。

特高压华东变电站 ××，×× 时 ×× 分，1 号站用变压器差动保护动作出口，1114、401 断路器跳闸；400V 备用电源自动投入装置正确动作，站用电系统正常，其他相关潮流、负荷正常，现场天气 ××。

（3）一、二次设备检查。

1）二次设备：检查 1 号站用变压器保护装置，记录保护动作信息［ABC 相，故障电流 ××A（二次线）］，并复归信号；检查 410 开关柜备用电源自动投入装置动作情况，复归相关信号。

2）一次设备：检查跳闸 1114、401 断路器实际位置，外观及压力指示情况，检查 110kV 1 号站用变压器。

（4）15min 内详细汇报调度。

特高压华东变电站 ××，×× 时 ×× 分，110kV 1 号站用变压器差动保护动作出口，故障相 AB 相，故障电流为 ××A（二次线），1114、401 断路器跳闸，400V 备用电源自动投入装置正确动作，站用电系统正常；现场无人工作。现场检查发现 1 号站用变压器外观正常，判断为内部故障，其他一、二次设备检查正常。申请将 110kV 1 号站用变压器隔离。

（5）隔离故障点。

将 110kV1 号站用变压器 401 断路器手车由工作位置摇至试验位置，拉开 11141 隔离开关，验明站用变压器高压侧三相无压，合上 111417、111427 接地开关；验明 1 号站用变压器低压侧三相无压，装设编号 ×× 的接地线一组。

四十五、110kV Ⅰ母 A 相接地，1121 低压电抗器 B 相接地，1101 断路器拒动（0.25 秒失灵延时，1121 跳开 0.2 延时，失灵返回）

1. 故障现象

（1）一次设备：1121、1114 断路器跳闸。

（2）二次设备：110kV Ⅰ母线单相接地，4 号主变压器中性点偏移，110kV Ⅰ母线第一套、第二套差动保护动作，1121 低压电抗器保护动作，400V 备用电源自动投入装置动作。

2. 事故处理流程

（1）监控后台检查。

1）主画面检查断路器变位情况（1121、1114 断路器跳闸）。

2）检查光字及告警信息，记录关键信息（110kV Ⅰ母线单相接地，4 号主变压器中性点偏移，110kV Ⅰ母线第一套、第二套差动保护动作，1121 低压电抗器保护动作）。

3）检查遥测信息（110kV Ⅰ母线电压，1101 断路器电流）。

（2）运维人员 5min 向调度员初次汇报。

特高压华东变电站 ××，×× 时 ×× 分，110kV Ⅰ母单相接地，4 号主变压器中性点偏移，110kV Ⅰ母线第一套、第二套差动保护动作，1121 低压电抗器保护动作，1121、1114 断路器跳闸，110kV Ⅰ母线 A 相电压为 0，B、C 相为原来的 1.73 倍，站用电系统正常，相关设备潮流、负荷正常，现场天气 ××。

（3）一、二次设备检查。

1）二次设备：检查 1 号主变压器无功设备保护屏，1121 低压电抗器保护装置，记录故障信息（故障相 B，故障电流 ××A（二次值）），并复归信号；检查 110kV Ⅰ母第一套、第二套母差保护屏，记录故障信息［A 相接地，故障电流 ××A（二次值）］，并复归信号；根据故障信息首先是 110kV Ⅰ母 A 相接地，然后 1121 低压电抗器保护动作，且故障相为 B 相，110kV Ⅰ母线差动保护动作说明 A 相接地点在 1121 低压电抗器保护范围之外 110kV Ⅰ母差动范围内；A 相接地信号依旧存在，说明故障未切除，检查 1101 断路器拒动及失灵未启动原因。

2）一次设备：检查跳闸断路器实际位置（1121、1114），外观及压力指示是否正常；检查拒动断路器实际位置（1101），外观及压力指示是否正常；查找故障点。

（4）15min 内详细汇报调度。

特高压华东变电站 ××，×× 时 ×× 分，1 号主变压器中性点电压偏移，110kV Ⅰ母第一套、第二套差动保护动作，故障相 A 相，故障电流 ××A（二次值），1121 低压电抗器保护动作，故障相 B 相，故障电流 ××A（二次值）；1114、1121 断路器跳闸，1101 断路器拒动，400V 备用电源自动投入装置正确动作，站用电系统正常；现场无人工作，现场检查，1101 断路器外观压力无异常，怀疑机构卡死，一次检查发现 110kV Ⅰ母 A 相支撑绝缘子破裂，1121 低压电抗器避雷器 B 相接地，其他一、二次设备检查正常。申请隔离故障 1101 断路器，隔离故障的 110kV Ⅰ母线和 1121 低压电抗器。

（5）隔离故障点。

1）拉开 1111 断路器，1 号主变压器低压侧无功设备停役。

2）依次拉开 5012、5011、T032、T033 断路器。

3）解锁操作，拉开 11011 隔离开关。

4）拉开 11211、11111 隔离开关。

5）拉开 11141 隔离开关。

（6）1 号主变压器恢复送电。

1）合上 T033 断路器，对 1 号主变压器进行充电，检查 1 号主变压器充电正常（检查相关遥信、主变压器三侧电压等正常，主变压器三侧避雷器泄漏电流表指示正常）。

2）合上 T032 断路器。

3）合上 5011、5012 断路器，检查潮流。

（7）故障设备转检修。

1）1101 断路器改为检修。

2）1121 低压电抗器改为检修。

3）110kV Ⅰ母线改为检修。

（8）故障分析。

先是 110kV Ⅰ母线 A 相支撑绝缘子破裂，发 110kV 母线单相接地与 1 号主变压器中性点电压偏移信号，紧接着 1121 低压电抗器发生 B 相接地，1121 低压电抗器保护动作，1121 断路器跳闸，同时 110kV Ⅰ母线第一套、第二套母线差动 A 相产生差流，母差保护动作，1114 断路器跳闸，1101 断路器机构卡死拒动。1121 断路器跳开后，1 号主变压器低压侧又恢复了单相接地，差流消失。

第十节　复杂事故案例

一、50122 TA 断线（主体变压器第一套电气量保护），站用变压器备用电源自动投入装置退出，华东Ⅱ线 C 相瞬时故障（华东Ⅱ线保护动作，1 号主变压器穿越性故障由于 TA 断线误动）

1．故障现象

（1）一次设备：5011、5012、T032、T033、1101 断路器跳闸。

（2）二次设备：华东Ⅱ线第一套、第二套线路差动保护动作出口，1 号主变压器第一套差动保护动作，T031 断路器保护重合闸动作。

（3）告警信息：1 号主变压器第一套保护 TA 断线告警，华东Ⅱ线第一套、第二套线路差动保护动作出口、1 号主变压器第一套差动保护动作，T031 断路器 C 相跳闸，

T031 断路器重合闸动作，5011、5012、T033、T032、1101 断路器跳闸，1 号主变压器失电，110kV Ⅰ母线失电，400V Ⅰ段母线失电。

2. 事故处理流程

（1）监控后台检查。

1）主画面检查断路器变位情况（5012、5011、T032、T033、1101 断路器分闸），并清闪。

2）检查光字牌及告警信息，记录关键信息（1 号主变压器第一套电气量保护 TA 断线、华东Ⅱ线两套线路保护动作出口、1 号主变压器第一套差动保护动作、T041 断路器重合闸动作、1 号主变压器失电，110kV Ⅰ母线失电，400V Ⅰ母线失电）。

3）检查遥测信息（4 号主变压器负荷、1 号主变压器电流电压、110kV Ⅰ母线电压、华东Ⅱ线电流电压、相关潮流等）。

（2）运维人员 5min 向调度员初次汇报。

特高压华东变电站 ××，×× 时 ×× 分，1 号主变压器第一套保护 TA 断线告警，×× 时 ×× 分，华东Ⅱ线第一套、第二套主保护动作，1 号主变压器第一套差动保护动作，T031 断路器 C 相跳闸，T031 断路器重合闸动作，5012、5011、T032、T033、1101 断路器三相跳闸。1 号主变压器失电，110kV Ⅰ母线失电，400V Ⅰ母线失电，相关潮流、负荷正常，现场天气 ××。

（3）一、二次设备检查。

1）二次设备：检查华东Ⅱ线第一套、第二套线路保护屏，5012、5011、T032、T033、T031 断路器保护屏，1 号主变压器主体变压器第一套、第二套电气量保护屏。记录 1 号主变压器第一套电气量保护装置、华东Ⅱ线线路保护装置及故障录波装置中故障信息（故障相别、故障电流及测距），检查装置后及时复归信号。根据 1 号主变压器第一套保护 TA 断线告警信号，检查发现 1 号主变压器第一套电气量保护屏后 50122 电流端子有放电痕迹。检查站用变压器备用电源自动投入装置状态（备用电源自动投入装置退出），自行恢复，分开 401 断路器、合上 410 断路器，恢复 400V Ⅰ母线供电（改由 0 号站用变压器供 400V Ⅰ母线）。

2）一次设备：检查跳闸断路器实际位置（5011、5012、T032、T033、1101、T031），外观及压力指示是否正常；检查 1 号主变压器，站内保护动作范围设备（T0311TA、T0322TA 至线路设备）情况检查，故障点查找，拉开失电断路器 1111、1121、1114。

（4）15min 内详细汇报调度。

特高压华东变电站 ××，×× 时 ×× 分，1 号主变压器第一套保护 TA 断线告警，

××时××分，华东Ⅱ线第一套差动保护动作，故障相C相，测距××km，故障电流××A（二次值），华东Ⅱ线第二套差动保护动作，故障相C相，故障电流××A（二次值），测距××km，1号主变压器第一套差动保护动作，T031断路器C相跳闸，T031断路器重合闸动作，重合成功，5011、5012、T033、T032、1101断路器三相跳闸，1号主变压器失电、110kV Ⅰ母线失电，400V备用电源自动投入装置未动作，400V Ⅰ母线失电，已经将备用电源自动投入且手动恢复至由0号站用变压器供电；失电断路器1111、1121、1114已拉开。现场检查1号主变压器第一套电气量保护屏后电流端子有放电痕迹，现场其他一、二次设备检查无明显异常，现场无人工作；申请退出1号主变压器第一套电气量保护。

（5）隔离异常设备。

申请将1号主变压器第一套电气量保护改信号，待检修在5012断路器汇控柜内短接退出1号主变压器第一套电气量保护电流端子后，向调度申请恢复1号主变压器送电。

（6）1号主变压器恢复送电。

1号主变压器相关试验合格后，恢复1号主变压器运行。

1）合上T033断路器，对1号主变压器进行充电，检查1号主变压器充电正常（检查相关遥信、主变压器三侧电压等正常，主变压器三侧避雷器泄漏电流表指示正常），合上T032断路器。

2）合上1101断路器，检查110kV Ⅰ母线充电正常，遥测量正常。

3）合上5011断路器，合上5012断路器。

4）合上1号站用变压器1114断路器，检查站用变压器充电正常后，分开410断路器、合上401断路器，恢复站用变压器正常运行方式。

5）检查交直流系统、主变压器风冷运行正常。

6）按照1号主变压器高压侧电压情况，合上低压电抗器1111及1112断路器。

（7）将故障设备改检修。

通知检修处理1号主变压器第一套电气量保护屏后50122 TA端子开路故障。

（8）事故分析。

1）根据华东Ⅱ线线路双套保护的动作及T031断路器重合闸情况，可判断线路故障为华东Ⅱ线C相瞬时故障。

2）“华东电网2017年度220kV～1000kV继电保护整定方案及调度运行说明”：TA断线不闭锁主变压器差动保护。结合站内1号主变压器差动范围内一、二次设备检查情况，判断 1 号主变压器第一套差动保护动作原因为 1 号主变压器第一套保护 TA 断线后区外穿越性故障引起的误动。

3)《华东电网调度控制运行细则（2015 年）》：变压器的气体保护或差动之一动作跳闸，在检查变压器外部无明显故障，检查气体和进行油中溶解气体色谱分析，证明变压器内部无明显故障者，可以试送一次，有条件时，应尽量进行零起升压。

4）本案例中，在 1 号主变压器恢复送电前必须将 1 号主变压器第一套电气量保护改信号，同时在相应汇控柜短接退出 1 号主变压器第一套电气量保护电流端子，以免出现运行中电流互感器二次开路。

二、1111 低压电抗器相间故障（大电流 AB 相），1101 断路器拒动，T033 断路器分合闸指示错误，11011 隔离开关连杆断裂

1. 故障现象

（1）一次设备：T033、T032、5011、5012、1114、401 断路器跳闸。

（2）二次设备：1111 低压电抗器保护动作，110kV Ⅰ母线两套差动保护失灵动作出口，失灵联跳 1 号主变压器，站用电备用电源自动投入装置动作。

（3）告警信息：1111 低压电抗器保护动作，110kV Ⅰ母线两套差动保护失灵动作出口，失灵联跳 1 号主变压器，站用电备用电源自动投入装置动作，1 号主变压器失电，110kV Ⅰ母线失电。

2. 事故处理流程

（1）监控后台检查。

1）主画面检查断路器变位情况（T033、T032、5011、5012、1114、401 断路器分闸），并清闪。

2）检查光字牌及告警信息，记录关键信息（1111 低压电抗器保护动作，110kV Ⅰ母两套差动保护失灵动作出口，失灵联跳 1 号主变压器，站用电备用电源自动投入装置动作，1 号主变压器失电，110kV Ⅰ母线失电）。

3）检查遥测信息（4 号主变压器负荷、1 号主变压器电流电压、110kV Ⅰ母线电压、相关潮流等）。

（2）运维人员 5min 向调度员初次汇报。

特高压华东变电站 ××，×× 时 ×× 分，1111 低压电抗器保护动作，110kV Ⅰ母两套差动保护失灵动作出口，失灵联跳 1 号主变压器，T033、T032、5011、5012、1114 断路器跳闸，站用电备用电源自动投入装置动作，401 断路器分闸，410 断路器合闸，1

号主变压器失电，110kV Ⅰ母线失电，相关潮流、负荷正常，现场天气 ××。

（3）一、二次设备检查。

1）二次设备：检查 1111 低压电抗器保护屏，110kV Ⅰ母线第一套、第二套差动保护屏，T033、T032、5011、5012 断路器保护屏，1 号主变压器第一套、第二套电气量保护屏。记录 1111 低压电抗器保护装置及故障录波装置中故障信息（故障相别、故障电流），检查装置后及时复归信号，检查备用电源自动投入装置。

2）一次设备：检查跳闸断路器实际位置（T033、T032、5011、5012、1114、401、1101），外观及压力指示是否正常，发现 T033 断路器机械指示错误（实际为分，指示为合），1101 断路器机构卡死；检查 1 号主变压器，站内保护动作范围设备（1111 断路器 TA 至低压电抗器设备）情况检查，发现 1111 低压电抗器至 1111 断路器引线 AB 相间有异物搭接，拉开失电断路器 1111、1121。

（4）15min 内详细汇报调度。

特高压华东变电站 ××，×× 时 ×× 分，1111 低压电抗器保护动作，故障相 AB 相，故障电流 ××A（二次值，大电流保护动作），1101 断路器拒动，110kV Ⅰ母两套差动保护失灵动作出口，1101 断路器失灵联跳 1 号主变压器，T033、T032、5011、5012、1114 断路器三相跳闸，1 号主变压器失电、110kV Ⅰ母失电，400V 备用电源自动投入装置动作，401 断路器跳闸，410 断路器合闸，400V Ⅰ母线电压正常，失电断路器 1111、1121 已拉开。现场检查 1111 低压电抗器至 1111 断路器引线 AB 相间有异物搭接，T033 断路器机械指示错误（实际为分，指示为合），现场其他一、二次设备检查无明显异常，现场无人工作；申请隔离 1111 低压电抗器，隔离 T033、1101 断路器。

（5）隔离异常设备。

1）分开 1111 断路器操作电源，拉开 1111 隔离开关。

2）分开 T033 断路器操作电源，拉开 T0331、T0332 隔离开关。

3）分开 1101 断路器操作电源，解锁拉开 11011 隔离开关（连杆断裂拒动）。

（6）补充汇报。

特高压华东变电站 ××，×× 时 ×× 分，在执行拉开 11011 隔离开关时，连杆断裂，申请将 11011 隔离开关改检修。

（7）将故障设备改检修。

1）合上 111117、111127 接地开关。

2）合上 110kV Ⅰ母 1117 接地开关，在 11011 隔离开关与汇流母线之间挂一组地线。

3）T033 开关改检修：合上 T03317 和 T03327 接地开关。

（8）事故分析。

1）根据 1111 低压电抗器保护动作情况判断故障点在 1111 断路器 TA 至 1111 低压电抗器间，找出故障点。现场一、二次设备检查后未找出 1101 断路器拒动原因，可按 1101 断路器机构卡死处理，申请将 1101 断路器改检修后由专业人员检查。

2）根据 1 号主变压器失电信号，1 号主变压器三侧避雷器泄漏电流指示为 0，但 T033 断路器机械指示为合，可初步判断 T033 断路器机械指示错误。

3）事故处理过程中发现新的异常时应及时与调度沟通，重新提出合理的处理方案。

三、华东Ⅱ线第一套线路保护通道故障，T031 断路器油压低合闸闭锁，华东Ⅱ线线路 A 相永久性故障，T0311 隔离开关连杆断裂

1. 故障现象

（1）一次设备：T031、T032 断路器跳闸。

（2）二次设备：华东Ⅱ线第一套线路保护通道故障，华东Ⅱ线第一套线路保护距离Ⅰ段，华东Ⅱ线第二套线路保护差动保护、距离Ⅰ段动作，T031 断路器油压低合闸闭锁，T031 断路器控制回路断线。

（3）告警信息：华东Ⅱ线第一套线路保护通道故障，华东Ⅱ线第一套线路保护距离Ⅰ段，华东Ⅱ线第二套线路保护差动保护、距离Ⅰ段动作，T031 油压低合闸闭锁，T031 断路器控制回路断线，T031、T032 断路器跳闸，华东Ⅱ线失电。

2. 事故处理流程

（1）监控后台检查。

1）主画面检查断路器变位情况（T031、T032 断路器分闸），并清闪。

2）检查光字牌及告警信息，记录关键信息（华东Ⅱ线第一套线路保护通道故障，华东Ⅱ线第一套线路保护距离Ⅰ段，华东Ⅱ线第二套线路保护差动保护、距离Ⅰ段动作，T031 断路器油压低合闸闭锁，T031 断路器控制回路断线，华东Ⅱ线失电）。

3）检查遥测信息（华东Ⅱ线电流电压、相关潮流等）。

（2）运维人员 5min 向调度员初次汇报。

特高压华东变电站 ××，×× 时 ×× 分，华东Ⅱ线第一套线路保护通道故障，T031 断路器油压低合闸闭锁，华东Ⅱ线第一套线路保护距离Ⅰ段动作，华东Ⅱ线第二套线路保护差动保护、距离Ⅰ段动作，T031 断路器控制回路断线，T031、T032 断路器跳闸。华东Ⅱ线失电，相关潮流、负荷正常，现场天气 ××。

（3）一、二次设备检查。

1）二次设备：检查华东Ⅱ线第一套、第二套线路保护屏，T032、T031 断路器保护屏。记录华东Ⅱ线线路保护装置及故障录波装置中故障信息（故障相别、故障电流及测距），检查装置后及时复归信号。

2）一次设备：检查跳闸断路器实际位置（T031、T032），外观及压力指示是否正常；站内保护动作范围设备（T031、T032 断路器 TA 至线路设备）情况检查，故障点查找。

（4）15min 内详细汇报调度。

特高压华东变电站 ××，×× 时 ×× 分，华东Ⅱ线第一套线路保护通道故障，T031 断路器油压低合闸闭锁，×× 时 ×× 分，华东Ⅱ线第一套线路保护距离Ⅰ段动作，故障相 A 相，测距 ××km，故障电流 ××A（二次值），华东Ⅱ线第二套差动保护动作，故障相 A 相，故障电流 ××A（二次值），测距 ××km，T031、T032 断路器三相跳闸，T031 断路器控制回路断线，华东Ⅱ线失电，现场检查 T031 断路器油压低（××MPa），未发现故障点，现场其他一、二次设备检查无明显异常，现场无人工作；申请退出华东Ⅱ线第一套线路保护，隔离 T031 断路器。

（5）隔离异常设备。

1）将华东Ⅱ线第一套线路保护改信号。

2）分开 T031 断路器操作电源，拉开 T0312 隔离开关，拉开 T0311 隔离开关（连杆断裂，拒动）。

（6）补充汇报。

特高压华东变电站 ××，×× 时 ×× 分，在执行拉开 T0311 隔离开关时，T0311 隔离开关连杆断裂，申请将 1000kV Ⅰ母线转为冷备用。

（7）1000kV Ⅰ母线转为冷备用。

1）拉开 T041、T051 断路器。

2）将 1000kV Ⅰ母线转为冷备用。

（8）华东Ⅱ线试送电。

由于本站站内检查正常，而对侧和线路情况未知，可申请由对侧对华东Ⅱ线试充电，充电失败，向调度汇报保护动作情况及一、二次设备检查情况，并申请将华东Ⅱ线改检修。

（9）将故障设备改检修。

1）拉开 T0321 隔离开关，拉开 T0322 隔离开关，合上 T03167 接地开关，华东Ⅱ线转为检修。

2）合上 T03127 接地开关，解锁合上 T03117 和 T117 接地开关，T031 断路器和

1000kV Ⅰ母线转为检修。

（10）事故分析。

1）T031 断路器油压低合闸闭锁会导致 T031 断路器重合闸装置放电，此时华东Ⅱ线即使发生线路瞬时故障，T031 断路器也会三跳。

2）根据断路器控制回路断线信号逻辑图，T031 断路器跳闸后会发“T031 断路器控制回路断线”信号。

3）由于不知道华东Ⅱ线线路及对侧站内情况，而本站站内设备检查正常，且 T031 断路器直接三跳未重合，可申请由对侧对华东Ⅱ线试充电一次。

四、1111 低压电抗器保护跳 1111 断路器出口连接片退出，1101 断路器 SF_6 压力低闭锁，1111 低压电抗器 AB 相小电流故障，11011 隔离开关卡死

1. 故障现象

（1）一次设备：T033、T032、5011、5012、1114、401 断路器跳闸。

（2）二次设备：1101 断路器 SF_6 压力低闭锁，1101 断路器控制回路断线，1111 低压电抗器保护动作，110kV Ⅰ母线差动保护失灵保护动作出口，1 号主变压器失灵联跳出口，400V 备用电源自动投入装置动作。

（3）告警信息：1111 低压电抗器保护动作，110kV Ⅰ母线两套差动保护失灵动作出口，失灵联跳 1 号主变压器，400V 备用电源自动投入装置动作，1 号主变压器失电，110kV Ⅰ母线失电。

2. 事故处理流程

（1）监控后台检查。

1）主画面检查断路器变位情况（T033、T032、5011、5012、1114、401 断路器分闸），并清闪。

2）检查光字牌及告警信息，记录关键信息（1111 低压电抗器保护动作，110kV Ⅰ母线两套差动保护失灵动作出口，失灵联跳 1 号主变压器，400V 备用电源自动投入装置动作，1 号主变压器失电，110kV Ⅰ母线失电）。

3）检查遥测信息（4 号主变压器负荷、1 号主变压器电流电压、110kV Ⅰ母线电压、相关潮流等）。

（2）运维人员 5min 向调度员初次汇报。

特高压华东变电站 ××，×× 时 ×× 分，1101 断路器 SF_6 压力低闭锁，1101 断路

器控制回路断线，1111 低压电抗器保护动作，110kV Ⅰ母线两套差动保护失灵动作出口，失灵联跳 1 号主变压器，T033、T032、5011、5012、1114 断路器跳闸，400V 备用电源自动投入装置动作，401 断路器分闸，410 断路器合闸，1 号主变压器失电，110kV Ⅰ母线失电，相关潮流、负荷正常，现场天气 ××。

（3）一、二次设备检查。

1）二次设备：检查 1111 低压电抗器保护屏，110kV Ⅰ母线第一套、第二套差动保护保护屏，T033、T032、5011、5012 断路器保护屏，1 号主变压器第一套、第二套电气量保护屏。记录 1111 低压电抗器保护装置及故障录波装置中故障信息（故障相别、故障电流），检查装置后及时复归信号，检查备用电源自动投入装置。

2）一次设备：检查跳闸断路器实际位置（T033、T032、5011、5012、1114、1101、401），外观及压力指示是否正常；检查 1 号主变压器，站内保护动作范围设备（1111 断路器 TA 至低压电抗器设备）情况检查，1111 低压电抗器 AB 相间有异物搭接，拉开失电断路器 1111、1121。

（4）15min 内详细汇报调度。

特高压华东变电站 ××，×× 时 ×× 分，1101 断路器 SF_6 压力低闭锁，1101 断路器控制回路断线，1111 低压电抗器保护动作，故障相 AB 相，故障电流 ××A（二次值，小电流保护动作），1111 断路器拒动，110kV Ⅰ母两套差动保护失灵动作出口，1114 断路器三相跳闸，1101 断路器拒动，1101 断路器失灵联跳 1 号主变压器，T033、T032、5011、5012 断路器三相跳闸，1 号主变压器失电、110kV Ⅰ母线失电，400V 备用电源自动投入装置动作，401 断路器跳闸，410 断路器合闸，400V Ⅰ母线电压正常，失电断路器 1111、1121 已拉开。现场检查 1111 低压电抗器 AB 相间有异物搭接，1111 低压电抗器保护跳 1111 断路器出口连接片退出，现场其他一、二次设备检查无明显异常，现场无人工作；申请投入 1111 低压电抗器保护跳 1111 断路器出口连接片，申请隔离 1111 低压电抗器，申请隔离 1101 断路器。

（5）隔离异常设备。

1）投入 1111 低压电抗器保护跳 1111 断路器出口连接片。

2）分开 1111 断路器操作电源，拉开 1111 隔离开关。

3）分开 1101 断路器操作电源，解锁拉开 11011 隔离开关。

（6）补充汇报。

特高压华东变电站 ××，×× 时 ×× 分，在执行拉开 11011 隔离开关时，机构卡死，申请将 11011 隔离开关改检修。

（7）将故障设备改检修。

1）1111 低压电抗器改检修：合上 111127 接地隔离开关。

2）1101 隔离开关改检修：合上 110117 接地隔离开关，在 11011 隔离开关与汇流母线之间挂一组地线。

（8）事故分析。

1）1111 低压电抗器 AB 相间有异物搭接，1111 低压电抗器小电流保护动作跳 1111 断路器，因 1111 低压电抗器保护跳 1111 断路器出口连接片被取下，110kV Ⅰ母两套差动保护失灵动作出口跳 1101、1114。

2）由于 1101 断路器 SF_6 压力低闭锁分合闸，启动 1101 断路器失灵联跳 1 号主变压器。对于 1101 断路器而言，这属于失灵启动失灵的逻辑。

五、5013 断路器拒动，苏州Ⅲ线第二套线路保护差动连接片退出，5012 断路器与 50121TA 之间 C 相故障，跳闸后 110kV Ⅰ母 TV B 相发生单相接地

1. 故障现象

（1）一次设备：T033、T032、5011、5012、1101 断路器跳闸。

（2）二次设备：苏州Ⅲ线第一套保护差动动作，接地距离 1 段动作，第二套接地距离 1 段动作，1 号主变压器第一套、第二套差动保护动作，400V 备用电源自动投入装置动作。

（3）告警信息：苏州Ⅲ线第一套保护差动动作，苏州Ⅲ线两套接地距离 1 段动作，1 号主变压器第一套、第二套差动保护动作，400V 备用电源自动投入装置动作，1 号主变压器失电。

2. 事故处理流程

（1）监控后台检查。

1）主画面检查断路器变位情况（T033、T032、5011、5012、1101、401），并清闪。

2）检查光字牌及告警信息，记录关键信息（苏州Ⅲ线第一套差动保护动作，苏州Ⅲ线两套接地距离 1 段动作，1 号主变压器第一套、第二套差动保护动作，400V 备用电源自动投入装置动作，1 号主变压器失电）。

3）检查遥测信息（4 号主变压器负荷、1 号主变压器电流电压、苏州Ⅲ线电流电压、110kV Ⅰ母线电压、相关潮流等）。

（2）运维人员 5min 向调度员初次汇报。

特高压华东变电站 ××，×× 时 ×× 分，苏州Ⅲ线第一套差动保护动作，苏州

Ⅲ线第一套、第二套接地距离1段动作，1号主变压器第一套、第二套差动保护动作，400V备用电源自动投入装置动作，T033、T032、5011、5012、1101断路器跳闸，400V备用电源自动投入装置动作，401断路器分闸，410断路器合闸，1号主变压器失电，110kV Ⅰ母线失电，相关潮流、负荷正常，现场天气××。

（3）一、二次设备检查。

1）二次设备：检查苏州Ⅲ线第一套、第二套线路保护屏，T033、T032、5011、5012断路器保护屏，1号主变压器第一套、第二套电气量保护屏。苏州Ⅲ线第二套线路保护差动连接片退出。记录1号主变压器保护装置、苏州Ⅲ线线路保护装置及故障录波装置中故障信息（故障相别、故障电流），检查装置后及时复归信号，检查备用电源自动投入装置。

2）一次设备：检查跳闸断路器实际位置（T033、T032、5011、5012、1101、401），外观及压力指示是否正常；检查5013断路器无异常后，初步判断5013断路器机构卡死，检查1号主变压器，站内保护动作范围设备（5012断路器两侧TA）情况检查，发现5012断路器与50121TA C相有放电痕迹，拉开失电断路器1111、1121、1114。

（4）15min内详细汇报调度。

特高压华东变电站××，××时××分，苏州Ⅲ线第一套差动保护动作，距离1段动作，故障相C相，故障电流××A（二次值），故障测距××km，苏州Ⅲ线第二套保护距离1段动作，故障相C相，故障电流××A（二次值），故障测距××km，1号主变压器第一套差动保护动作故障相C相，故障电流××A（二次值），1号主变压器第二套差动保护动作，故障相C相，故障电流××A（二次值），T033、T032、5011、5012、1101断路器跳闸，5013断路器拒动，5013断路器一、二次回路检查无异常，1号主变压器失电，110kV Ⅰ母失电，400V备用电源自动投入装置动作，401断路器跳闸，410断路器合闸，400V Ⅰ母线电压正常，失电断路器1111、1121、1114已拉开，现场检查发现5012断路器与50121TA之间C相有放电痕迹，苏州Ⅲ线第二套线路保护差动连接片退出，现场其他一、二次设备检查无明显异常，现场无人工作；申请投入苏州Ⅲ线第二套线路保护差动连接片，申请隔离5012断路器，申请拉开相邻电源隔离5013断路器。

（5）隔离异常设备。

1）投入苏州Ⅲ线第二套线路保护差动连接片。

2）分开5012断路器操作电源，拉开50121隔离开关，拉开50122隔离开关。

3）申请拉开5043、5033断路器，申请拉开苏州Ⅲ线对侧电源后，分开5013断路器操作电源，解锁拉开 50131 隔离开关，拉开 50132 隔离开关。

（6）恢复 500kV Ⅱ母线运行。

1）合上 5043 断路器，检查 500kV Ⅱ母线电压正常。

2）合上 5033 断路器。

（7）恢复 1 号主变压器送电。

1）1 号主变压器各项试验合格后，申请恢复 1 号主变压器运行。

2）合上 T033 断路器，对主变压器充电，检查各侧电压，发现 1 号主变压器 110kV 侧 B 相电压为 0，后台有 1 号主变压器中性点电压偏移信号，查明 1 号主变压器 110kV 侧 TV B 相有接地。

（8）补充汇报。

特高压华东变电站 ××，×× 时 ×× 分，在合上 T033 断路器对主变压器充电时，发现 1 号主变压器 110kV 侧 B 相电压为 0，现场查明 1 号主变压器 110kV 侧 TV B 相有接地，申请将拉开 T033 断路器，隔离 1 号主变压器 110kV 侧 TV。

（9）隔离 1 号主变压器 110kV 侧 TV。

1）拉开 T033 断路器，拉开 11001 隔离开关。

2）退出 1 号主变压器两套电气量保护屏及站用电保护屏上相关电压连接片。

（10）恢复 1 号主变压器送电。

1）合上 T033 断路器，检查主变压器各侧电压正常。

2）合上 T032 断路器。

3）合上 1101 断路器。

4）合上 5011 断路器。

5）合上 1 号站用变压器 1114 断路器，检查站用变压器充电正常后，分开 410 断路器、合上 401 断路器，恢复站用变压器正常运行方式。检查交直流系统、主变压器风冷运行正常。

6）按照 1 号主变压器高压侧电压情况，合上低压电抗器 1111 及 1112 断路器。

（11）将故障设备改检修。

1）5012 断路器改检修：合上 501217、501227 接地开关。

2）5013 断路器改检修：合上 501317、501327 接地开关。

3）1 号主变压器 110kV 侧 TV 改检修。

（12）事故分析。

1）苏州Ⅲ线差动保护和 1 号主变压器差动保护同时动作，优先判断出故障点在重叠区（5012 断路器两侧 TA 间），苏州Ⅲ线第二套差动保护未动作，查找原因（苏州Ⅲ线第二套线路保护差动连接片未投）。

2）苏州Ⅲ线保护动作，5013 断路器拒动，查找原因（控制回路及一次设备检查未发现问题，按断路器机构卡死处理）。5013 断路器失灵保护动作延时期间故障已由 1 号主变压器差动保护动作消除，所以 5013 断路器失灵保护未动作。同时，正常情况下苏州Ⅲ线对侧边断路器重合成功。

3）根据华东网调相关规定，隔离开关不能直接拉合 500kV 母线充电电流，所以隔离 5013 断路器时需拉开 5043、5033 断路器后，再将苏州Ⅲ线对侧电源拉开后解锁隔离 5013 断路器。

4）对主变压器、母线等设备充电后应检查电压正常。

5）1000kV 主变压器 110kV 侧 TA 发生异常需要隔离，且现场确认该 TA 压器所在 110kV 系统无接地时，如该 TA 高压侧隔离开关可遥控操作，则遥控拉开高压侧隔离开关进行隔离，否则停役该 TA 所属主变压器后进行隔离。

6）GIS 气室改检修时，相邻气室应根据需要进行泄压处理。

六、苏州Ⅰ线线路故障（A 相永久性接地），5031 断路器拒动（SF_6 压力低闭锁）

1. 故障现象

（1）一次设备：5032、5011、5041 断路器跳闸。

（2）二次设备：苏州Ⅰ线第一套、第二套线路差动保护动作出口，5031 断路器失灵保护动作，500kV Ⅰ母线第一套、第二套母线差动作出口。

（3）告警信息：5031 断路器控制回路断线、苏州Ⅰ线第一套、第二套线路差动保护动作出口、5031 断路器失灵保护动作、500kV Ⅰ母线第一套、第二套差动保护动作出口；5032、5011、5041 断路器跳闸；500kV Ⅰ母线失电，500kV 苏州Ⅰ线失电。

2. 事故处理流程

（1）监控后台检查。

1）主画面检查断路器变位情况（5032、5011、5041 断路器分闸），并清闪。

2）检查光字牌及告警信息，记录关键信息（5031 断路器 SF_6 压力低闭锁、5031 断路器控制回路断线、苏州Ⅰ线两套线路保护动作出口、5031 断路器失灵保护动作、500kV Ⅰ母线两套差动保护作出口；500kV Ⅰ母线失电）。

3）检查遥测信息（500kV Ⅰ母线电压、苏州Ⅰ线电流电压等）。

（2）运维人员 5min 向调度员初次汇报。

特高压华东变电站 ××，××时××分，苏州Ⅰ线第一套、第二套主保护动作，5032 断路器跳闸出口，5031 断路器 SF_6 压力低闭锁，5031 断路器控制回路断线，5031 断路器失灵保护动作，5032、5011、5041 断路器跳闸，500kV Ⅰ母线失电。相关潮流、负荷正常，现场天气 ××。

（3）一、二次设备检查。

1）二次设备：检查苏州Ⅰ线第一套、第二套线路保护屏，5031、5032、5011、5041 断路器保护屏，500kV Ⅰ母线第一套、第二套差动保护屏，500kV 故障录波屏及相关测控屏。记录苏州Ⅰ线线路保护装置及故障录波装置中故障信息（故障相别、故障电流及测距），检查装置后及时复归信号。

2）一次设备：检查跳闸断路器实际位置（5032、5011、5041），外观及压力指示是否正常；全面检查拒动断路器（5031），包括一次设备本体、二次保护装置、测控装置及操作电源等，查出拒动原因（SF_6 压力低），站内保护动作范围设备（5031、5032 断路器 TA 至线路设备）情况检查，故障点查找，检查 500kV Ⅰ母线停电设备正常。

（4）15min 内详细汇报调度。

特高压华东变电站 ××，××时××分，苏州Ⅰ线第一套差动保护动作，故障相 A 相，测距 ××km，故障电流 ××A（二次值），第二套差动保护动作，故障相 A 相，故障电流 ××A（二次值），测距 ××km。5032 断路器三相跳闸，5031 断路器三相 SF_6 压力低闭锁分闸（SF_6 压力：××MPa），断路器拒动，5031 断路器失灵保护动作，5011、5041 断路器三相跳闸，500kV Ⅰ母线失电，500kV 苏州Ⅰ线失电；现场其他一、二次设备检查无明显异常；申请隔离故障 5031 断路器，解锁拉开两侧隔离开关。

（5）隔离异常断路器。

分开 5031 断路器操作电源，解锁拉开 50311、50312 隔离开关。操作结束后汇报。

（6）线路试送。

确认 5031 断路器已经隔离后，对苏州Ⅰ线进行试送。

1）优先采用苏州Ⅰ线对侧边断路器进行试送电。

2）试送不成检查光字牌、断路器变位、告警信息，现场检查一、二次设备（检查保护装置动作情况并复归信号，检查跳闸断路器位置及压力指示）。

（7）故障线路改冷备用，500kV Ⅰ母线恢复送电。

1）拉开 50321、50322 隔离开关，将苏州Ⅰ线 5032 断路器由热备用转冷备用。

2）合上 5041 断路器，对 500kV Ⅰ母线进行充电，检查母线充电正常（检查相关遥信、母线电压等正常）。

3）合上5011断路器，恢复母线送电。

（8）将故障设备改检修。

1）苏州Ⅰ线改检修：合上线路侧接地开关，分开线路TA低压侧空气开关。

2）苏州Ⅰ线5031断路器改检修：合上5031断路器两侧接地开关。

（9）事故分析。

1）因5031断路器重合闸未动作且站内未找到故障点，且线路和对侧变电站情况未知，可申请对苏州Ⅰ线试送电一次。

2）线路试送时，注意对送电端选择的合理性。由于本侧只能通过中断路器对苏州Ⅰ线进行试送，条件允许情况下优先采用苏州Ⅰ线对侧边断路器进行试送电。

七、苏州Ⅲ线线路故障（A相永久性接地），5012断路器拒动（SF_6压力低闭锁），400V备用电源自动投入装置退出

1. 故障现象

（1）一次设备：5013、5011、T032、T033、1101断路器跳闸。

（2）二次设备：苏州Ⅲ线第一套、第二套线路差动保护动作出口，5012断路器失灵保护动作，1号主体变压器两套电气量保护失灵联跳三侧出口。

（3）告警信息：5012断路器控制回路断线、苏州Ⅲ线、1号主变压器失电，苏州Ⅲ线第一、二套线路差动保护动作出口、5012断路器失灵保护动作、1号主变压器两套电气量保护失灵联跳三侧出口，失灵远跳苏州Ⅲ线对侧；5013、5011、T032、T033、1101断路器跳闸；110kV Ⅰ母线失电，400V Ⅰ母线失电。

2. 事故处理流程

（1）监控后台检查。

1）主画面检查断路器变位情况（5013、5011、T032、T033、1101断路器分闸），并清闪。

2）检查光字牌及告警信息，记录关键信息（5012断路器控制回路断线、苏州Ⅲ线两套套线路保护动作出口、5012断路器失灵保护动作、失灵联跳1号主变压器三侧动作出口、失灵远跳苏州Ⅲ线对侧；1号主变压器失电，110kV Ⅰ母线失电，400V Ⅰ母线失电）。

3）检查遥测信息（4号主变压器负荷、1号主变压器电流电压、110kV Ⅰ母线电压、苏州Ⅲ线电流电压等）。

（2）运维人员 5min 向调度员初次汇报。

特高压华东变电站 ××，××时××分，苏州Ⅲ线第一套、第二套主保护动作，5013 断路器 A 相跳闸出口，5012 断路器 SF_6 压力低闭锁，5012 断路器失灵保护动作，5013、5011、T032、T033、1101 断路器跳闸。1 号主变压器失电，110kV Ⅰ母线失电，400V Ⅰ母线失电，相关潮流、负荷正常，现场天气 ××。

（3）一、二次设备检查。

1）二次设备：检查苏州Ⅲ线第一套、第二套线路保护屏，5013、5011、T032、T033 断路器保护屏，1 号主变压器第一套、第二套电气量保护屏，记录苏州Ⅲ线线路保护装置及故障录波装置中故障信息（故障相别、故障电流及测距），检查装置后及时复归信号，检查站用变备用电源自动投入装置状态（备用电源自动投入装置退出），自行恢复，分开 401 断路器、合上 410 断路器，恢复 400V Ⅰ母线供电（改由 0 号站用变供 400V Ⅰ母线）。

2）一次设备：检查跳闸断路器实际位置（5013、5011、T032、T033、1101），外观及压力指示是否正常；全面检查拒动断路器（5012），包括一次设备本体、二次保护装置、测控装置及操作电源等，查出拒动原因（SF_6 压力低），检查 1 号主变压器本体，站内保护动作范围设备（5012、5013 断路器 TA 至线路设备）情况检查，故障点查找，拉开失电断路器 1111、1121、1114。

（4）15min 内详细汇报调度。

特高压华东变电站 ××，××时××分，苏州Ⅲ线 5013 断路器 A 相跳闸，第一套差动保护动作，故障相 A 相，测距 ××km，故障电流 ××A（二次值），第二套差动保护动作，故障相 A 相，故障电流 ××A（二次值），测距 ××km。5012 断路器 SF_6 压力低（XXMPa）闭锁分闸，断路器拒动，失灵保护动作跳 5013 断路器，联跳 1 号主变压器三侧 5011、T032、T033、1101 断路器，1 号主变压器失电，苏州Ⅲ线失电，110kV Ⅰ母失电，400V 备用电源自动投入装置未动作，400V Ⅰ母线失电，站用变备用电源自动投入装置退出，自行恢复，手动恢复至由 0 号站用变供电；失电断路器 1111、1121、1114 已拉开。现场其他一、二次设备检查无明显异常，现场无人工作；申请隔离故障 5012 断路器，解锁拉开两侧隔离开关。

（5）隔离异常断路器。

分开 5012 断路器操作电源，解锁拉开 50121、50122 隔离开关。

（6）线路试送。

5012 断路器已经隔离后，申请对苏州Ⅲ线进行试送。

1）将5013断路器由热备用转运行对苏州Ⅲ线试送。

2）试送不成检查光字牌、断路器变位、告警信息，现场检查一、二次设备（检查保护装置动作情况并复归信号，检查跳闸断路器位置及压力指示），并汇报调度。

（7）故障线路改冷备用，1号主变压器恢复送电。

1）拉开50131、50132隔离开关，将苏州Ⅲ线5013断路器由热备用转冷备用。

2）合上T033断路器，对1号主变压器进行充电，检查1号主变压器充电正常（检查相关遥信、主变压器三侧电压等正常，主变压器三侧避雷器泄漏电流表指示正常），然后合上T032断路器。

3）合上1101断路器，检查110kV Ⅰ母线充电正常，遥测量正常。

4）合上5011断路器。

5）合上1号站用变1114断路器，检查站用变压器充电正常后，分开410断路器、合上401断路器，恢复站用变压器正常运行方式。检查交直流系统、主变压器风冷运行正常。

6）按照1号主变压器高压侧电压情况，合上低压电抗器1111及1112断路器。

（8）将故障设备改检修。

1）将苏州Ⅲ线改检修：合上线路侧接地开关，分开线路TV低压侧空气开关。

2）将苏州Ⅲ线5012断路器改检修：合上5012断路器两侧接地开关。

（9）事故分析。

1）苏州Ⅲ线A相故障，5013断路器A相跳闸，并启动重合闸，在重合闸等待时间内因5012断路器失灵5013断路器直接三跳，并闭锁5013断路器重合闸。

2）应该熟悉站内断路器重合闸投退情况，重合闸、失灵时间整定情况，这是事故正确分析判断的前提。

八、T051断路器重叠区A相故障（T0512 TA A相），T052断路器操作电源分开

1. 故障现象

（1）一次设备：T031、T041、T051、T053、5051、5052、1107断路器跳闸。

（2）二次设备：1000kV Ⅰ母线第一套、第二套母线差动保护动作，4号主变压器第一套、第二套差动保护动作，T052断路器失灵保护动作，失灵联跳4号主变压器，400V备用电源自动投入装置动作。

（3）告警信息：T052断路器控制回路断线，华东Ⅲ线线路保护发远跳，1000kV Ⅰ

母失电，4 号主变压器失电，华东Ⅲ线失电，110kV Ⅱ母线失电。

2. 事故处理流程

（1）监控后台检查。

1）主画面检查断路器变位情况（T031、T041、T051、T053、5051、5052、1107、402 断路器分闸，420 断路器合闸）。

2）检查光字牌及告警信息，记录关键信息（T052 断路器控制回路断线，1000kV Ⅰ母线第一套、第二套母线差动保护动作，4 号主变压器第一套、第二套差动保护动作，T031、T041、T051、5051、5052、1107 断路器跳闸；T052 断路器失灵保护动作，华东Ⅲ线线路保护发远跳，失灵联跳 4 号主变压器，T053 断路器跳闸；1000kV Ⅰ母线失电，4 号主变压器失电，华东Ⅲ线失电，110kV Ⅱ母线失电，备用电源自动投入装置动作，400V Ⅱ母线电压正常）。

3）检查遥测信息（1 号主变压器负荷、4 号主变压器三侧电压及电流、1000kV Ⅰ母电压、110kV Ⅱ母电压、华东Ⅲ线电流电压）。

（2）运维人员 5min 向调度员初次汇报。

特高压华东变 ××，×× 时 ×× 分，1000kV Ⅰ母线第一套、第二套母线差动保护动作，4 号主变压器第一套、第二套差动保护动作，T031、T041、T051、5051、5052、1107 断路器跳闸，T052 断路器控制回路断线，T052 断路器失灵保护动作，T053 断路器跳闸，400V 备用电源自动投入装置正确动作，站用电系统正常，1000kV Ⅰ母线、华东Ⅲ线失电、4 号主变压器失电、110kV Ⅱ母线失电，1 号主变压器负荷正常，现场天气 ××。

（3）一、二次设备检查。

1）二次设备：检查 1000kV Ⅰ母线第一套、第二套保护屏，4 号主变压器第一套、第二套保护屏，华东Ⅲ线线路保护屏，T031、T041、T051、T053、5051、5052 断路器保护屏，相关测控装置等；记录 1000kV Ⅰ母线第一套、第二套保护及 4 号主变压器第一套、第二套主体变压器保护装置内的故障信息（动作保护、故障相、故障电流），检查装置后及时复归信号；检查发现 T052 断路器保护屏上第一组操作电源及第二组操作电源在分位，合上操作电源开关。

2）一次设备：检查跳闸断路器实际位置（T031、T041、T051、T053、5051、5052、1107），外观及压力指示是否正常；检查拒动断路器 T052 实际位置，外观及压力指示是否正常，检查正常后试拉 T052 断路器，试拉成功，检查 4 号主变压器本体，1000kV Ⅰ母线检查正常；站内保护动作范围设备（T051 断路器两侧 A 相 TA 之间）情况检查，故障点查找，故障点在 T0512 TA A 相，拉开失电断路器 1171、1181、1174。

（4）15min 内详细汇报调度。

特高压华东变电站 ××，×× 时 ×× 分，1000kV Ⅰ母线第一套、第二套母线差动保护动作，4 号主变压器第一套、第二套差动保护动作，T031、T041、T051、5051、5052、1107 断路器跳闸，T052 断路器两组操作电源空气开关在分位，T052 断路器失灵保护动作，T053 断路器跳闸，400V 备用电源自动投入装置动作；1000kV Ⅰ母线、华东Ⅲ线失电、4 号主变压器失电、110kV Ⅱ母线失电，1 号主变压器负荷正常，故障点在 T0512 TA A 相，其他一、二次设备检查无明显异常，现场无人工作。现场已合上 T052 断路器两组操作电源空气开关，T052 断路器已手动拉开，110kV Ⅱ母线上失电断路器 1171、1181、1174 已拉开。

（5）隔离故障点。

申请隔离故障点，拉开 T0511、T0512 隔离开关，隔离故障点。

（6）恢复送电。

1）合上 T053 断路器试送华东Ⅲ线，试送成功，检查线路电压正常、避雷器泄漏电流指示正常。

2）合上 T052 充电 4 号主变压器，检查充电正常（三侧电压，避雷器泄漏电流指示正常，主变压器本体及风冷正常等），依次合上 1107、5051、5052 断路器，恢复 4 号主变压器运行。

3）合上 T031 断路器充电 1000kV Ⅰ母线，检查充电正常（电压指示正常，母线 TV 充电正常）；合上 T041 断路器。

4）合上 2 号站用变压器 1174 断路器，检查 2 号站用变压器充电正常；恢复站用变压器正常运方（拉开 420，检查 400V Ⅱ母线失电，合上 402 断路器，检查 400V Ⅱ母线电压正常）。

（7）将故障设备改检修。

T051 断路器改检修：合上 T05117、T05127 接地开关。

（8）事故分析。

1）1000kV Ⅰ母差动保护和 4 号主变压器差动保护同时动作，由此判断故障点在重叠区（T051 断路器两侧 TA 间）。

2）实际生产中，GIS 气室改检修时应该考虑相邻气室的泄压问题。

九、500kV Ⅱ母A相接地，5013断路器SF_6压力低闭锁，处理过程中，5033汇控柜动力电源被分开

1. 故障现象

（1）一次设备：5043、5033、5012断路器跳闸。

（2）二次设备：500kV Ⅱ母线第一套、第二套差动保护动作，5013断路器SF_6压力低闭锁，5013断路器控制回路断线，5013断路器失灵保护动作，苏州Ⅲ线线路保护远传发信。

2. 事故处理流程

（1）监控后台检查。

1）主画面检查断路器变位情况（5043、5033、5012），并清闪。

2）检查光字及告警信息，记录关键信息（500kV Ⅱ母线第一套、第二套差动保护动作，5013断路器SF_6压力低闭锁，5013断路器控制回路断线，5013断路器失灵保护动作，苏州Ⅲ线线路保护远传发信，500kV Ⅱ母线失电、苏州Ⅲ线失电）。

3）检查遥测信息（500kV Ⅱ母线电压、苏州Ⅲ线电压）。

（2）运维人员5min向调度员初次汇报。

特高压华东变电站××，××时××分，500kV Ⅱ母线第一套、第二套差动保护动作，5013断路器SF_6压力低闭锁，5013断路器控制回路断线，5013断路器失灵保护动作，5043、5033、5012断路器跳闸，站用电系统正常。500kV Ⅱ母线失电、苏州Ⅲ线失电，现场天气××。

（3）一、二次设备检查。

1）二次设备：检查500kV Ⅱ母线第一套、第二套母线差动保护屏，记录故障信息[故障相A，故障电流××A（二次值）]，并复归信号；检查苏州Ⅲ线第一套、第二套线路保护屏，复归信号；检查5043、5033、5012、5013断路器保护屏，复归信号。

2）一次设备：检查跳闸断路器实际位置（5043、5033、5012），外观及压力指示是否正常；检查拒动断路器（5013断路器SF_6压力低闭锁，分开5013断路器操作电源）；查找故障点。

（4）15min内详细汇报调度。

特高压华东变电站××，××时××分，500kV Ⅱ母线第一套、第二套差动保护动作，故障相A相，故障电流××A（二次值），5033、5043断路器跳闸，5013断路器SF_6压力值××MPa，低于闭锁压力，5013断路器失灵保护动作，苏州Ⅲ线两套线路保

护远传发信，5012 断路器三相跳闸，站用电系统正常；苏州Ⅲ线线路无压，500kV Ⅱ母线失电，相关设备负荷潮流正常，现场无人工作；现场检查 500kV Ⅱ母线 5217 接地开关处击穿，申请隔离故障 500kV Ⅱ母线、解锁隔离故障 5013 断路器。

（5）隔离故障点。

1）解锁拉开 5013 断路器两侧隔离开关。

2）50331、50332 无法操作，检查发现 5033 断路器汇控柜动力电源被分开，合上电源继续操作，500kV Ⅱ母线转冷备用。

3）利用线路对侧开关试送苏州Ⅲ线成功后合上 5012 断路器。

（6）故障设备改检修。

1）5013 断路器改为检修并将苏州Ⅲ线两套线路保护屏上断路器位置切换把手切至“边断路器检修”位置。

2）500kV Ⅱ母线改为检修。

（7）事故分析。

1）母线保护范围较广，查找故障点时不要遗漏保护范围内的设备（母线 TV、母线接地开关等）。

2）对线路试送电时应考虑对系统的影响，合理选择送电端。

十、110kV Ⅱ母 A 相接地，1171 低压电抗器 B 相接地，110kV 母差保护屏上跳 1107 断路器出口连接片退出

1. 故障现象

（1）一次设备：1171、1174 断路器跳闸。

（2）二次设备：110kV Ⅱ母线 A 相接地，4 号主变压器中性点偏移，110kV Ⅱ母线第一套、第二套差动保护动作，1171 低压电抗器保护动作，400V 备用电源自动投入装置动作。

2. 事故处理流程

（1）监控后台检查。

1）主画面检查断路器变位情况（1171、1174 断路器跳闸）。

2）检查光字及告警信息，记录关键信息 [110kV Ⅱ母线 A 相接地，4 号主变压器中性点偏移，110kV Ⅱ母线第一套、第二套差动保护动作，1171 低压电抗器保护动作（小电流），400V 备用电源自动投入装置动作]。

3）检查遥测信息（110kV Ⅱ母线电压，1107 断路器电流）。

（2）运维人员 5min 向调度员初次汇报。

特高压华东变电站 ××，×× 时 ×× 分，110kV Ⅱ母线单相接地，4 号主变压器中性点偏移，×× 时 ×× 分，110kV Ⅱ母线第一套、第二套差动保护动作，1171 低压电抗器保护动作，1171、1174 断路器跳闸，备用电源自动投入装置正确动作，站用电系统正常，相关设备潮流、负荷正常，现场天气 ××。

（3）一、二次设备检查。

1）二次设备：检查 4 号主变压器无功设备保护屏，1171 低压电抗器保护装置，记录故障信息 [故障相 B，故障电流 ××A（二次值）]，并复归信号，4 号主变压器中性点偏移信号依然存在；检查 110kV Ⅱ母线第一套、第二套母差保护屏，记录故障信息 [A 相接地，故障电流 ××A（二次值）]，并复归信号，110kV Ⅱ母线 A 相接地信号依然存在，110kV Ⅱ母线 A 相电压为 0，B、C 相为 110kV；检查 1171 低压电抗器保护动作情况 [故障相为 B 相，故障电流 ××A（二次值），小电流保护动作]，记录故障信息并复归信号，检查 1107 断路器拒动原因，发现 110kV 母差保护屏上跳 1107 断路器出口连接片退出，手动投入。

2）一次设备：检查跳闸断路器实际位置（1171、1174），外观及压力指示是否正常；检查拒动断路器实际位置（1107），外观及压力指示是否正常；拉开失电断路器 1111；查找故障点。

（4）15min 内详细汇报调度。

特高压华东变电站 ××，×× 时 ×× 分，110kV Ⅱ母线 A 相接地、4 号主变压器中性点电压偏移，×× 时 ×× 分，110kV Ⅱ母线第一套、第二套母线差动保护动作，故障相 A 相，故障电流 ××A，1171 低压电抗器小电流保护动作，故障相 B 相，故障电流 ××A（二次值）；1174、1171 断路器跳闸，1107 断路器拒动，400V 备用电源自动投入装置正确动作，站用电系统正常；现场无人工作，检查发现 110kV 母差保护屏上跳 1107 断路器出口压板退出，手动投入；110kV Ⅱ母线 A 相电压为 0，B、C 相为 110kV；一次检查发现 110kV Ⅱ母 A 相支撑绝缘子破裂，1171 低压电抗器避雷器 B 相接地，其他一、二次设备检查正常。已拉开失电 1111 断路器，申请隔离故障的 110kV Ⅱ母线和 1171 低压电抗器。

（5）隔离故障点及故障断路器。

1）拉开 1107 断路器。

2）拉开 11071 隔离开关。

3）拉开 11211、11111 隔离开关。

4）拉开 11141 隔离开关。

（6）故障设备改检修。

1）1171 低压电抗器改为检修。

2）110kV Ⅱ母线改为检修。

（7）事故分析。

1）110kV Ⅱ母先是发生一点接地，另外两相电压升为线电压后因绝缘损坏发生另一点接地。

2）根据故障信息，首先是 110kV Ⅱ母线 A 相接地，然后 1171 低压电抗器保护动作（故障相 B）、110kV Ⅱ母母差保护动作（差动相 A），可以判断 1171 低压电抗器保护范围内 B 相有一点接地（1171 低压电抗器避雷器 B 相接地）。110kV Ⅱ母线差动动作后，A 相接地信号依旧存在，说明故障未切除，找出 110kV Ⅱ母线差动保护范围内的接地点（110kV Ⅱ母 A 相支撑绝缘子破裂）。

3）检查 1107 断路器拒动原因，发现 110kV 母差保护屏上跳 1107 断路器出口压板退出。

4）故障过程：先是 110kV Ⅱ母 A 相支撑绝缘子破裂，发 110kV 母线单相接地与 4 号主变压器中性点电压偏移信号，紧接着 1171 低压电抗器因 BC 相电压升高发生绝缘损坏，B 相接地，1171 低压电抗器保护动作，1171 断路器跳闸，同时 110kV Ⅱ母第一套、第二套母差 A 相产生差流，母差保护动作，1174 断路器跳闸，由于跳 1107 断路器出口压板退出，1107 断路器不动作。1171 断路器跳开后，4 号主变压器低压侧又恢复了单相接地，差流消失，1107 断路器失灵保护不会动作。

十一、华东Ⅱ线 A 相瞬时接地故障，T032 断路器 SF_6 压力低闭锁，跳闸后 110kV Ⅰ母线 A 相接地

1. 故障现象

（1）一次设备：T031、T033、5011、5012、1101 断路器跳闸。

（2）二次设备：T032 断路器 SF_6 压力低闭锁，T032 断路器控制回路断线，华东Ⅱ线第一套、第二套差动保护动作，T032 断路器失灵保护动作，失灵联跳 1 号主变压器，华东Ⅱ线线路保护远传发信，400V 备用电源自动投入装置动作。

2. 事故处理流程

（1）监控后台检查。

1）主画面检查断路器变位情况（T031、T033、5011、5012、1101、401 断路器跳闸，

410 断路器合闸），并清闪。

2）检查光字牌及告警信息，记录关键信息（T032 断路器 SF_6 压力低闭锁，T032 断路器控制回路断线，华东Ⅱ线第一套、第二套差动保护动作，T032 断路器失灵保护动作，失灵联跳 1 号主变压器，华东Ⅱ线线路保护远传发信，400V 备用电源自动投入装置动作；华东Ⅱ线失电，1 号主变压器失电）。

3）检查遥测信息（1 号主变压器电压、华东Ⅱ线电流电压等）。

（2）运维人员 5min 向调度员初次汇报。

特高压华东变电站 ××，×× 时 ×× 分，华东Ⅱ线第一套、第二套主保护动作，T031 断路器跳闸出口，T032 断路器 SF_6 压力低闭锁，T032 断路器失灵保护动作，失灵联跳 1 号主变压器，华东Ⅱ线线路保护远传发信，5012、5011、1101、T033 断路器跳闸，华东Ⅱ线失电，1 号主变压器失电。400V 备用电源自动投入装置正确动作，站用电正常，相关潮流、负荷正常，现场天气 ××。

（3）一、二次设备检查。

1）二次设备：检查华东Ⅱ线第一套、第二套线路保护屏，T031、T032、T033、5011、5012 断路器保护屏，1 号主变压器第一套、第二套保护屏，1000kV 故障录波屏及相关测控屏，记录华东Ⅱ线线路保护装置及故障录波装置中故障信息（故障相别、故障电流及测距），检查装置后及时复归信号。

2）一次设备：检查跳闸断路器实际位置（T031、T033、5011、5012、1101），外观及压力指示是否正常；全面检查拒动断路器（T032），包括一次设备本体、二次保护装置、测控装置及操作电源等，查出拒动原因（SF_6 压力低），站内保护动作范围设备（T031、T032 断路器 TA 至线路设备）情况检查，故障点查找，检查 1 号主变压器、华东Ⅱ线停电设备正常，拉开失电断路器 1111、1121。

（4）15min 内详细汇报调度。

特高压华东变电站 ××，×× 时 ×× 分，华东Ⅱ线第一套、第二套差动保护动作，故障相 A 相，故障电流 ××A（二次值），T031 断路器 A 相跳闸，T032 断路器 SF_6 压力值 ××MPa，低于闭锁压力，T032 断路器失灵保护动作，联跳 1 号主变压器，T031、T033、5011、5012、1101 断路器三相跳闸，400V 备用电源自动投入装置正确动作，站用电系统正常；华东Ⅱ线失电，1 号主变压器失电，相关设备负荷潮流正常，现场无人工作；现场检查华东Ⅱ线、1 号主变压器未发现明显故障点，申请解锁隔离故障 T032 断路器。

（5）隔离故障点及故障断路器。

1）分开 T032 断路器操作电源。

2）解锁操作，拉开 T032 开关两侧隔离开关。

（6）恢复送电。

1）合上 T031 断路器，试送华东Ⅱ线，试送成功。

2）恢复 1 号主变压器送电，合 1101 断路器时，母线 A 相接地，找出接地点 110kV Ⅰ母线 A 相接地。

（7）补充汇报。

特高压华东变电站 ××，×× 时 ×× 分，在 1 号主变压器送电，合 1101 断路器时，母线 A 相接地，接地点为 10kV Ⅰ母线 A 相母线支持套管，申请将 110kV Ⅰ母线改检修。

（8）隔离故障并改检修。

1）拉开 1101 断路器。

2）110kV Ⅰ母线改检修。

（9）事故分析。

1）华东Ⅱ线发生 A 相瞬时接地故障，由于 T032 断路器 SF_6 压力低闭锁分闸，导致接地点绝缘一直不能恢复，满足 T032 断路器失灵保护动作条件后 T032 断路器失灵动作出口跳闸。T032 断路器失灵动作后，接地点绝缘恢复，线路试送成功。

2）对 110kV Ⅰ母充电时注意检查母线电压是否正常，及时发现异常情况。

十二、5011 断路器 B 相故障（重叠区），5041 断路器 SF_6 压力低闭锁，跳闸后 T032 断路器拒动

1. 故障现象

（1）一次设备：T032、T033、5011、5012、5031、5043、1101 断路器跳闸。

（2）二次设备：1 号主变压器第一套、第二套主保护动作出口，500kV Ⅰ母线第一套、第二套差动保护动作出口，5041 断路器失灵保护动作，苏州Ⅱ线线路保护远跳发信，400V 备用电源自动投入装置动作。

（3）其他信息：5041 断路器 SF_6 压力低闭锁，控制回路断线；1 号主变压器失电，500kV Ⅰ母线失电，110kV Ⅰ母线失电，苏州Ⅱ线线路无压。

2. 事故处理流程

（1）监控后台检查。

1）主画面检查断路器变位情况（T032、T033、5011、5012、5031、5043、1101、401 断路器分闸，410 断路器合闸），并清闪。

2）检查光字及告警信息，记录关键信息（5041 断路器 SF_6 压力低、5041 断路器控

制回路断线，1 号主变压器第一套、第二套差动保护动作出口，500kV Ⅰ母线第一套、第二套差动保护动作出口，T032、T033、5011、5012、5031、1101 断路器跳闸，5041 断路器失灵保护动作，5043 断路器跳闸，苏州Ⅱ线线路保护远跳发信。400V 备用电源自动投入装置动作，401 断路器跳闸，410 断路器合上。1 号主变压器失电，500kV Ⅰ母线失电，110kV Ⅰ母线失电，苏州Ⅱ线线路无压）。

3）检查遥测信息（4 号主变压器负荷正常、1 号主变压器三侧电流电压、500kV Ⅰ母线电压、110kV Ⅰ母线电压、苏州Ⅱ线电流电压等）。

（2）运维人员 5min 向调度员初次汇报。

特高压华东变电站 ××，×× 时 ×× 分，1 号主变压器第一套、第二套差动保护动作出口，500kV Ⅰ母线第一套、第二套差动保护动作出口，T032、T033、5011、5012、5031、1101 断路器跳闸，5041 断路器压力低闭锁，5041 断路器失灵保护动作，5043 断路器跳闸，苏州Ⅱ线线路保护远跳发信；400V 备用电源自动投入装置正确动作，站用电系统正常；4 号主变压器负荷正常，1 号主变压器失电，500kV Ⅰ母线失电，110kV Ⅰ母线失电，其他相关潮流、负荷正常，现场天气 ××。

（3）一、二次设备检查。

1）二次设备：检查 1 号主变压器第一套、第二套保护屏，记录故障信息 [故障相 B，故障电流 ××A（二次值）]，并复归信号；检查 500kV Ⅰ母线第一套、第二套差动保护屏，记录故障信息 [故障相 B，故障电流 ××A（二次值）]，并复归信号；检查 T032、T033、5011、5012、5031 断路器保护屏，并复归信号；检查苏州Ⅱ线线路保护屏，并复归信号。

2）一次设备：检查跳闸断路器实际位置（T032、T033、5011、5012、5031、5043、1101），外观及压力指示是否正常（T032 断路器机构损坏，无法分合闸，可以在主变压器送电时发现）；全面检查拒动断路器（5041），包括一次设备本体、二次保护装置、测控装置及操作电源等，查出拒动原因（SF_6 压力低），检查 1 号主变压器本体，站内保护动作范围设备（5011 断路器两侧 TA 之间）情况检查，查找故障点，拉开失电断路器 1111、1121、1114。

（4）15min 内详细汇报调度。

特高压华东变电站 ××，×× 时 ×× 分，1 号主变压器第一套、第二套主体变压器差动保护动作出口，故障相别 B 相，故障电流 ××A（二次值）；500kV Ⅰ母线第一套、第二套差动保护动作出口，故障相别 B 相，故障电流 ××A（二次值），T032、T033、5011、5012、5031、1101 断路器跳闸，5041 断路器 SF_6 压力低闭锁分闸，SF_6 压力××，断路器拒动，5041断路器失灵保护动作，5043断路器跳闸，苏州Ⅱ线线路保护远跳发信；400V备用电源自动投入装置正确动作，站用电系统正常；4号主变压器负荷正常，1号主变压器失电，500kV Ⅰ母线失电，110kV Ⅰ母线失电，现场无人工作。现场检查5011断路器B相靠近50111 TA处本体气室击穿，其他一、二次设备检查正常。申请隔离故障5011断路器，申请隔离拒动5041断路器，解锁拉开5041断路器两侧隔离开关。

（5）隔离故障及异常断路器。

1）拉开50111、50112隔离开关，分开5011断路器操作电源。

2）分开5041断路器操作电源，解锁拉开50411、50412隔离开关。

（6）线路恢复送电。

5041断路器已经隔离后，申请恢复苏州Ⅱ线送电。

1）调整重合闸方式（先停5041断路器重合闸，再启用5042断路器重合闸）。

2）合上5043断路器，恢复送电，检查线路电压正常，避雷器泄漏电流正常。

（7）1号主变压器恢复送电。

1）合上T033断路器，对1号主变压器进行充电，检查1号主变压器充电正常（检查相关遥信、主变压器三侧电压等正常，主变压器三侧避雷器泄漏电流表指示正常），然后合上T032断路器。

2）T032断路器拒动，现场检查机构卡死，申请隔离T032断路器，拉开T0321，T0322隔离开关。

3）合上1101断路器，检查110kV Ⅰ母线充电正常，遥测量正常。

4）合上5012断路器，检查潮流。

5）合上1号站用变压器1114断路器，检查站用变压器充电正常后，分开410断路器、合上401断路器，恢复站用变正常运行方式。检查交直流系统、主变压器风冷运行正常。

（8）500kV Ⅰ母线恢复送电。

合上5031断路器，对500kV Ⅰ母线进行充电，检查母线充电正常（检查母线电压正常）。

（9）将故障设备改检修。

1）5011断路器改检修，合上501117，501127接地开关（间接验电：检查50111，50112隔离开关分位，检查5011断路器电流为零）。

2）5041断路器改检修，合上504117，504127接地开关（间接验电：检查50411，

50412 隔离开关分位，检查 5041 断路器电流为零）；苏州Ⅱ线两套线路保护屏上断路器位置切换把手切至“边断路器检修”位置。

3）T032 断路器改检修，合上 T03217，T03227 接地开关（间接验电：检查 T0321，T0322 隔离开关分位），华东Ⅱ线两套线路保护屏上断路器位置切换把手切至“边断路器检修”位置。

（10）事故分析。

1）1 号主变压器差动保护和 500kV Ⅰ母线差动保护同时动作，随后 5041 断路器失灵保护动作，这些信息表明故障点应该在 5011 断路器与 50111 TA 间。

2）线路断路器检修时，注意线路断路器重合闸方式的及时调整，线路保护屏断路器检修位置的切换。

十三、华东Ⅱ线 A 相接地（A 相 TV 接地故障），T032 断路器 SF_6 压力低闭锁

1. 故障现象

（1）一次设备：T031、T033、5011、5012、1101 断路器跳闸。

（2）二次设备：华东Ⅱ线第一套、第二套差动保护动作，T032 断路器失灵保护动作，联跳 1 号主变压器三侧断路器，华东Ⅱ线路保护远跳发信，400V 备用电源自动投入装置动作。

（3）其他信息：T032 断路器 SF_6 压力低闭锁，控制回路断线；1 号主变压器失电，110kV Ⅰ母线失电，华东Ⅱ线线路无压。

2. 事故处理流程

（1）监控后台检查。

1）主画面检查断路器变位情况（T031、T033、5011、5012、1101、401 断路器分闸，410 断路器合闸），并清闪。

2）检查光字及告警信息，记录关键信息（T032 断路器 SF_6 压力低、T032 断路器控制回路断线，华东Ⅱ线第一套、第二套差动保护动作出口，T031 断路器 A 相跳闸，T032 断路器失灵保护动作，联跳 1 号主变压器三侧断路器，T031、T033、5011、5012、1101 断路器跳闸，华东Ⅱ线路保护远跳发信。400V 备用电源自动投入装置动作，401 断路器跳闸，410 断路器合上。1 号主变压器失电，110kV Ⅰ母线失电，华东Ⅱ线线路无压。

3）检查遥测信息（4 号主变压器负荷正常、1 号主变压器三侧电流电压、110kV Ⅰ母线电压、华东Ⅱ线电流电压等）。

（2）运维人员5min向调度员初次汇报。

特高压华东变电站××，××时××分，华东Ⅱ线第一套、第二套差动保护动作出口，T031断路器A相跳闸，T032断路器压力低闭锁，T032断路器失灵保护动作，联跳1号主变压器三侧断路器，T031、T033、5011、5012、1101断路器跳闸，华东Ⅱ线线路保护远跳发信；400V备用电源自动投入装置正确动作，站用电系统正常；4号主变压器负荷正常，1号主变压器失电，110kV Ⅰ母线失电，其他相关潮流、负荷正常，现场天气××。

（3）一、二次设备检查。

1）二次设备：检查华东Ⅱ线第一套、第二套线路保护屏，记录故障信息（故障相A，故障电流××A（二次值），故障测距××km），并复归信号；检查1号主变压器第一套、第二套保护屏，复归信号；检查T031、T032、T033、5011、5012断路器保护屏，复归信号。

2）一次设备：检查跳闸断路器实际位置（T031、T033、5011、5012、1101），外观及压力指示是否正常；全面检查拒动断路器（T032），包括一次设备本体、二次保护装置、测控装置及操作电源等，查出拒动原因（SF_6压力低），检查1号主变压器本体，在华东Ⅱ线线路保护范围内查找故障点，拉开失电断路器1111、1121、1114。

（4）15min内详细汇报调度。

特高压华东变电站××，××时××分，华东Ⅱ线第一套、第二套差动保护动作出口，故障相别A相，故障电流××A（二次值），故障测距××km，T031断路器A相跳闸，T032断路器SF_6压力低闭锁，SF_6压力××MPa，T032断路器失灵保护动作，联跳1号主变压器三侧断路器，T031、T033、5011、5012、1101断路器跳闸，华东Ⅱ线线路保护远跳发信；400V备用电源自动投入装置正确动作，站用电系统正常；4号主变压器负荷正常，1号主变压器失电、110kV Ⅰ母线失电，现场无人工作。现场检查华东Ⅱ线A相TV故障接地，其他一、二次设备检查正常。申请隔离故障线路华东Ⅱ线，隔离拒动断路器T032，解锁拉开T032断路器两侧隔离开关。

（5）隔离故障及异常断路器。

1）拉开T0312、T0311隔离开关。

2）分开T032断路器操作电源（操作电源也可以在一次设备检查时拉开），解锁拉开T0321、T0322隔离开关。

3）操作结束后汇报，申请恢复1号主变压器送电。

（6）1号主变压器恢复送电。

1）合上T033断路器，对1号主变压器进行充电，检查1号主变压器充电正常（检查相关遥信、主变压器三侧电压等正常，主变压器三侧避雷器泄漏电流表指示正常）。

2）合上1101断路器，检查110kV Ⅰ母线充电正常，电压正常。

3）合上5011断路器，合上5012断路器。

4）合上1号站用变1114断路器，检查站用变充电正常后，分开410断路器、合上401断路器，恢复站用变正常运行方式。

（7）将故障设备改检修。

1）华东Ⅱ线改检修：合上T03167接地开关，分开线路TV二次空气开关。

2）T032断路器改检修：合上T03217，T03227接地开关。

（8）事故分析。

1）线路保护动作跳闸后，运维人员需及时检查站内保护范围内的一、二次设备，其中一次设备包括保护用TA到站外1号塔之间的所有设备，不可漏查。

2）对于GIS设备，需要掌握各种间接验电的要求和方法。

十四、1号主变压器低压侧汇流母线C相接地，110kV1号站用变1114断路器母线侧A相故障

1. 故障现象

（1）一次设备：T032、T033、5011、5012、1101、1114断路器跳闸。

（2）二次设备：110kV母线发单相接地，1号主变压器发中性点电压偏移，1号主变压器第一套、第二套差动保护动作，110kV Ⅰ母线第一套、第二套差动保护动作，400V备用电源自动投入装置动作。

（3）其他信息：1号主变压器失电，110kV Ⅰ母线失电。

2. 事故处理流程

（1）监控后台检查。

1）主画面检查断路器变位情况（T032、T033、5011、5012、1101、1114、401断路器分闸，410断路器合闸），并清闪。

2）检查光字及告警信息，记录关键信息（110kV母线单相接地，1号主变压器第一套、第二套差动保护动作出口，110kV Ⅰ母线第一套、第二套差动保护动作出口，T032、T033、5011、5012、1101、1114断路器跳闸，400V备用电源自动投入装置动作，401断路器跳闸，410断路器合闸。1号主变压器失电，110kV Ⅰ母线失电）。

3）检查遥测信息（4号主变压器负荷正常、1号主变压器三侧电流电压、110kV Ⅰ母线电压等）。

（2）运维人员 5min 向调度员初次汇报。

特高压华东变电站 ××，×× 时 ×× 分，110kV 母线发单相接地，1 号主变压器发中性点电压偏移信号，×× 时 ×× 分，1 号主变压器第一套、第二套差动保护动作出口，110kV Ⅰ母线第一套、第二套差动保护动作出口，T032、T033、5011、5012、1101、1114 断路器跳闸；400V 备用电源自动投入装置正确动作，站用电系统正常；4 号主变压器负荷正常，1 号主变压器失电，110kV Ⅰ母线失电，其他相关潮流、负荷正常，现场天气 ××。

（3）一、二次设备检查。

1）二次设备：检查 1 号主变压器第一套、第二套保护屏，记录故障信息 [故障相 C，故障电流 ××A（二次值）]，并复归信号；检查 110kV Ⅰ母线第一套、第二套保护屏，记录故障信息 [故障相 A，故障电流 ××A（二次值）]，并复归信号；检查 T032、T033、5011、5012 断路器保护屏，复归信号。

2）一次设备：检查跳闸断路器实际位置（T032、T033、5011、5012、1101、1114），外观及压力指示是否正常；检查 1 号主变压器；拉开失电断路器 1111、1121，根据故障信息进行故障点判断及查找。

（4）15min 内详细汇报调度。

特高压华东变电站 ××，×× 时 ×× 分，110kV 母线发单相接地，1 号主变压器发中性点电压偏移信号，×× 时 ×× 分，1 号主变压器第一套、第二套差动保护动作出口，故障相别 C 相，故障电流 ××A（二次值）；110kV Ⅰ母第一套、第二套差动保护动作出口，故障相别 A 相，故障电流 ××A（二次值），T032、T033、5011、5012、1101、1114 断路器跳闸；400V 备用电源自动投入装置正确动作，站用电系统正常；4 号主变压器负荷正常，1 号主变压器失电、110kV Ⅰ母失电，已拉开失电断路器 1111、1121，现场无人工作。现场检查发现 1 号主变压器低压侧汇流母线 C 相顶端发生接地故障，1 号站用变压器 1114 断路器 A 相断路器击穿接地，其他一、二次设备检查正常。申请隔离 1 号主变压器及故障的 1114 断路器。

（5）隔离故障。

1）1 号主变压器改冷备用：一次拉开 50121、50122、50112、50111、11011、11001、T0322、T0321、T0331、T0332。（注意隔离开关操作顺序：拉开 TV 隔离开关 11001 前，分开 TV 低压侧二次空气开关）

2）拉开 11141 隔离开关。

（6）将故障设备改检修。

1）1 号主变压器改检修。

2）1114 断路器改检修。

（7）事故处理分析。

1）本案例是比较典型的主变压器低压侧两点接地引起的故障跳闸，1 号主变压器保护差动动作为 C 相，判断 1 号主变压器故障范围为：1 号主变压器 C 相低压侧到 1101 断路器 C 相 TA 间，包括 1 号主变压器 C 相低压侧至 C 相汇流母线套管、引线，1 号主变压器 A 相低压侧至 C 相汇流母线套管、引线，汇流母线 C 相，1101 断路器 C 相 TA 至汇流 C 相母线之间，汇流母线 C 相 TV 及 TV 隔离开关 C 相等设备，范围较广，查找故障时不可漏查。110kV Ⅰ母差动保护动作为 A 相，故障范围为：110kV Ⅰ母 A 相母线至母线上各支路 A 相 TA 之间。

2）主变压器低压侧至汇流母线的连接方式与主变压器的接线组别有关，本案例只针对主变压器为 Yd11 的接线方式。

十五、1121 低压电抗器保护跳 1101 断路器出口压板退出，1121 低压电抗器大电流故障（BC 相），跳闸后 1101 断路器卡死（拒合）

1. 故障现象

（1）一次设备：1101、1114 断路器跳闸。

（2）二次设备：1121 低压电抗器保护动作出口，110kV Ⅰ母线两套差动保护失灵动作出口，1 号主变压器 110kV 侧失灵联跳开入，400V 备用电源自动投入装置动作。

（3）其他信息：110kV Ⅰ母线失电。

2. 事故处理流程

（1）监控后台检查。

1）主画面检查断路器变位情况（1101、1114、401 断路器分闸，410 断路器合闸），并清闪。

2）检查光字及告警信息，记录关键信息，1121 低压电抗器保护动作出口，1101 断路器失灵动作，110kV Ⅰ母线两套差动保护失灵动作出口，1 号主变压器 110kV 侧失灵联跳开入，400V 备用电源自动投入装置动作，401 开关压器跳闸，410 开关压器合闸，110kV Ⅰ母线失电。

3）检查遥测信息（400V Ⅰ母线电压，110kV Ⅰ母线电压等）。

（2）运维人员 5min 向调度员初次汇报。

特高压华东变电站 ××，×× 时 ×× 分，1121 低压电抗器保护动作出口，1101 断路器失灵动作，110kV Ⅰ母两套差动保护失灵动作出口，1101、1114 断路器跳闸，

1 号主变压器 110kV 侧失灵联跳开入，400V 备用电源自动投入装置动作，站用电系统正常；110kV Ⅰ母线失电，其他相关潮流、负荷正常，现场天气 ××。

（3）一、二次设备检查。

1）二次设备：检查 1121 低压电抗器保护装置，记录故障信息，并复归信号；发现跳 1101 断路器出口压板被取下（恢复跳闸状态），检查 110kV Ⅰ母线第一套、第二套保护屏，记录故障信息，并复归信号；检查 1111 低压电抗器保护装置。

2）一次设备：检查跳闸断路器实际位置（1101、1114），外观及压力指示是否正常；拉开失电断路器 1111、1121；故障点查找。

（4）15min 内详细汇报调度。

特高压华东变电站 ××，×× 时 ×× 分，1121 低压电抗器保护大电流故障动作出口，1121 低压电抗器保护装置上跳 1101 断路器出口压板被取下，1101 断路器失灵动作，110kV Ⅰ母线两套差动保护失灵动作出口，1101，1114 断路器跳闸，1 号主变压器 110kV 侧失灵联跳开入，400V 备用电源自动投入装置动作，站用电系统正常；110kV Ⅰ母失电，已拉开失电断路器 1111、1121，现场无人工作。现场检查发现 1121 低压电抗器 B 相避雷器击穿，1121 低压电抗器 C 相本体故障，其他一、二次设备检查正常。申请隔离 1121 低压电抗器间隔。

（5）隔离故障点并检修。

1）拉开 11211 隔离开关。

2）申请恢复 110kV Ⅰ母线送电。

3）检查 110kV Ⅰ母线送电范围内无故障，然后合上 1101 断路器，1101 断路器拒动。

4）现场检查发现 1101 断路器机构卡死，申请将 1101 改检修：拉开 11011、11141、11131、11211、11111 隔离开关；1101 断路器两侧验电，合上 110117、1117 接地开关，分开操作电源。

5）11211 隔离开关侧验电，合上 112117 接地开关。

（6）事故分析。

1）1121 低压电抗器保护范围内 B、C 相大电流接地故障，保护动作，跳 1101 断路器，因 1121 保护装置上跳 1101 断路器出口压板被取下。1101 断路器失灵动作，110kV Ⅰ母线两套差动保护失灵动作出口，1101，1114 断路器跳闸，同时 1 号主变压器 110kV 侧失灵联跳开入。

2）因 1101 断路器跳闸后，故障已经隔离，而 1 号主变压器失灵联跳开入后跳闸条件为：50ms 延时且失灵开关故障电流达到出厂整定值，所以主变压器高中压侧未跳。

十六、华东Ⅰ线两套线路保护装置电源失去，华东Ⅰ线 A 相永久性接地故障（站内故障）

1. 故障现象

（1）一次设备：T032、T033、5011、5012、1101、T051、T052、5051、5052、1107 断路器跳闸。

（2）二次设备：华东Ⅰ线第一套、第二套线路保护直流消失，1 号主变压器第一套、第二套高后备保护动作，4 号主变压器第一套、第二套高后备保护动作，华东Ⅱ、Ⅲ、Ⅳ线两套线路保护 TV 断线，华东Ⅰ线、Ⅱ线两套高压电抗器保护 TV 断线，400V 备用电源自动投入装置动作。

（3）其他信息：1000kV Ⅰ母线、Ⅱ母线失电，110kV Ⅰ母线、Ⅱ母线失电，1 号、4 号主变压器失电，华东Ⅰ、Ⅱ、Ⅲ、Ⅳ线线路无压。

2. 事故处理流程

（1）监控后台检查。

1）主画面检查断路器变位情况（T032、T033、5011、5012、1101、T051、T052、5051、5052、1107），并清闪。

2）检查光字及告警信息，记录关键信息（华东Ⅰ线第一套、第二套线路保护直流消失，1 号主变压器第一套、第二套高后备保护动作，4 号主变压器第一套、第二套高后备保护动作，华东Ⅱ、Ⅲ、Ⅳ线两套线路保护 TV 断线，华东Ⅰ线、Ⅱ线两套高压电抗器保护 TV 断线，400V 备用电源自动投入装置动作，1000kV Ⅰ母、Ⅱ母失电，110kV Ⅰ母、Ⅱ母失电，1 号、4 号主变压器失电，华东Ⅱ、Ⅲ、Ⅳ线线路无压）。

3）检查遥测信息（1000kV Ⅰ母、Ⅱ母电压，110kV Ⅰ母线、Ⅱ母线电压，1 号、4 号主变压器三侧电压，华东Ⅰ、Ⅱ、Ⅲ、Ⅳ线线路电流电压）。

（2）运维人员 5min 向调度员初次汇报。

特高压华东变压器 ××，×× 时 ×× 分，华东Ⅰ线第一套、第二套线路保护直流消失，1 号主变压器两套高后备保护动作，4 号主变压器两套高后备保护动作，T032、T033、5011、5012、1101、T051、T052、5051、5052、1107 断路器跳闸，华东Ⅱ、Ⅲ、Ⅳ线两套线路保护 TV 断线，华东Ⅰ线、Ⅱ线两套高压电抗器保护 TV 断线，400V 备用电源自动投入装置正确动作，站用电系统正常。1000kV Ⅰ母线、Ⅱ母线失电，110kV Ⅰ

母线、Ⅱ母线失电，1号、4号主变压器失电，华东Ⅰ、Ⅱ、Ⅲ、Ⅳ线线路无压，现场天气××。

（3）一、二次设备检查。

1）二次设备：检查华东Ⅰ线第一套、第二套线路保护，发现两套保护装置电源被拉开，恢复装置电源；检查1号主变压器两套保护屏，4号主变压器两套保护屏，检查故障信息，并复归信号；检查T032、T033、5011、5012、T051、T052、5051、5052断路器保护屏，复归信号；检查其他动作的保护装置，根据情况复归信号。

2）一次设备：检查跳闸断路器实际位置（T032、T033、5011、5012、1101、T051、T052、5051、5052、1107）；拉开失电断路器T031、T041、T042、T043、T053、1114、1111、1121、1174、1171、1181，故障点判断及查找，检查1、4号主变压器等设备正常。

（4）15min内详细汇报调度。

特高压华东变电站××，××时××分，1号主变压器两套高后备保护动作，4号主变压器两套高后备保护动作，T032、T033、5011、5012、1101、T051、T052、5051、5052、1107断路器跳闸，华东Ⅰ线第一套、第二套线路保护装置电源空气开关被拉开，1111、1121、1171、1181低压电抗器保护装置TV断线，华东Ⅱ、Ⅲ、Ⅳ线两套线路保护TV断线，华东Ⅰ线、Ⅱ线两套高抗保护TV断线，400V备用电源自动投入装置正确动作，站用电系统正常。1000kV Ⅰ母线、Ⅱ母线失电，110kV Ⅰ母线、Ⅱ母线失电，1号、4号主变压器失电，华东Ⅰ、Ⅱ、Ⅲ、Ⅳ线线路无压，已拉开失电断路器，现场无人工作。现场检查发现华东Ⅰ线A相出线处发生接地故障，其他一、二次设备检查正常。申请隔离故障线路华东Ⅰ线。

（5）隔离故障点。

1）合上华东Ⅰ线第一套、第二套线路保护装置电源空气开关，检查装置启动正常（检查时合上也可）。

2）拉开T0411、T0412、T0421、T0422隔离开关，隔离故障线路。

（6）恢复系统送电。

1）利用华东Ⅱ对侧断路器对1000kV Ⅰ母线进行充电：合上对侧断路器后，合上T031断路器，对1000kV Ⅰ母线进行充电，检查充电正常。

2）利用华东Ⅳ对侧断路器对1000kV Ⅱ母线进行充电：合上对侧断路器后，合上T043断路器，对1000kV Ⅱ母线进行充电，检查充电正常。

3）合上T053断路器，恢复华东Ⅲ线送电，检查线路充电正常。

4）恢复1号主变压器送电：合上T033断路器，对1号主变压器进行充电，检查充电正常后，合上 T032 断路器，合上 1101 断路器（检查 110kV Ⅰ母充电正常），合上 5011、5012 断路器。

5）恢复 4 号主变送电：合上 T051 断路器，对 4 号主变压器进行充电，检查充电正常后，合上 T052 断路器，合上 1107 断路器（检查 110kV Ⅱ母线充电正常），合上 5051、5052 断路器。

6）恢复站用变。

（7）线路改检修。

合上 T04167 接地开关，分开华东Ⅰ线线路 TV 低压侧二次空气开关。

（8）事故分析。

1）站内无主保护动作，且华东Ⅰ线两套线路保护装置失电，判断故障点在华东Ⅰ线保护范围内，且主变压器高后备动作，故障应在华东Ⅰ出线近端，故障点在站内可能性很大（根据目前华东电网继电保护整定方案，特高压主变压器高压侧偏移阻抗段为 1000kV 正方向阻抗的 10%，可作为相应母线的后备保护）。

2）华东Ⅰ线 A 相发生近接地故障，由于华东Ⅰ线第一套、第二套线路保护装置电源空气开关被拉开，本侧线路保护拒动，因通道故障对侧差动保护闭锁而无法及时将故障线路隔离。

3）故障发生 0.5s 后，华东Ⅰ、Ⅱ、Ⅲ、Ⅳ线对侧保护装置后备距离Ⅱ段保护动作，跳开线路对侧断路器。（根据华东电网继电保护整定方案，此次故障在华东Ⅰ、Ⅱ、Ⅲ、Ⅳ线对侧保护装置后备距离Ⅱ段保护范围内，正方向超出华东Ⅱ、Ⅲ、Ⅳ线本侧距离Ⅱ段保护范围）

4）故障发生 2s 后，1 号主变压器、4 号主变压器高后备保护（偏移接地阻抗）动作，跳开 1 号主变压器、4 号主变压器三侧断路器。

十七、5032 断路器与 50321 TA 之间 A 相永久性接地，50321 隔离开关拉开时发现异常

1. 故障现象

（1）一次设备：5031、5032 断路器跳闸。

（2）二次设备：苏州Ⅰ线第一套、第二套差动保护动作，苏州Ⅳ线第一套、第二套差动保护动作，5031 断路器重合闸动作，重合不成，5033 断路器重合成功。

（3）其他信息：苏州Ⅰ线线路失压。

2. 事故处理流程

（1）监控后台检查。

1）主画面检查断路器变位情况（5031、5032、5033），并清闪。

2）检查光字及告警信息，记录关键信息（苏州Ⅰ线第一套、第二套差动保护动作，苏州Ⅳ线第一套、第二套差动保护动作，5031 断路器重合闸动作，重合不成，后加速三跳 5031 断路器，5033 断路器重合成功，苏州Ⅰ线线路失压）。

3）检查遥测信息（苏州Ⅰ线电流电压）。

（2）运维人员 5min 向调度员初次汇报。

特高压华东变电站 ××，×× 时 ×× 分，苏州Ⅰ线第一套、第二套差动保护动作，苏州Ⅳ线第一套、第二套差动保护动作，5031、5033 断路器 A 相跳闸，5032 断路器三相跳闸，5031 断路器重合闸动作，重合不成，后加速三跳 5031 断路器，5033 断路器重合成功，苏州Ⅰ线线路失压，现场天气 ××。

（3）一、二次设备检查。

1）二次设备：检查苏州Ⅰ线第一套、第二套线路保护，检查故障信息，并复归信号；检查苏州Ⅳ线第一套、第二套线路保护，检查故障信息，并复归信号；检查 5031、5032、5033 断路器保护屏，复归信号。

2）一次设备：检查动作断路器实际位置（5031、5032、5033）；故障点判断及查找。

（4）15min 内详细汇报调度。

特高压华东变电站 ××A（二次值），×× 时 ×× 分，苏州Ⅰ线第一套、第二套差动保护动作，故障相 A 相，故障电流 ××A（二次值），故障测距 ××，苏州Ⅳ线第一套、第二套差动保护动作，故障相 A 相，故障电流 ××A（二次值），故障测距 ××，5031、5033 断路器 A 相跳闸，5032 断路器三相跳闸，5031 断路器重合闸动作，重合不成，后加速三跳 5031 断路器，5033 断路器重合成功，苏州Ⅰ线线路失压，现场无人工作。现场检查发现 5032 断路器 A 相至 50321 TA 之间有放电痕迹，其他一、二次设备检查正常。申请隔离故障断路器 5032。

（5）隔离故障点并改检修。

1）拉开 50322、50321 隔离开关，拉开时发现 50321 断路器异常（机构卡死），申请苏州Ⅰ线及 5032 断路器改检修。

2）合上 503227、503167 接地开关，分开 5032 断路器操作电源，分开苏州Ⅰ线线路 TV 二次空气开关。

3）苏州Ⅳ线两套线路保护屏上断路器位置切换把手置“中断路器检修”位置。

（6）事故分析。

苏州Ⅰ线、苏州Ⅳ线两套差动保护动作，判断故障点在5032断路器重叠区，5033断路器重合成功，说明5032断路器跳开之后，5033断路器无故障电流，所以故障点在5032断路器A相内部断口至50321 TA之间。

十八、1号主变压器B相调补变压器接至A相汇流母线的套管破裂，1号主变压器低压侧TV C相引线接地故障，T0332隔离断路器卡死

1. 故障现象

（1）一次设备：T032、T033、5011、5012、1101断路器跳闸。

（2）二次设备：110kV Ⅰ母线接地，1号主变压器中性点电压偏移，1号主变压器第一套、第二套差动保护动作，400V备用电源自动投入装置动作。

（3）其他信息：1号主变压器失电，110kV Ⅰ母线失电。

2. 事故处理流程

（1）监控后台检查。

1）主画面检查断路器变位情况（T032、T033、5011、5012、1101，401，410），并清闪。

2）检查光字及告警信息，记录关键信息（110kV Ⅰ母线接地，1号主变压器中性点电压偏移，1号主变压器第一套、第二套差动保护动作，400V备用电源自动投入装置动作，1号主变压器失电，110kV Ⅰ母线失电）。

3）检查遥测信息（1号主变压器三侧电流电压，110kV Ⅰ母线电压）。

（2）运维人员5min向调度员初次汇报。

特高压华东变电站××，××时××分，110kV Ⅰ母线接地，1号主变压器中性点电压偏移，××时××分，1号主变压器第一套、第二套差动保护动作，T032、T033、5011、5012、1101断路器跳闸，400V备用电源自动投入装置正确动作，站用电系统正常，1号主变压器失电，110kV Ⅰ母线失电，其他负荷正常，现场天气××。

（3）一、二次设备检查。

1）二次设备：检查1号主变压器第一套、第二套保护，检查故障信息，并复归信号；检查110kV Ⅰ母线第一套、第二套保护，检查故障信息，并复归信号；检查T032、T033、5011、5012断路器保护屏，复归信号。

2）一次设备：检查动作断路器实际位置（T032、T033、5011、5012、1101）；拉开失电断路器（1114、1111、1121）；检查1号主变压器；故障点判断及查找。

（4）15min内详细汇报调度。

特高压华东变 ××，××时××分，110kV Ⅰ母接地，1号主变压器中性点电压偏移，××时××分，1号主变压器第一套、第二套差动保护动作，故障相A、C相，故障电流××A（二次值），T032、T033、5011、5012、1101断路器跳闸。400V备用电源自动投入装置正确动作，站用电系统正常，1号主变压器失电，110kV Ⅰ母线失电，已经拉开失电断路器1114、1111、1121，现场无人工作。现场检查发现1号主变压器B相调补变压器接至A相汇流母线的套管破裂，1号主变压器低压侧TV C相引线接地故障，其他一、二次设备检查正常。申请隔离故障点1号主变压器和1号主变压器低压侧TV。

（5）隔离故障点并改检修。

1）将主变压器高压侧改为冷备用，发现T0332隔离开关拉不开，现场检查发现隔离开关卡死，申请隔离T0332隔离开关。

2）调整华东Ⅲ线重合闸方式（停用T053断路器重合闸，启用T052断路器重合闸），将1000kV Ⅱ段母线改冷备用。

3）1号主变压器改检修。

4）1号主变压器低压侧TV改检修：合上110017接地开关（直接验电）。

5）T033断路器改检修：解锁合上T03327、T217接地开关。

（6）事故分析。

1）判断为主变压器低压侧两点接地，故障信息显示差动相别为A、C相，在保护范围内逐步查找，发现1号主变压器B相调补变压器接至A相汇流母线的套管破裂，1号主变压器低压侧TV C相接地故障，主变压器差动保护动作，跳主变压器三侧断路器。

2）1号主变压器T0332隔离开关拉不开后需申请1000kV Ⅱ段母线改检修，注意调整相关断路器重合闸方式。T042断路器与T041断路器重合闸时间整定一致的话，华东Ⅳ线重合闸方式不用调整。

十九、5031断路器操作电源拉开，500kV Ⅰ母线两套保护装置5031断路器失灵启动母差连接片退出，苏州Ⅰ线近端故障（B相）

1. 故障现象

（1）一次设备：T032、T033、5011、5012、5032、1101断路器跳闸。

（2）二次设备：苏州Ⅰ线第一套、第二套差动保护动作，5031断路器失灵保护动作，1号主变压器第一套、第二套主体变压器中后备保护动作，400V备用电源自动投入装置动作。

（3）其他信息：5031 断路器控制回路断线，1 号主变压器失电，苏州Ⅰ、Ⅱ、Ⅲ、Ⅳ线失电，500kV Ⅰ、Ⅱ母线失电，110kV Ⅰ母线失电。

2. 事故处理流程

（1）监控后台检查。

1）主画面检查断路器变位情况（T032、T033、5011、5012、5032、1101、401、410），并清闪。

2）检查光字及告警信息，记录关键信息（苏州Ⅰ线第一套、第二套差动保护动作，5031 断路器控制回路断线，5031 断路器失灵保护动作，1 号主变压器第一套、第二套中后备保护动作，400V 备用电源自动投入装置动作，1 号主变压器失电，苏州Ⅰ、Ⅱ、Ⅲ、Ⅳ线失电，500kV Ⅰ、Ⅱ母线失电，110kV Ⅰ母线失电）。

3）检查遥测信息。

（2）运维人员 5min 向调度员初次汇报。

特高压华东变电站 ××，×× 时 ×× 分，苏州Ⅰ线第一套、第二套差动保护动作，5032 断路器跳闸，5031 断路器控制回路断线，5031 断路器失灵保护动作，1 号主变压器第一套、第二套中后备保护动作，T032、T033、5011、5012、1101 断路器跳闸。400V 备用电源自动投入装置正确动作，站用电系统正常，1 号主变压器失电，苏州Ⅰ、Ⅱ、Ⅲ、Ⅳ线失电，500kV Ⅰ、Ⅱ母线失电，110kV Ⅰ母线失电，其他负荷正常，现场天气 ××。

（3）一、二次设备检查。

1）二次设备：检查苏州Ⅰ线第一套、第二套线路保护，检查并记录故障信息，复归信号；检查 1 号主变压器第一套、第二套保护，检查故障信息，复归信号；检查 T032、T033、5011、5012、5032、5031 断路器保护屏，复归信号；发现 5031 断路器保护屏上 5031 断路器两组操作电源空气开关分开，手动合上，试拉 5031 断路器，试拉 5031 成功，5031 断路器失灵，但是 500kV Ⅰ母线差动保护未动作，检查 500kV 母差保护屏，发现第一套、第二套母差屏上 5031 断路器失灵启动母差开入连接片未投入，手动投入。

2）一次设备：检查动作断路器实际位置（T032、T033、5011、5012、5032、1101）；拉开失电断路器（1114、1111、1121、5041、5043、5033、5013）；故障点判断及查找，检查 1 号主变压器。

（4）15min 内详细汇报调度。

特高压华东变电站 ××，×× 时 ×× 分，苏州Ⅰ线第一套、第二套差动保护动作，故障相别为B相，故障电流××A（二次值），故障测距1.0km，5032断路器跳闸，5031断路器保护屏上5031断路器两组操作电源空气开关分开，5031断路器拒动，5031断路器失灵保护动作，苏州Ⅰ线保护远跳发信，500kV Ⅰ母线两套保护屏上5031断路器失灵启动母差开入连接片未投，母差失灵未动作出口，1号主变压器第一套、第二套中后备保护动作，T032、T033、5011、5012、1101断路器跳闸。400V备用电源自动投入装置正确动作，站用电系统正常，1号主变压器失电，苏州Ⅰ、Ⅱ、Ⅲ、Ⅳ线失电，500kV Ⅰ、Ⅱ母线失电，110kV Ⅰ母线失电，现场无人工作。现场已合上5031断路器两组操作电源空气开关，并投入500kV Ⅰ母线两套保护屏上5031断路器失灵启动母差开入连接片，试拉5031断路器成功，其他失电断路器5041、5043、5033、5013、1114、1111、1121已手动拉开。现场检查故障点在苏州Ⅰ线出线侧B相气室上，其他一、二次设备检查正常。申请隔离故障线路苏州Ⅰ线。

（5）隔离故障点。

拉开50311、50312、50321、50322隔离开关。

（6）恢复送电。

1）对侧对苏州Ⅱ线充电成功后（苏州Ⅱ线电压正常），合上5041断路器，对500kV Ⅰ母线充电（Ⅰ母线电压正常），合上5043断路器，对500kV Ⅱ母线充电（Ⅱ母线电压正常）。

2）合上5033断路器，恢复苏州Ⅳ线，合上5013断路器，恢复苏州Ⅲ线（可先合上对侧断路器对线路进行充电）。

3）合上1号主变压器T033断路器，对1号主变压器进行充电，检查充电正常后，合上T032断路器；合上1101断路器，对检查110kV Ⅰ母线充电正常；合上5011、5012断路器，恢复1号主变压器送电。

4）合上1114断路器，对1号站用变压器充电，分开410断路器，合上401断路器，恢复站用电。

（7）故障线路改检修。

合上503167接地开关，分开线路TV二次空气开关。

（8）事故分析。

1）苏州Ⅰ线近区发生B相接地故障，两套线路主保护动作，5032断路器三相跳闸，5031断路器操作电源分开，断路器拒动，5031断路器失灵动作，由于500kV Ⅰ母线两套保护屏上5031断路器失灵启动母差开入连接片未投入，500kV Ⅰ母差动保护未动作出口，故障依然未切除，苏州Ⅱ、Ⅲ、Ⅳ线对侧距离Ⅱ段保护动作，1号主变压器中后备保护动作，切除故障点。

2）了解掌握华东网调继电保护整定方案是正确进行事故判断的前提。

二十、T031断路器操作电源空气开关分开，T0322 TA接地故障（C相），跳闸后110kV Ⅰ母线单相接地

1. 故障现象

（1）一次设备：T032、T033、5011、5012、1101断路器跳闸。

（2）二次设备：1号主变压器第一套、第二套差动保护动作，华东Ⅱ线第一套、第二套差动保护动作，400V备用电源自动投入装置动作。

（3）其他信息：T031断路器控制回路断线，1号主变压器失电，110kV Ⅰ母线失电。

2. 事故处理流程

（1）监控后台检查。

1）主画面检查断路器变位情况（T032、T033、5011、5012、1101），并清闪。

2）检查光字及告警信息，记录关键信息（T031断路器控制回路断线，1号主变压器第一套、第二套主体变压器差动保护动作，华东Ⅱ线第一套、第二套差动保护动作，400V备用电源自动投入装置动作，1号主变压器失电，110kV Ⅰ母线失电）。

3）检查遥测信息（1号主变压器三侧电流电压，110kV Ⅰ母线电压）。

（2）运维人员5min向调度员初次汇报。

特高压华东变电站××，××时××分，1号主变压器第一套、第二套主体变压器差动保护动作，华东Ⅱ线第一套、第二套差动保护动作，T032、T033、5011、5012、1101断路器跳闸，T031断路器控制回路断线。400V备用电源自动投入装置正确动作，站用电系统正常，1号主变压器失电，110kV Ⅰ母线失电，其他负荷正常，现场天气××。

（3）一、二次设备检查。

1）二次设备：检查1号主变压器第一套、第二套主体变压器差动保护，检查并记录故障信息，复归信号；检查华东Ⅱ线第一套、第二套差动保护，检查故障信息，复归信号；检查T031、T032、T033、5011、5012断路器保护屏，复归信号；发现T031断路器保护屏上T031断路器两组操作电源空气开关分开，手动合上。

2）一次设备：检查动作断路器实际位置（T032、T033、5011、5012、1101）；拉开失电断路器（1114、1111、1121）；故障点判断及查找；检查1号主变压器。

（4）15min内详细汇报调度。

特高压华东变电站××，××时××分，1号主变压器第一套、第二套差动保护

动作，故障相别为C相，故障电流 ××A（二次值），华东Ⅱ线第一套、第二套差动保护动作，故障相别为C相，故障电流 ××A（二次值），故障测距1.0km，T032、T033、5011、5012、1101断路器跳闸，检查发现T031断路器操作电源空气开关分开，T031断路器未跳开，手动合上空气开关。400V备用电源自动投入装置正确动作，站用电系统正常，1号主变压器失电，110kV Ⅰ母线失电，已手动拉开1111、1121、1114失电断路器，现场无人工作。现场检查发现T0322 TA C相发生接地故障，其他一、二次设备检查正常。申请隔离故障点T0322 TA C相。

（5）隔离故障点。

1）拉开T0322、T0321隔离开关。

2）申请恢复1号主变压器送电。

（6）恢复1号主变压器送电。

1号主变压器相关试验合格后，恢复1号主变压器运行。

1）合上T033断路器，对1号主变压器进行充电，检查充电正常（三侧电压正常）。

2）合上1101断路器，对110kV Ⅰ母线进行充电，检查充电正常，后台显示110kV Ⅰ母线A相电压为0，且报“110kV Ⅰ母线接地信号”，汇报调度，然后到现场检查。

3）110kV Ⅰ母线范围内进行检查，发现110kV Ⅰ母线A相接地，汇报调度，申请将110kV Ⅰ母线隔离，拉开1101断路器。

4）拉开11011、11111、11211、11121、11131、11141隔离开关，110kV Ⅰ母线转冷备用。操作结束后汇报调度，继续恢复1号主变压器送电。

5）合上5011、5012断路器，恢复1号主变压器送电。

（7）故障设备改检修。

1）T032改检修：合上T03217，T03227接地开关，将华东Ⅱ线两套线路保护屏上断路器位置切换把手切置“中断路器检修”位置。

2）110kV Ⅰ母线改检修：直接验电，合上1117接地开关。

（8）事故分析。

1）1号主变压器差动保护与华东Ⅱ线线路保护同时动作，判断故障在重叠区，T031断路器未跳开，但是T031断路器失灵未动作，说明故障已经切除，从而判断故障点在T032断路器与T0322TA之间，根据保护装置故障信息可以查看故障相别为C相。

2）T0322TA C相发生单相接地故障，故障点在重叠区，1号主变压器主体变压器差动保护和华东Ⅱ线线路保护同时动作，1号主变压器动作跳T032、T033、5011、5012、1101断路器，华东Ⅱ线线路保护动作跳T031断路器A相与T032断路器，由于T031断路器操作电源空气开关被分开，T031 断路器 A 相拒动，启动失灵，由于 T032 断路器已跳开，故障点被隔离，无故障电流，T031 断路器失灵未动作，对侧则重合成功。

3）合上 T031 断路器操作电源空气开关后，因华东Ⅱ线是带电状态，不可自行拉开 T031 断路器，如对 T031 断路器控制回路有疑问可向调度申请拉合一次。

二十一、1000kV Ⅱ母线 A 相 TV 故障，1000kV Ⅱ母线两套母差保护装置上母差保护投入连接片退出

1. 故障现象

（1）一次设备：T032、T033、5011、5012、1101、T051、T052、5051、5052、1107 断路器跳闸。

（2）二次设备：1 号主变压器第一套、第二套高后备保护动作，4 号主变压器第一套、第二套高后备保护动作，华东Ⅰ、Ⅱ、Ⅲ、Ⅳ线两套线路保护 TV 断线，华东Ⅰ线、Ⅱ线两套高压电抗器保护 TV 断线，400V 备用电源自动投入装置动作。

（3）其他信息：1000kV Ⅰ母线、Ⅱ母线失电，110kV Ⅰ母线、Ⅱ母线失电，1 号、4 号主变压器失电，华东Ⅰ、Ⅱ、Ⅲ、Ⅳ线失电。

2. 事故处理流程

（1）监控后台检查。

1）主画面检查断路器变位情况（T032、T033、5011、5012、1101、T051、T052、5051、5052、1107），并清闪。

2）检查光字及告警信息，记录关键信息（1 号主变压器第一套、第二套高后备保护动作，4 号主变压器第一套、第二套高后备保护动作，华东Ⅰ、Ⅱ、Ⅲ、Ⅳ线两套线路保护 TV 断线，华东Ⅰ线、Ⅱ线两套高压电抗器保护 TV 断线，400V 备用电源自动投入装置动作，1000kV Ⅰ母线、Ⅱ母线失电，110kV Ⅰ母线、Ⅱ母线失电，1 号、4 号主变压器失电，华东Ⅰ、Ⅱ、Ⅲ、Ⅳ线线路无压）。

3）检查遥测信息（1000kV Ⅰ母线、Ⅱ母线电压，110kV Ⅰ母线、Ⅱ母线电压，1 号、4 号主变压器三侧电压，华东Ⅰ、Ⅱ、Ⅲ、Ⅳ线线路电流电压）。

（2）运维人员 5min 向调度员初次汇报。

特高压华东变电站 ××，×× 时 ×× 分，1 号主变压器两套保护高后备保护动作，4 号主变压器两套保护高后备保护动作，T032、T033、5011、5012、1101、T051、T052、5051、5052、1107 断路器跳闸，华东Ⅰ、Ⅱ、Ⅲ、Ⅳ线两套线路保护 TV 断线，华东Ⅰ线、Ⅱ线两套高压电抗器保护 TV 断线，400V 备用电源自动投入装置正确动作，站用电

系统正常。1000kV Ⅰ母线、Ⅱ母线失电，110kV Ⅰ母线、Ⅱ母线失电，1号、4号主变压器失电，华东Ⅰ、Ⅱ、Ⅲ、Ⅳ线线路无压，现场天气××。

（3）一、二次设备检查。

1）二次设备：检查1号主变压器两套保护屏，4号主变压器两套保护屏，检查故障信息，并复归信号；检查T032、T033、5011、5012、T051、T052、5051、5052断路器保护屏，复归信号；检查1000kV母差、线路保护装置，发现1000kV Ⅱ母线两套母差保护装置上母差保护投入连接片退出，检查无异常后投入该连接片，检查站用变备用电源自动投入装置，并复归信号。

2）一次设备：检查跳闸断路器实际位置（T032、T033、5011、5012、1101、T051、T052、5051、5052、1107）；拉开失电断路器T031、T041、T042、T043、T053、1114、1111、1121、1174、1171、1181；故障点判断及查找；检查1、4号主变压器等设备。

（4）15min内详细汇报调度。

特高压华东变电站××，××时××分，1号主变压器两套高后备保护动作，4号主变压器两套主变压器高后备保护动作，T032、T033、5011、5012、1101、T051、T052、5051、5052、1107断路器跳闸，1000kV Ⅱ母线两套差动保护装置上母差保护投入连接片退出，检查无异常后投入该连接片，1111、1121、1171、1181低压电抗器保护装置TV断线，华东Ⅰ、Ⅱ、Ⅲ、Ⅳ线两套线路保护TV断线，华东Ⅰ线、Ⅱ线两套高压电抗器保护TV断线，400V备用电源自动投入装置正确动作，站用电系统正常。1000kV Ⅰ母线、Ⅱ母线失电，110kV Ⅰ母线、Ⅱ母线失电，1号、4号主变压器失电，华东Ⅰ、Ⅱ、Ⅲ、Ⅳ线线路无压，已拉开失电断路器，现场无人工作。现场检查发现1000kV Ⅱ母线A相TV发生接地故障，其他一、二次设备检查正常。申请隔离1000kV Ⅱ母线。

（5）隔离故障点。

拉开T0331、T0332、T0431、T0432、T0531、T0532隔离开关。

（6）恢复系统送电。

1）利用华东Ⅱ对侧断路器对1000kV Ⅰ母线进行充电：合上对侧断路器后，合上T031断路器，对1000kV Ⅰ母线进行充电，检查充电正常。

2）合上T041断路器，对华东Ⅰ线进行充电，检查充电正常；合上T042断路器，对华东Ⅳ线进行充电，检查充电正常。

3）合上T032断路器对1号主变压器充电，检查1号主变压器充电正常，合上1101断路器，检查110kV Ⅰ母线充电正常，合上5011、5012断路器。

4）停用T053断路器重合闸，启用T052断路器重合闸。

5）合上T051对4号主变压器充电，检查4号主变压器充电正常，合上T052断路器，检查华东Ⅲ线充电正常，合上1107断路器，检查110kV Ⅱ母线充电正常，合上5051、5052断路器。

6）恢复站用变。

（7）母线改检修。

合上T217接地开关。

（8）事故分析。

1）站内无主保护动作，且1000kV系统全部失电，可以判断站内1000kV设备主保护大概率存在问题，继续检查发现1000kV Ⅱ母线两套差动保护装置上母差保护投入连接片退出，其他保护装置都正常，判断故障点在1000kV Ⅱ母线保护范围内。

2）1000kV Ⅱ母线A相TV故障，两套母差保护因功能连接片未投入，保护拒动，故障发生0.5s后，华东Ⅰ、Ⅱ、Ⅲ、Ⅳ线对侧线路后备保护距离Ⅱ段保护动作，跳开线路对侧断路器（此次故障在华东Ⅰ、Ⅱ、Ⅲ、Ⅳ线对侧保护装置后备距离Ⅱ段保护范围内，正方向超出华东Ⅰ、Ⅱ、Ⅲ、Ⅳ线本侧距离Ⅱ段保护范围）。

3）故障发生2s后，1号主变压器、4号主变压器高后备保护（偏移接地阻抗）动作，跳开1号主变压器、4号主变压器三侧断路器。

二十二、5013断路器机构卡死，50431TA A相故障

1. 故障现象

（1）一次设备：5041、5043、5033断路器跳闸。

（2）二次设备：苏州Ⅱ线第一套、第二套线路保护动作，500kV Ⅱ母线第一套、第二套差动保护动作，5041断路器重合闸动作，苏州Ⅱ线重合闸后加速动作，苏州Ⅱ线线路无压。

2. 事故处理流程

（1）监控后台检查。

1）主画面检查断路器变位情况（5041、5043、5033），并清闪。

2）检查光字及告警信息，记录关键信息（苏州Ⅱ线第一套、第二套线路保护动作，500kV Ⅱ母线第一套、第二套差动保护动作，5041断路器重合闸动作，苏州Ⅱ线重合闸后加速动作，苏州Ⅱ线线路无压）。

3）检查遥测信息（苏州Ⅱ线线路电流电压）。

（2）运维人员5min向调度员初次汇报。

特高压华东变电站××，××时××分，苏州Ⅱ线第一套、第二套线路保护动作，500kV Ⅱ母线第一套、第二套差动保护动作，5041断路器A相跳闸，5033、5043断路器三相跳闸，5041断路器重合闸动作，重合失败，后加速动作，5041断路器三相跳闸。苏州Ⅱ线线路无压，现场天气××。

（3）一、二次设备检查。

1）二次设备：检查苏州Ⅱ线第一套、第二套线路保护屏，检查故障信息，并复归信号；检查500kV Ⅱ母线第一套、第二套差动保护屏，检查故障信息，并复归信号；检查5041、5043、5033、5013断路器保护屏，复归信号。

2）一次设备：检查跳闸断路器实际位置（5041、5043、5033）；检查拒动断路器5013，发现5013断路器本体故障，机构卡死，分开5013断路器两组操作电源，故障点判断及查找。

（4）15min内详细汇报调度。

特高压华东变电站××，××时××分，苏州Ⅱ线第一套、第二套线路保护动作，故障相A相，故障电流××A（二次值），故障测距××，500kV Ⅱ母线第一套、第二套差动保护动作，故障相A相，故障电流××A（二次值），5041断路器A相跳闸，5043断路器三相跳闸，5033断路器跳闸，5041断路器重合闸动作，重合失败，后加速动作，5041断路器三相跳闸，苏州Ⅱ线线路无压，现场无人工作。现场检查发现50431TA A相发生接地故障，5013断路器机构本体故障，机构卡死，其他一、二次设备检查正常。申请隔离5043断路器，拉开苏州Ⅲ线两侧电源，并解锁隔离5013断路器。

（5）隔离故障点。

1）拉开50431、50432隔离开关。

2）拉开苏州Ⅲ线对侧断路器及5012断路器，然后解锁拉开50131、50132隔离开关（注意采用拉开各侧电源隔离）。

（6）恢复系统送电。

1）合上5041断路器，对苏州Ⅱ线试送，试送成功。

2）停用5013断路器重合闸，启用5012断路器重合闸，然后合上5012断路器，恢复苏州Ⅲ线送电。

3）合上5033断路器，对500kV Ⅱ母线进行充电，检查充电正常。

（7）故障设备改检修。

1）5043断路器改检修：合上504317、504327接地开关，拉开5043断路器两组操作电源，将苏州Ⅱ线线路保护屏上断路器切换把手切至“边断路器检修”位置。

2）5013 断路器改检修：合上 501317、501327 接地开关，将苏州Ⅲ线线路保护屏上断路器切换把手切至“边断路器检修”位置。

（8）事故分析。

1）苏州Ⅱ线线路保护及 500kV Ⅱ母线保护同时动作，5041 断路器重合不成且 5013 断路器失灵保护未动作出口，判断故障点在 5043 断路器与 50431 TA 间。

2）50431 TA A 相发生故障接地，苏州Ⅱ线线路保护及 500kV Ⅱ母线保护同时动作，苏州Ⅱ线线路保护动作跳 5041 断路器 A 相，5043 断路器三跳，1.3s 后，5041 断路器重合闸动作，A 相重合于永久故障，重合闸后加速动作三跳 5041 断路器；500kV Ⅱ母线保护动作，5043、5033、5013 断路器跳闸，5013 断路器机构卡死，断路器拒动，由于 5043 断路器跳开，已经切除故障，5013 断路器无故障电流，5013 断路器失灵保护不会动作。

3）解锁隔离 5013 断路器前需将苏州Ⅲ线两侧电源拉开。500kV 隔离开关不能直接拉开母线充电电流。

二十三、110kV Ⅰ母两套母差保护装置母差保护功能连接片退出，400V 备用电源自动投入装置退出，1113 断路器母线侧套管 A 相接地，1 号主变压器 110kV 侧 TV 本体 C 相接地

1. 故障现象

（1）一次设备：T033、T032、5011、5012、1101 断路器跳闸。

（2）二次设备：110kV Ⅰ母线接地，1 号主变压器第一套、第二套差动保护动作。

（3）其他信息：1 号主变压器失电，110kV Ⅰ母线失电，400V Ⅰ母线失电。

2. 事故处理流程

（1）监控后台检查。

1）主画面检查断路器变位情况（T033、T032、5011、5012、1101），并清闪。

2）检查光字及告警信息，记录关键信息（110kV Ⅰ母线接地，1 号主变压器第一套、第二套差动保护动作，1 号主变压器失电，110kV Ⅰ母线失电，400V Ⅰ母线失电）。

3）检查遥测信息（1 号主变压器三侧电流电压，110kV Ⅰ母线电压，400V Ⅰ母线电压）。

（2）运维人员 5min 向调度员初次汇报。

特高压华东变电站 ××，×× 时 ×× 分，110kV Ⅰ母线接地，1 号主变压器中

性点电压偏移，××时××分，1号主变压器第一套、第二套差动保护动作，T033、T032、5011、5012、1101断路器跳闸，400V备用电源自动投入装置未动作，1号主变压器失电，110kV Ⅰ母线失电，400V Ⅰ母线失电，现场天气××。

（3）一、二次设备检查。

1）二次设备：检查1号主变压器第一套、第二套差动保护屏，检查故障信息，并复归信号；检查110kV Ⅰ母线第一套、第二套母差保护屏，检查故障信息，并复归信号；同时发现110kV Ⅰ母线两套母差保护屏上差动保护功能连接片未投，手动投入；检查T033、T032、5011、5012断路器保护屏，复归信号；检查站用变备用电源自动投入装置，恢复站用变备用电源自动投入装置，恢复站用电系统（拉开401断路器，合上410断路器）。

2）一次设备：检查跳闸断路器实际位置（T033、T032、5011、5012、1101）；拉开失电断路器（1114、1111、1121）；故障点判断及查找。

（4）15min内详细汇报调度。

特高压华东变电站××，××时××分，110kV Ⅰ母线接地，1号主变压器中性点电压偏移，接地相别为A相，××时××分，1号主变压器第一套、第二套差动保护动作，故障电流××A（二次值），故障相别C相，T033、T032、5011、5012、1101断路器跳闸，400V备用电源自动投入装置退出，已手动恢复站用电及备用电源自动投入装置，1号主变压器失电，110kV Ⅰ母线失电，400V Ⅰ母线失电，已拉开失电的1114、1111、1121断路器，其他负荷潮流正常，现场无人工作。现场检查发现110kV Ⅰ母线两套差动保护屏上保护功能连接片未投，已手动投入，1113低容母线侧套管A相接地，1号主变压器110kV侧TV本体C相接地，其他一、二次设备检查正常。申请隔离故障点1号主变压器110kV侧TV及110kV Ⅰ母线。

（5）隔离故障点。

1）分开1号主变压器110kV侧TV二次空气开关，拉开11001隔离开关。

2）拉开11011、11141、11131、11121、11111、11211隔离开关。

（6）恢复1号主变压器送电。

1）退出1号主变压器两套保护装置上投110kV 1101分支电压连接片（1号站用变压器改检修，不用取下高压侧后备保护连接片）。

2）合上T033断路器，检查1号主变压器充电正常。

3）合上T032断路器，合上5011、5012断路器。

（7）故障设备改检修。

1）1号主变压器110kV侧TV改检修：合上110017接地开关。

2）110kV Ⅰ母线改检修：合上 1117 接地开关。

（8）事故分析。

1）先发单相接地信号，然后主变压器差动保护动作，一次设备检查发现主变压器及高中压侧无异常，判断可能为主变压器低压侧两点接地，且主变压器保护范围内至少有一点接地。

2）检查发现 1 号主变压器 110kV 侧 TV 本体 C 相一点接地外差动范围内无其他异常，二次设备检查发现 110kV Ⅰ母母差功能连接片未投，判断 110kV Ⅰ母线范围内可能有一点接地，检查发现 1113 断路器母线侧套管 A 相接地。

3）1113 断路器母线侧套管 A 相、1 号主变压器 110kV 侧 TV 本体 C 相先后接地，1 号主变压器保护 C 相产生差流，110kV Ⅰ母线保护范围内 A 相产生差流，1 号主变压器两套差动保护动作，跳开 1 号主变压器三侧断路器，110kV Ⅰ母线两套差动保护屏上差动保护功能连接片未投，导致 110kV Ⅰ母线差动保护未动作，且由于 400V 备用电源自动投入装置处于退出状态，备用电源自动投入装置未动作。

4）事故处理过程中，需优先考虑站用变压器的恢复。

二十四、5032 断路器与 50321TA 之间 A 相接地，5031 断路器 SF_6 压力低闭锁，5032 断路器保护装置上失灵联跳及闭锁 5033 断路器重合闸出口连接片取下

1. 故障现象

（1）一次设备：5032、5041、5011 断路器跳闸。

（2）二次设备：苏州Ⅰ线第一套、第二套差动保护动作，苏州Ⅳ线第一套、第二套差动保护动作，5031 断路器失灵保护动作，5032 断路器失灵保护动作，500kV Ⅰ母线第一套、第二套母差失灵保护出口，苏州Ⅰ线第一套、第二套线路保护远传发信，苏州Ⅳ线第一套、第二套线路保护远传发信，5033 断路器重合闸动作，重合成功。

（3）其他信息：5031 断路器 SF_6 压力低闭锁、5031 断路器控制回路断线，苏州Ⅰ线线路失压、500kV Ⅰ母线失压。

2. 事故处理流程

（1）监控后台检查。

1）主画面检查断路器变位情况（5032、5041、5011），并清闪。

2）检查光字及告警信息，记录关键信息（5031 断路器 SF_6 压力低闭锁、5031 断路器控制回路断线，苏州Ⅰ线第一套、第二套差动保护动作，苏州Ⅳ线第一套、第二套差

动保护动作，5031 断路器失灵保护动作，5032 断路器失灵保护动作，500kV Ⅰ母线第一套、第二套母差失灵保护出口，苏州Ⅰ线第一套、第二套线路保护远传发信，苏州Ⅳ线第一套、第二套线路保护远传发信，5033 断路器重合闸动作，苏州Ⅰ线、500kV Ⅰ母线失压）。

3）检查遥测信息（苏州Ⅰ线、500kV Ⅰ母线电压）。

（2）运维人员 5min 向调度员初次汇报。

特高压华东变电站 ××，×× 时 ×× 分，苏州Ⅰ线第一套、第二套差动保护动作，苏州Ⅳ线第一套、第二套差动保护动作，5032 断路器三相跳闸，5033 断路器 A 相跳闸，5031 断路器 SF_6 压力低闭锁，5031 断路器失灵保护动作，5032 断路器失灵保护动作，500kV Ⅰ母线第一套、第二套母差失灵保护出口，5041、5011 断路器三相跳闸，苏州Ⅰ线第一套、第二套线路保护远传发信，苏州Ⅳ线第一套、第二套线路保护远传发信，5033 断路器重合闸动作，重合成功，苏州Ⅰ线、500kV Ⅰ母线失压，现场天气 ××。

（3）一、二次设备检查。

1）二次设备：检查苏州Ⅰ线第一套、第二套线路保护，检查故障信息，并复归信号；检查苏州Ⅳ线第一套、第二套线路保护，检查故障信息，并复归信号；检查 500kV Ⅰ母线第一套、第二套差动保护，检查故障信息，并复归信号；检查 5031、5032、5041、5011、5033 断路器保护屏，复归信号；检查发现 5032 断路器保护装置上失灵联跳及闭重 5033 断路器出口连接片取下（手动放上）。

2）一次设备：检查动作断路器实际位置（5031、5032、5041、5011、5033）；检查拒动 5031 断路器（SF_6 压力低闭锁），拉开 5031 断路器操作电源；故障点判断及查找。

（4）15min 内详细汇报调度。

特高压华东变电站 ××，×× 时 ×× 分，苏州Ⅰ线第一套、第二套差动保护动作，故障相 A 相，故障电流 ××A（二次值），故障测距 ××，苏州Ⅳ线第一套、第二套差动保护动作，故障相 A 相，故障电流 ××A（二次值），故障测距 ××，5032 断路器三相跳闸，5033 断路器 A 相跳闸，5031 断路器 SF_6 压力低闭锁，5031 断路器失灵保护动作，5032 断路器失灵保护动作，500kV Ⅰ母线第一套、第二套母差失灵保护出口，5041、5011 断路器三相跳闸，苏州Ⅰ线第一套、第二套线路保护远传发信，苏州Ⅳ线第一套、第二套线路保护远传发信，5033 断路器重合闸动作，重合成功，苏州Ⅰ线线路失压、500kV Ⅰ母线失压。现场检查发现 5032 断路器保护装置上失灵跳 5033 断路器出口连接片取下，已经手动放上；检查发现 5032 断路器 A 相至 50321 TA 之间发生故障，其他一、二次设备检查正常，现场无人工作。申请隔离故障5031、5032断路器。

（5）隔离故障点。

1）拉开50322，50321隔离开关。

2）解锁拉开50311，50312隔离开关。

（6）恢复送电。

1）合上苏州Ⅳ线对侧断路器，恢复苏州Ⅳ线送电。

2）合上5011断路器，对500kV Ⅰ母线充电，检查充电正常，合上5041断路器。

（7）故障改检修。

1）合上503117、503127接地开关。

2）将苏州Ⅳ线线路保护屏上断路器位置切换把手切置“中断路器检修”位置，合上503217、503227接地开关。

（8）事故分析。

1）苏州Ⅰ线、苏州Ⅳ线两套差动保护动作，判断故障点在5032断路器重叠区，5032断路器跳开后，5031断路器失灵保护动作，说明故障点在5032断路器至50321 TA之间。

2）苏州Ⅰ线、苏州Ⅳ线线路保护动作跳5032断路器三相，5033断路器A相跳闸，5031断路器压力低闭锁，断路器拒动，5031断路器失灵保护动作，远跳对侧断路器，跳开5041、5011断路器。

3）熟悉TA配置和保护时间整定也是进行事故分析的必要前提，5032断路器虽然已经跳开，但是失灵保护用TA次级在50321 TA内，依然流过故障电流，5032断路器失灵保护动作。远跳对侧断路器，因5032断路器保护装置上失灵跳5033断路器出口连接片被取下，5033断路器无法跳开，1.3s后5033断路器重合闸动作，重合成功，此时苏州Ⅳ线属于线路空充状态。

二十五、5012断路器机构卡死，苏州Ⅲ线近区B相故障，1号主变压器中压侧套管B相破裂

1. 故障现象

（1）一次设备：T033、T032、5013、5011、1101断路器跳闸。

（2）二次设备：苏州Ⅲ线第一套、第二套线路差动保护动作出口，5012断路器失灵保护动作，1号主体变压器两套电气量保护失灵联跳三侧动作，苏州Ⅲ线两套线路保护远传发信，400V备用电源自动投入装置动作。

（3）其他信息：苏州Ⅲ线失电，1号主变压器失电，110kV Ⅰ母线失电。

2. 事故处理流程

（1）监控后台检查。

1）主画面检查断路器变位情况（5013、5011、T032、T033、1101），并清闪。

2）检查光字牌及告警信息，记录关键信息（苏州Ⅲ线两套线路差动保护动作出口、5012断路器失灵保护动作、失灵联跳1号主变压器三侧动作出口、失灵远跳苏州Ⅲ线对侧，400V备用电源自动投入装置动作，1号主变压器失电，110kV Ⅰ母线失电）。

3）检查遥测信息（4号主变压器负荷、1号主变压器电流电压、110kV Ⅰ母线电压、苏州Ⅲ线电流电压等）。

（2）运行维护人员5min向调度员初次汇报。

特高压华东变电站××，××时××分，苏州Ⅲ线第一套、第二套线路差动保护动作，5013断路器B相跳闸，5012断路器失灵保护动作，失灵联跳1号主变压器三侧，5013、5011、T032、T033、1101断路器跳闸，400V备用电源自动投入装置动作，站用电系统正常。1号主变压器失电，110kV Ⅰ母线失电，相关潮流、负荷正常，现场天气××。

（3）一、二次设备检查。

1）二次设备：检查苏州Ⅲ线第一套、第二套线路保护屏，记录相关故障信息，并复归信号；检查1号主变压器第一套、第二套电气量保护屏，复归信号；检查5013、5011、T032、T033断路器保护屏，复归信号。

2）一次设备：检查动作断路器实际位置（5013、5011、T032、T033、1101，401，410）；全面检查拒动断路器（5012），包括一次设备本体、二次保护装置、测控装置及操作电源等（未查出拒动原因，试拉断路器不成，判断断路器机构卡死）；检查1号主变压器三相本体；站内保护动作范围设备（5012、5013断路器TA至线路设备）情况检查；拉开失电断路器1111、1121、1114。

（4）15min内详细汇报调度。

特高压华东变电站××，××时××分，苏州Ⅲ线第一套、第二套线路差动保护动作，故障相A相，故障电流××A（二次值），故障测距××km，5013断路器A相跳闸，5012断路器拒动，5012断路器失灵保护动作，联跳1号主变压器三侧并远跳对侧断路器，5011、5013、T032、T033、1101断路器跳闸，400V备用电源自动投入装置动作，站用电系统正常，1号主变压器失电、110kV Ⅰ母线失电，已拉开失电断路器1111、1121、1114。现场检查发现1号主变压器B相中压侧套管严重破裂，苏州Ⅲ线线路保护范围内设备检查正常，其他一、二次设备检查无明显异常，5012 断路器机构卡死拒动，现场无人工作；申请隔离 1 号主变压器，解锁隔离 5012 断路器。

（5）隔离故障设备。

1）分开 5012 断路器操作电源，解锁拉开 50121、50122 隔离开关。

2）1 号主变压器转冷备用：拉开 50121、50122、50112、50111、11011、T0322、T0321、T0331、T0332 隔离开关；分开 1 号主变压器 110kV 侧 TV 二次空气开关后，拉开 11001 隔离开关。

（6）线路试送。

5012 断路器已经隔离后，对苏州Ⅲ线进行试送。

1）接到调度发令后，将 5013 断路器由热备用转运行对苏州Ⅲ线试送。

2）试送不成检查光字牌、断路器变位、告警信息，现场检查一、二次设备（检查保护装置动作情况并复归信号，检查跳闸断路器位置及压力指示），并汇报调度。

（7）故障设备改检修。

1）苏州Ⅲ线改检修。

2）5012 断路器改检修。

3）1 号主变压器改检修。

（8）事故分析。

1）恢复设备运行前，应检查设备正常，本案例中 1 号主变压器恢复前如不检查，将导致带缺陷设备运行，增加电网风险。

2）苏州Ⅲ线线路 B 相发生故障，5013 断路器 B 相跳闸，5012 断路器机构卡死，5012 断路器失灵动作，三跳 5013 断路器并联跳 1 号主变压器三侧，5011、T032、T033、1101 断路器跳闸。

3）由于故障点属于近区故障，1 号主变压器 B 相受到极大电动力导致套管破裂，主变压器需要隔离改检修。苏州Ⅲ线试送失败，说明是永久故障，苏州Ⅲ线改检修。5012 断路器机构卡死拒动，申请改检修。

二十六、4 号主变压器高压侧 B 相套管破裂，T052 断路器 SF_6 压力低闭锁，T0522 隔离开关遥控连接片退出

1. 故障现象

（1）一次设备：T051、T053、5051、5052、1107 断路器跳闸。

（2）二次设备：4 号主变压器第一套、第二套主体变压器差动保护动作，T052 断路

器失灵保护动作，华东Ⅲ线两套线路保护远传发信，4 号主变压器失灵联跳开入，400V 备用电源自动投入装置动作。

（3）其他信息：T052 断路器 SF_6 压力低闭锁，T052 断路器控制回路断线，华东Ⅲ线线路无压，1 号主变压器失电，110kV Ⅱ母线失电。

2. 事故处理流程

（1）监控后台检查。

1）主画面检查断路器变位情况（T051、T053、5051、5052、1107、401 断路器分闸，410 断路器合闸），并清闪。

2）检查光字及告警信息，记录关键信息（T052 断路器 SF_6 压力低闭锁，T052 断路器控制回路断线，4 号主变压器第一套、第二套差动保护动作，T052 断路器失灵保护动作，华东Ⅲ线两套线路保护远传发信，4 号主变压器失灵联跳开入，400V 备用电源自动投入装置动作，华东Ⅲ线线路无压，1 号主变压器失电，110kV Ⅱ母线失电）。

3）检查遥测信息（1 号主变压器负荷正常、4 号主变压器三侧电流电压、华东Ⅲ线线路电流电压、110kV Ⅱ母线电压）。

（2）运行维护人员 5min 向调度员初次汇报。

特高压华东变电站 ××，×× 时 ×× 分，4 号主变压器第一套、第二套差动保护动作，T051、5051、5052、1107 断路器跳闸，T052 断路器 SF_6 压力低闭锁，T052 断路器失灵保护动作，华东Ⅲ线两套线路保护远传发信，T053 断路器跳闸，400V 备用电源自动投入装置正确动作，站用电系统正常；1 号主变压器负荷正常，华东Ⅲ线线路无压，1 号主变压器失电，110kV Ⅱ母线失电，其他相关潮流、负荷正常，现场天气 ××。

（3）一、二次设备检查。

1）二次设备：检查 4 号主体变压器第一套、第二套保护屏，记录故障信息（故障相 B，故障电流 ××A（二次值）），并复归信号；检查华东Ⅲ线第一套、第二套线路保护屏，复归信号；检查 T051、T053、5051、5052 断路器保护屏，复归信号。

2）一次设备：检查跳闸断路器实际位置（T051、T053、5051、5052、1107），外观及压力指示是否正常；检查拒动断路器（T052 断路器 SF_6 压力低闭锁，分开 T052 断路器操作电源）；拉开失电断路器 1174、1171、1181，故障点判断及查找。

（4）15min 内详细汇报调度。

特高压华东变电站 ××，×× 时 ×× 分，4 号主变压器第一套、第二套差动保护动作出口，故障相别 B 相，故障电流 ××A（二次值），T051、5051、5052、1107 断路器跳闸，T052 断路器 SF_6 压力 ××，闭锁分闸，T052 断路器失灵保护动作，华东

Ⅲ线两套线路保护远传发信，T053 断路器跳闸，400V 备用电源自动投入装置正确动作，站用电系统正常；1 号主变压器负荷正常，华东Ⅲ线线路无压，1 号主变压器失电，110kV Ⅱ母线失电，现场无人工作；已手动拉开失电断路器 1174、1171、1181，现场检查 4 号主变压器 B 相高压侧套管破裂，其他一、二次设备检查正常。申请隔离 1 号主变压器、解锁隔离 T052 断路器。

（5）隔离故障点。

1）申请解锁，依次拉开 T0521、T0522 隔离开关，T0522 隔离开关拉不开，检查发现测控装置上 T0522 隔离开关遥控出口连接片退出，投入该连接片后拉开 T0522 隔离开关。（操作结束后恢复联锁状态）

2）将 4 号主变压器转为冷备用。

（6）试送华东Ⅲ线。

合上 T053 断路器，对华东Ⅲ线进行送电，检查送电正常。

（7）故障设备改检修。

1）T052 断路器改检修：合上 T05217、T05227 接地开关，将华东Ⅲ线两套线路保护屏上断路器位置切换把手切至“中断路器检修”位置。

2）4 号主变压器改检修。

（8）事故分析。

1）4 号主变压器 B 相高压侧套管破裂，主变压器差动保护动作，跳开三侧断路器，由于 T052 断路器 SF_6 压力低闭锁分闸，T052 断路器拒动，故障点未切除，T052 断路器失灵保护动作，跳开 T053 断路器，同时向华东Ⅲ线对侧发远跳，跳开线路对侧断路器。

2）在隔离故障点过程中，发现 T0522 隔离开关遥控出口连接片退出，投入后隔离 T052 断路器，恢复华东Ⅲ线线路送电，最后将 T052 断路器和 4 号主变压器转为检修。

二十七、1号主变压器两套差动保护装置上差动保护功能连接片退出，1号主变压器B相调补变接至A相汇流母线的套管破裂，110kV Ⅰ母线B相接地，T0332隔离开关卡死

1. 故障现象

（1）一次设备：1114、1101 断路器跳闸。

（2）二次设备：110kV Ⅰ母线接地，1 号主变压器中性点电压偏移，110kV Ⅰ母线第一套、第二套差动保护动作，400V 备用电源自动投入装置动作。

（3）其他信息：110kV Ⅰ母线失电。

2. 事故处理流程

（1）监控后台检查。

1）主画面检查断路器变位情况（1114、1101、401 断路器分闸，410 断路器合闸），并清闪。

2）检查光字及告警信息，记录关键信息（1 号主变压器中性点电压偏移，110kV Ⅰ母线第一套、第二套差动保护动作，400V 备用电源自动投入装置动作，110kV Ⅰ母线失电）。

3）检查遥测信息（110kV Ⅰ母线电压）。

（2）运维人员 5min 向调度员初次汇报。

特高压华东变电站 ××，×× 时 ×× 分，110kV Ⅰ母线接地，1 号主变压器中性点电压偏移，×× 时 ×× 分，110kV Ⅰ母线第一套、第二套母线差动保护动作，1114、1101 断路器跳闸，400V 备用电源自动投入装置正确动作，站用电系统正常；110kV Ⅰ母线失电，其他相关潮流、负荷正常，现场天气 ××。

（3）一、二次设备检查。

1）二次设备：检查 110kV Ⅰ母线第一套、第二套母线差动保护屏，记录故障信息[A 相接地，跳闸故障相 B，故障电流 ××A（二次值）]，并复归信号；1 号站用变压器保护屏，复归信号；发现 1 号主变压器两套差动保护装置上差动保护功能连接片退出，手动投入连接片，1 号主变压器中性点电压偏移信号未复归（A 相电压指示为 0，其他两相为线电压）。

2）一次设备：检查跳闸断路器实际位置（1114、1101），外观及压力指示是否正常；拉开失电断路器 1111、1121；故障点判断及查找。

（4）15min 内详细汇报调度。

特高压华东变电站 ××，×× 时 ×× 分，110kV Ⅰ母线接地，1 号主变压器中性点电压偏移，×× 时 ×× 分，110kV Ⅰ母线第一套、第二套差动保护动作，1114、1101 断路器跳闸，400V 备用电源自动投入装置正确动作，站用电系统正常；110kV Ⅰ母线失电，现场无人工作，已拉开失电断路器 1111、1121。现场二次检查检查发现 1 号主变压器两套差动保护装置上差动保护功能连接片退出，已经手动投入，1 号主变压器中性点电压偏移信号未复归，一次检查发现 1 号主变压器 B 相调补变接至 A 相汇流母线的套管破裂，110kV Ⅰ母线 B 相接地，其他一、二次设备检查正常。申请隔离故障的 1 号主变压器和 110kV Ⅰ母线。

（5）隔离故障点。

1）依次拉开 11011、11141、11131、11121、11111、11211 隔离开关，隔离 110kV Ⅰ

母线。

2）依次拉开 5012、5011、T032、T033 断路器，将 1 号主变压器转热备用。

3）1 号主变压器转冷备用，拉 T0332 隔离开关时，发现隔离开关拉不开，检查未发现其他问题，应该是隔离开关拒动，申请 1000kV Ⅱ母线该冷备用，T0332 隔离开关。

4）调整华东Ⅲ线重合闸（停用 T053 断路器重合闸，启用 T052 断路器重合闸），然后依次拉开 T043、T053 断路器，拉开 T0432、T0431、T0532、T0531 隔离开关。

（6）故障设备改检修。

1）1 号主变压器改检修。

2）110kV Ⅰ母线改检修。

3）1000kV Ⅱ母线改检修。

（7）事故分析。

1）根据故障信息，首先是 110kV Ⅰ母线 A 相接地，然后母线差动动作，且故障相为 B 相，说明 A 相接地点在 110kV Ⅰ母线保护范围之外，但是主变压器低压侧没有其他保护动作，检查低压侧保护范围内的所有保护装置（1 号主变压器保护，低压电抗器保护，站用变保护），发现 1 号主变压器两套差动保护装置上差动保护功能连接片退出，因此 A 相接地点很可能就在主变压器保护范围内。

2）先是 1 号主变压器 B 相调补变压器接至 A 相汇流母线的套管破裂，发 110kV 母线单相接地与 1 号主变压器中性点电压偏移信号，紧接着 110kV Ⅰ母线发生 B 相母线接地，110kV Ⅰ母母差 B 相产生差流，母差保护动作，1101、1114 断路器跳闸，同时 1 号主变压器 A 相产生差流，但是由于 1 号主变压器两套差动保护装置上差动保护功能连接片退出，差动保护未动作。1101 断路器跳开后，1 号主变压器低压侧又恢复了单相接地，差流消失，主变压器后备保护不会动作。

3）在隔离故障过程中，T0332 隔离开关机构卡死，隔离开关拒动，需将 T0332 隔离开关改检修，1000kV Ⅱ母线陪停。

二十八、1 号主变压器两套差动保护装置上差动保护功能连接片退出，苏州Ⅲ线第一套线路保护重合闸方式切至沟通三跳位置，5012 断路器 SF_6 压力低闭锁，50122TA B 相故障

1. 故障现象

（1）一次设备：5011、5013、1101、T032、T033 断路器跳闸。

（2）二次设备：苏州Ⅲ线第一套、第二套差动保护动作，5012 断路器失灵保护动

作，失灵联跳1号主变压器，苏州Ⅲ线线路保护远传发信，400V备用电源自动投入装置动作。

（3）其他信息：5012断路器SF_6压力低闭锁，苏州Ⅲ线失电，1号主变压器失电，110kV Ⅰ母线失电。

2. 事故处理流程

（1）监控后台检查。

1）主画面检查断路器变位情况（5011、5013、1101、T032、T033、401断路器分闸，410断路器合闸），并清闪。

2）检查光字及告警信息，记录关键信息（5012断路器SF_6压力低闭锁，苏州Ⅲ线第一套、第二套差动保护动作，5012断路器失灵保护动作，失灵联跳1号主变压器，苏州Ⅲ线线路保护远传发信，400V备用电源自动投入装置动作；苏州Ⅲ线失电，1号主变压器失电，110kV Ⅰ母线失电）。

3）检查遥测信息（苏州Ⅲ线电流电压，1号主变压器三侧电流电压，110kV Ⅰ母线电压）。

（2）运维人员5min向调度员初次汇报。

特高压华东变电站××，××时××分，苏州Ⅲ线第一套、第二套差动保护动作，5013断路器三相跳闸，5012断路器SF_6压力低闭锁，5012断路器失灵保护动作，失灵联跳1号主变压器，苏州Ⅲ线线路保护远传发信，T032、T033、5011、1101断路器跳闸，400V备用电源自动投入装置正确动作，站用电系统正常；苏州Ⅲ线失电，1号主变压器失电，110kV Ⅰ母线失电，其他相关潮流、负荷正常，现场天气××。

（3）一、二次设备检查。

1）二次设备：检查苏州Ⅲ线第一套、第二套线路保护屏，记录故障信息[故障相B，故障电流××A（二次值）]，并复归信号；故障信息显示单相接地，但是后台监控显示未选相跳闸，检查发现苏州Ⅲ线第一套线路保护重合闸方式切至沟通三跳位置，手动切至选相跳闸。检查1号主变压器保护屏，T032、T033、5011、5012、5013断路器保护屏，复归信号。

2）一次设备：检查跳闸断路器实际位置（5011、5013、1101、T032、T033），外观及压力指示是否正常；检查拒动断路器（5012断路器SF_6压力低于闭锁值，拉开5012断路器两组操作电源）；拉开失电断路器1111、1121、1114；检查1号主变压器本体；故障点判断及查找。

（4）15min 内详细汇报调度。

特高压华东变电站 ××，×× 时 ×× 分，苏州Ⅲ线第一套、第二套差动保护动作，故障相 B 相，故障电流为 ××A（二次值），5013 断路器三相跳闸，5012 断路器 SF_6 压力低闭锁，5012 断路器失灵保护动作，联跳 1 号主变压器，苏州Ⅲ线线路保护远传发信，T032、T033、5011、1101 断路器跳闸，400V 备用电源自动投入装置正确动作，站用电系统正常；苏州Ⅲ线失电，1 号主变压器失电，110kV Ⅰ母线失电，现场无人工作，已拉开失电断路器 1111、1121、1114。现场检查发现 1 号主变压器两套差动保护装置上差动保护功能连接片退出，已经投入该连接片，苏州Ⅲ线第一套线路保护重合闸方式切至沟通三跳位置，已切至选相跳闸，一次设备检查发现 5012 断路器 SF_6 压力低（××MPa），50122TA B 相故障，其他一、二次设备检查正常。申请解锁将 5012 断路器及 50122TA 隔离。

（5）隔离故障点。

解锁拉开 50121、50122 隔离开关（操作完恢复联锁状态）。

（6）恢复送电。

1）合上 5013 断路器，恢复苏州Ⅲ线供电（检查送电正常）。

2）合上 T033 断路器，对 1 号主变压器进行充电，检查充电正常后，合上 T032 断路器。

3）合上 1101 断路器，检查 110kV Ⅰ母线充电正常后，合上 5011 断路器。

4）合上 1114 断路器，拉开 410、合上 401 断路器，恢复站用电系统。

（7）故障设备改检修。

5012 断路器改检修。

（8）事故分析。

1）苏州Ⅲ线差动保护动作，但 5013 断路器直接三跳，应找出未选相跳闸原因（苏州Ⅲ线第一套线路保护重合闸方式切至沟通三跳位置）。

2）站内设备检查发现故障点在 50122TA B 相，此位置是主变压器保护和线路保护的重叠区，应找出主变压器保护未动作原因（1 号主变压器两套差动保护功能连接片取下）。

3）50122 TA B 相故障，处于苏州Ⅲ线与 1 号主变压器保护重叠区内，苏州Ⅲ线差动保护动作，苏州Ⅲ线第一套线路保护重合闸方式切至沟通三跳位置，5013 断路器三相跳闸，5012 断路器 SF_6 压力低闭锁，5012 断路器拒动，由于 1 号主变压器两套差动保护装置上差动保护功能连接片退出，1 号主变压器差动保护未动作，5012 断路器失灵保护动作（比主变压器中后备动作时间快），联跳主变压器三侧并远跳苏州Ⅲ线对侧，T032、T033、5011、1101断路器跳闸。

二十九、T032断路器两组操作电源分开，华东Ⅱ线单相永久性接地，跳闸后1号站用变压器高压侧B相套管破裂

1. 故障现象

（1）一次设备：T031、T033、5011、5012、1101断路器跳闸。

（2）二次设备：T032断路器控制回路断线，华东Ⅱ线第一套、第二套差动保护动作，T032断路器失灵保护动作，失灵联跳1号主变压器，华东Ⅱ线线路保护远传发信，400V备用电源自动投入装置动作。

2. 事故处理流程

（1）监控后台检查。

1）主画面检查断路器变位情况（T031、T033、5011、5012、1101、401断路器跳闸，410断路器合闸），并清闪。

2）检查光字牌及告警信息，记录关键信息（T032断路器控制回路断线，华东Ⅱ线第一套、第二套差动保护动作，T032断路器失灵保护动作，失灵联跳1号主变压器，华东Ⅱ线线路保护远传发信，400V备用电源自动投入装置动作；华东Ⅱ线失电，1号主变压器失电，110kV Ⅰ母线失电）。

3）检查遥测信息（1号主变压器电压、华东Ⅱ线电流电压等）。

（2）运维人员5min向调度员初次汇报。

特高压华东变电站××，××时××分，华东Ⅱ线第一套、第二套主保护动作，T031断路器跳闸出口，T032断路器控制回路断线拒动，T032断路器失灵保护动作，失灵联跳1号主变压器，华东Ⅱ线线路保护远传发信，5012、5011、1101、T033断路器跳闸，华东Ⅱ线失电，1号主变压器失电。400V备用电源自动投入装置正确动作，站用电正常，相关潮流、负荷正常，现场天气××。

（3）一、二次设备检查。

1）二次设备：检查华东Ⅱ线第一套、第二套线路保护屏，T031、T032、T033、5011、5012断路器保护屏，1号主体变压器第一套、第二套保护屏，1000kV故障录波屏及相关测控屏；记录华东Ⅱ线线路保护装置及故障录波装置中故障信息（故障相别、故障电流及测距），检查装置后及时复归信号。

2）一次设备：检查跳闸断路器实际位置（T031、T033、5011、5012、1101），外观

及压力指示是否正常；全面检查拒动的T032断路器，包括一次设备本体、二次保护装置、测控装置及操作电源等，查出拒动原因为操作电源空气开关跳开，手动合上；站内保护动作范围设备（T031、T032断路器TA至线路设备）情况检查，故障点查找；检查1号主变压器、华东Ⅱ线停电设备正常；拉开失电1111、1121断路器。

（4）15min内详细汇报调度。

特高压华东变电站××，××时××分，华东Ⅱ线第一套、第二套差动保护动作，故障相A相，故障电流××A（二次值），T031断路器A相跳闸，T032断路器控制回路断线拒动，T032断路器失灵保护动作，联跳1号主变压器，华东Ⅱ线线路保护远传发信，T031、T033、5011、5012、1101断路器三相跳闸，400V备用电源自动投入装置正确动作，站用电系统正常；华东Ⅱ线失电，1号主变压器失电，相关设备负荷潮流正常，现场无人工作；现场检查华东Ⅱ线、1号主变压器未发现明显故障点，T032断路器操作电源未合，手动合上后拉开T032断路器。

（5）试送华东Ⅱ线路。

1）申请合上T031断路器试送华东Ⅱ线路，试送失败。

2）检查光字牌、断路器变位、告警信息，现场检查一、二次设备（检查保护装置动作情况并复归信号，检查跳闸断路器位置及压力指示），并汇报调度。

（6）故障设备改检修。

华东Ⅱ线改检修。

（7）恢复送电。

1）检查1号主变压器范围内设备无异常，恢复1号主变压器送电。

2）恢复站用电过程中合1114断路器时，后台报110kV Ⅰ母单相接地，检查发现1号站用变压器高压侧B相套管破裂，1号站用变压器改检修。

3）根据需要投1111、1112低压电抗器。

（8）事故处理与分析。

1）华东Ⅱ线线路永久性故障，T031断路器A相跳闸，T032断路器因操作电源未合拒动，T032断路器失灵跳开T031、T033、5011、5012、1101及线路对侧断路器。

2）事故处理过程中的异常信号应及时发现并检查处理，本案例中恢复站用电时，应及时发现110kV Ⅰ母单相接地信号，检查发现1号站用变压器高压侧B相套管破裂。

三十、50121TA A 相故障，苏州 Ⅲ 线第一套线路保护沟通三跳，T032 断路器操作电源空气开关分开

1. 故障现象

（1）一次设备：T031、T033、5011、5012、5013、1101 断路器跳闸。

（2）二次设备：T032 断路器控制回路断线，苏州Ⅲ线第一套、第二套差动保护动作，1 号主变压器第一套、第二套差动保护动作，T032 断路器失灵保护动作，华东Ⅱ线远传发信，5012 断路器失灵保护动作，苏州Ⅲ线远传发信，400V 备用电源自动投入装置动作。

2. 事故处理流程

（1）监控后台检查。

1）主画面检查断路器变位情况（T031、T033、5011、5012、5013、1101、401 断路器分闸，410 断路器合闸），并清闪。

2）检查光字牌及告警信息，记录关键信息（T032 断路器控制回路断线，苏州Ⅲ线第一套、第二套差动保护动作，1 号主变压器第一套、第二套差动保护动作，T033、5013、5012、5011、1101 断路器跳闸；T032 断路器失灵保护动作，华东Ⅱ线远传发信，T031 断路器跳闸；5012 断路器失灵保护动作，苏州Ⅲ线远传发信；400V 备用电源自动投入装置动作，400V Ⅱ母线电压正常）。

3）检查遥测信息（4 号主变压器负荷、1 号主变压器三侧电压及电流、110kV Ⅰ母线电压、华东Ⅱ线电流电压、苏州Ⅲ线电流电压）。

（2）运维人员 5min 向调度员初次汇报。

特高压华东变电站 ××，×× 时 ×× 分，苏州Ⅲ线第一套、第二套差动保护动作，1 号主变压器第一套、第二套差动保护动作，T033、5011、5012、5013、1101 断路器跳闸，T032 断路器控制回路断线，T032 断路器失灵保护动作，华东Ⅱ线远传发信，T031 断路器跳闸；5012 断路器失灵保护动作，苏州Ⅲ线远传发信；400V 备用电源自动投入装置正确动作，站用电系统正常，1 号主变压器失电、110kV Ⅰ母线失电、华东Ⅱ线失电、苏州Ⅲ线失电，4 号主变压器负荷正常，其他相关设备负荷潮流正常，现场天气 ××。

（3）一、二次设备检查。

1）二次设备：检查苏州Ⅲ线第一套、第二套差动保护屏，1 号主变压器第一套、第二套主体变压器保护屏，T031、T032、T033、5011、5012、5013 断路器保护屏，相关测控装置等，检查发现苏州Ⅲ线第一套线路保护沟通三跳，切至选相跳闸位置。T032 断路

器保护屏上第一组操作电源及第二组操作电源在分位，合上操作电源空气开关。

2）一次设备：检查跳闸断路器实际位置（T031、T033、5011、5012、5013、1101），外观及压力指示是否正常；检查拒动断路器T032实际位置，外观及压力指示是否正常，检查正常后试拉T032断路器，试拉成功；检查1号主变压器本体，华东Ⅱ线，站内保护动作范围设备（5012断路器两侧TA之间）情况检查，故障点查找，拉开失电断路器1111、1121、1114。

（4）15min内详细汇报调度。

特高压华东变电站××，××时××分，苏州Ⅲ线第一套、第二套差动保护动作，故障相A相，故障电流××A（二次值），测距××km，1号主变压器第一套、第二套主体变压器差动保护动作，故障相A相，故障电流××A（二次值），T033、5011、5012、5013、1101断路器跳闸，T032断路器两组操作电源空气开关在分位，T032断路器失灵保护动作，T031断路器跳闸，华东Ⅱ线远传发信，5012断路器失灵保护动作，苏州Ⅲ线远传发信；400V备用电源自动投入装置动作，站用电系统正常；1号主变压器失电、110kV Ⅰ母线失电、华东Ⅱ线失电、苏州Ⅲ线失电，故障点在50121TA A相，苏州Ⅲ线第一套线路保护沟通三跳连接片放上，其他一、二次设备检查无明显异常，现场无人工作。现场已合上T032断路器两组操作电源空气开关，T032断路器已手动拉开，恢复苏州Ⅲ线第一套线路保护选相跳闸，110kV Ⅱ母线上失电断路器1111、1121、1114已手动拉开。

（5）隔离故障点。

拉开5012断路器两侧隔离开关。

（6）恢复送电。

1）合上T031断路器，试送华东Ⅱ线，试送成功。

2）合上5013断路器，试送苏州Ⅲ线，试送成功。

3）恢复1号主变压器送电。

4）恢复站用变压器正常运方。

（7）将故障设备改检修。

5012断路器改检修：合上501217、501227接地开关。

（8）事故分析。

1）故障点在50121TA A相，苏州Ⅲ线差动保护和1号主变压器差动保护同时动作，苏州Ⅲ线第一套线路保护沟通三跳连接片放上，5013断路器直接三相跳闸，T033、5011、5012断路器三跳，T032断路器操作电源未合上，T032断路器失灵保护动作，跳开 T031 断路器，华东Ⅱ线两套线路保护远传发信。

2）由于 5012 断路器失灵保护用 TA 为 50121TA 次级，T032 断路器拒动后有故障电流流过 50121TA，所以 5012 断路器失灵保护动作。

三十一、1号主变压器两套保护装置差动保护功能连接片退出，5011 断路器与 50112TA 之间故障

1. 故障现象

（1）一次设备：5041、5031、5011、5012、T032、T033、1101 断路器跳闸。

（2）二次设备：500kV Ⅰ母第一套、第二套差动保护动作，1 号主变压器第一套、第二套中后备保护动作，400V 备用电源自动投入装置动作。

2. 事故处理流程

（1）监控后台检查。

1）主画面检查断路器变位情况（5041、5031、5011、5012、T032、T033、1101、401 断路器分闸，410 断路器合闸），并清闪。

2）检查光字及告警信息，记录关键信息（500kV Ⅰ母第一套、第二套差动保护动作，1 号主变压器第一套、第二套中后备保护动作，400V 备用电源自动投入装置动作正确，401 断路器跳闸，410 断路器合闸。1 号主变压器失电，110kV Ⅰ母线失电，苏州Ⅰ线失电，苏州Ⅱ线失电，苏州Ⅲ线失电，苏州Ⅳ线失电，500kV Ⅰ母线失电，500kV Ⅱ母线失电）。

3）检查遥测信息（4 号主变压器负荷正常、1 号主变压器三侧电流电压、110kV Ⅰ母线电压、苏州Ⅰ线电压、苏州Ⅱ线电压、苏州Ⅲ线电压、苏州Ⅳ线电压、500kV Ⅰ母线电压、500kV Ⅱ母线电压等）。

（2）运维人员 5min 向调度员初次汇报。

特高压华东变电站 ××，×× 时 ×× 分，500kV Ⅰ母第一套、第二套差动保护动作，1 号主变压器中后备保护动作出口，5041、5031、5011、5012、T032、T033、1101 断路器跳闸，400V 备用电源自动投入装置动作正确，站用电系统正常；4 号主变压器负荷正常，1 号主变压器失电，110kV Ⅰ母线失电，苏州Ⅰ线失电，苏州Ⅱ线失电，苏州Ⅲ线失电，苏州Ⅳ线失电，500kV Ⅰ母线失电，500kV Ⅱ母线失电，其他相关潮流、负荷正常，现场天气 ××。

（3）一、二次设备检查。

1）二次设备：检查 1 号主体变压器第一套、第二套保护屏，记录故障信息［故障

相C，故障电流 ××A（二次值）]，并复归信号；1号主体变压器第一套、第二套差动保护功能连接片退出，手动投入；检查500kV Ⅰ母第一套、第二套差动保护屏，记录故障信息[故障相C，故障电流 ××A（二次值）]，并复归信号；检查5041、5031、5011、5012、T032、T033断路器保护屏，复归信号。

2）一次设备：检查跳闸断路器实际位置（5041、5031、5011、5012、T032、T033、1101），外观及压力指示是否正常；拉开1111、1121、1114、5013、5032、5033、5043失电断路器；检查5011断路器两侧TA；查找故障点，检查500kV Ⅰ母线及1号主变压器等停电设备。

（4）15min内详细汇报调度。

特高压华东变电站 ××，×× 时 ×× 分，500kV Ⅰ母第一套、第二套差动保护动作，故障相C，故障电流 ××A（二次值），1号主变压器中后备保护动作出口，故障相C相，故障电流为 ××A（二次值），5041、5031、5011、5012、T032、T033、1101断路器三相跳闸，400V备用电源自动投入装置正确动作，站用电系统正常；1号主变压器失电，110kV Ⅰ母线失电，苏州Ⅰ线失电，苏州Ⅱ线失电，苏州Ⅲ线失电，苏州Ⅳ线失电，500kV Ⅰ母线失电，500kV Ⅱ母线失电，现场无人工作，已拉开失电1111、1121、1114、5013、5032、5033、5043断路器。现场检查发现1号主变压器两套差动保护装置上差动保护功能连接片退出，已经投入该连接片，一次设备检查发现50112TA C相与5011断路器之间击穿短路，其他一、二次设备检查正常，申请隔离5011断路器。

（5）隔离故障。

拉开50112，50111隔离开关。

（6）恢复送电。

1）苏州Ⅳ线对侧合开关充电（检查充电正常）。

2）合上5033断路器，对500kV Ⅱ母线充电（检查充电正常）。

3）合上5013断路器，对苏州Ⅲ线充电（检查充电正常）。

4）合上5043断路器，对苏州Ⅱ线充电（检查充电正常）。

5）合上5041断路器，对500kV Ⅰ母线充电（检查充电正常）。

6）合上5031断路器，对苏州Ⅰ线充电（检查充电正常）。

7）合上5032断路器（合环）。

8）合上T033断路器，对1号主变压器充电（检查充电正常），合上T032断路器。

9）合上1101断路器，对110kV Ⅰ母线充电（检查充电正常）。

10）合上5012断路器（合环）。

11）恢复站用变压器正常运行方式。

（7）故障设备改检修。

5011 断路器改为检修。

（8）事故分析。

1）500kV Ⅰ母线差动保护动作后，故障仍未切除，判断故障地点在 500kV Ⅰ母线断路器与相应母线保护用 TA 间。一次设备检查发现 50112TA C 相与 5011 断路器之间击穿短路。

2）5011 断路器 TA 失灵保护用次级在断路器母线侧，所以 5011 断路器失灵不动作。

3）50112TA 与 5011 断路器之间故障，属于主变压器与母线重叠区故障，因为主变压器差动保护退出，500kV Ⅰ母线差动保护动作不能切除故障，经延时由相邻 500kV 线路对侧距离Ⅱ段保护动作，跳对侧断路器；此时，故障仍未切除，延时 2s 由主变压器中压侧后备保护动作，跳主变压器三侧断路器，切除故障。

三十二、T032 断路器保护失灵跳 1 号主变压器连接片退出，T032 断路器 SF_6 压力低闭锁，华东Ⅱ线近区故障

1. 故障现象

（1）一次设备：5011、5012、T031、T033、1101 断路器跳闸。

（2）二次设备：T032 断路器 SF_6 压力低，T032 断路器控制回路断线，华东Ⅱ线第一、第二套差动保护动作，T032 断路器失灵保护动作，华东Ⅱ线第一、第二套保护远传发信，1 号主变压器高后备保护动作，400V 备用电源投入装置动作。

2. 事故处理流程

（1）监控后台检查。

1）主画面检查断路器变位情况（5011、5012、T031、T033、1101、401 断路器分闸，410 断路器合闸）。

2）检查光字及告警信息，记录关键信息（T032 断路器 SF_6 压力低，两组控制回路断线，华东Ⅱ线第一套、第二套差动保护动作，T032 断路器失灵保护动作，华东Ⅱ线第一套、第二套保护远传发信，1 号主变压器高后备保护动作，400V 备用电源自动投入装置动作，401 断路器跳闸，410 断路器合闸。1 号主变压器失电，110kV Ⅰ母线失电，华东Ⅱ线失电）。

3）检查遥测信息（4 号主变压器负荷正常、1 号主变压器三侧电流电压、110kV Ⅰ母线电压、华东Ⅱ线电压等）。

（2）运维人员 5min 向调度员初次汇报。

特高压华东变电站 ××，×× 时 ×× 分，T032 断路器 SF_6 压力低，T032 断路器控制回路断线，华东Ⅱ线第一套、第二套差动保护动作，T031 断路器 C 相跳闸，T032 断路器失灵保护动作，T031、T033 断路器三跳，华东Ⅱ线第一、第二套保护远传发信，1 号主变压器高后备保护动作，5011、5012、1101 断路器跳闸，400V 备用电源自动投入装置动作正确，站用电系统正常；4 号主变压器负荷正常，1 号主变压器失电，110kV Ⅰ母线失电，华东Ⅱ线失电，其他相关潮流、负荷正常，现场天气 ××。

（3）一、二次设备检查。

1）二次设备：检查华东Ⅱ线第一、第二套差动保护屏，记录故障信息［故障相 C，故障电流 ××A（二次值）］，并复归信号；检查 1 号主体变压器第一套、第二套电量保护屏，记录故障信息［故障相 C，故障电流 ××A（二次值）］，并复归信号；检查 5011、5012、T031、T033、T032 断路器保护屏，复归信号；发现 T032 断路器保护失灵联跳 1 号主变压器第一套、第二套电量保护出口连接片未投，手动投入。

2）一次设备：检查跳闸断路器实际位置（5011、5012、T031、T033、1101），外观及压力指示是否正常；检查拒动断路器 T032 外观及压力指示是否正常（SF_6 压力 ××MPa，低于闭锁压力）；拉开失电 1111、1121、1114 断路器；检查保护动作区间设备，查找故障点；检查 1 号主变压器等停电设备。

（4）15min 内详细汇报调度。

特高压华东变电站 ××，×× 时 ×× 分，华东Ⅱ线第一套、第二套差动保护动作，故障相 C，故障电流 ××A（二次值），故障测距 ××km，T032 断路器 SF_6 压力低闭锁压力，T031 断路器 C 相跳闸，T032 断路器失灵保护动作，T031、T033 断路器三跳，华东Ⅱ线第一、第二套保护远传发信，1 号主变压器高后备保护动作，故障相 C 相，故障电流为 ××A（二次值），5011、5012、1101 断路器跳闸，400V 备用电源自动投入装置动作正确，站用电系统正常；1 号主变压器失电，110kV Ⅰ母线失电，华东Ⅱ线失电，现场无人工作，已拉开失电 1111、1121、1114 断路器。现场检查发现 T032 断路器保护失灵联跳 1 号主变压器第一套、第二套电量保护出口压板未投，已经投入该压板，一次设备检查发现华东Ⅱ线 C 相出线套管处有异物，T032 断路器 SF_6 压力 ××MPa，低于闭锁压力，其他一、二次设备检查正常。申请解锁隔离故障 T032 断路器，隔离故障华东Ⅱ线。

（5）隔离故障。

1）解锁操作，拉开 T0321、T0322 隔离开关。

2）拉开 T0312、T0311 隔离开关。

（6）恢复送电。

1）合上 T033 断路器，检查母线充电正常。

2）依次合上 1101、5011、5012 断路器。

3）恢复站用电正常运行方式。

（7）故障设备改检修。

1）T032 断路器改检修。

2）华东Ⅱ线改检修。

（8）事故分析。

1）华东Ⅱ线接地故障，线路保护动作，T031 断路器 C 相跳闸，T032 断路器 SF_6 压力低于闭锁压力拒动，T032 断路器失灵保护动作，T031、T033 断路器三相跳闸，同时闭锁 T031 断路器重合闸。因为 T032 断路器保护失灵联跳 1 号主变压器第一套、第二套电量保护出口压板未投，主变压器中低压侧未切除，故障继续存在，延时 2s 由主变压器高压侧后备保护动作，跳主变压器三侧断路器，切除故障。

2）由于 T032 断路器失灵保护动作跳开 T031、T033 断路器，相关 1000kV 线路对侧距离保护Ⅱ段不会动作。至于本站 1000kV 其他线路是否会通过距离Ⅲ段（2s）跳开本侧断路器，与系统接线相关，本案例中暂没考虑。

三十三、苏州Ⅰ线第一套保护重合闸方式切至沟通三跳，苏州Ⅰ线B相永久性接地，故障后1号主变压器轻瓦斯动作，1号主变压器B相中压侧套管有裂纹

注：轻瓦斯保护按最新规定执行。

1. 故障现象

（1）一次设备：5031、5032 断路器跳闸。

（2）二次设备：苏州Ⅰ线第一套、第二套差动保护动作，苏州Ⅰ线失电。

（3）其他信息：1 号主变压器轻瓦斯动作。

2. 事故处理流程

（1）监控后台检查。

1）主画面检查断路器变位情况（5031、5032 断路器分闸），并清闪。

2）检查光字牌及告警信息，记录关键信息：1 号主变压器轻瓦斯动作，苏州Ⅰ线第一套、第二套差动保护动作，5031、5032 断路器跳闸。

3）检查遥测信息（苏州Ⅰ线电流电压）。

（2）运维人员5min向调度员初次汇报。

特高压华东变电站××，××时××分，苏州Ⅰ线第一套、第二套差动保护动作，5031、5032断路器跳闸，1号主变压器轻瓦斯动作；站用电系统正常，苏州Ⅰ线失电，其他相关设备负荷、潮流正常，现场天气××。

（3）一、二次设备检查。

1）二次设备：检查1号主变压器非电量保护屏，记录故障信息；检查记录苏州Ⅰ线第一套、第二套差动保护装置内的故障信息（动作保护、故障相、故障电流），检查装置后及时复归信号；检查5031、5032断路器保护屏，相关测控装置等，并复归信号；检查发现苏州Ⅰ线第一套线路保护沟通三跳，切至选相跳闸位置。

2）一次设备：检查跳闸断路器实际位置（5031、5032），外观及压力指示是否正常；检查1号主变压器；站内保护动作范围设备（50311、50322TA之间至苏州Ⅰ线）情况检查，故障点查找。

（4）15min内详细汇报调度。

特高压华东变电站××，××时××分，苏州Ⅰ线第一套、第二套差动保护动作，故障相B相，故障电流××A（二次值），测距××km，5031、5032断路器三相跳闸，站用电系统正常；

1号主变压器轻瓦斯动作，现场检查苏州Ⅰ线第一套线路保护沟通三跳压板放上，切至选相跳闸位置；一次检查1号主变压器B相中压侧套管有裂纹，苏州Ⅰ线B相出线构架绝缘子击穿，其他一、二次设备检查无明显异常，现场无人工作，申请隔离故障1号主变压器。

（5）隔离故障点。

1）切换站用变运行方式。

2）1号主变压器改冷备用。

（6）故障设备改检修。

1）苏州Ⅰ线改为检修。

2）1号主变压器改检修。

（7）事故分析。

1）苏州Ⅰ线线路永久性接地，苏州Ⅰ线保护动作，5012断路器三跳，苏州Ⅰ线第一套线路保护沟通三跳连接片放上导致5011断路器直接三跳。

2）苏州Ⅰ线线路近区发生故障，故障电流较大，1号主变压器由于较大的穿越电流流过导致中压侧套管有裂纹，轻瓦斯保护动作。

三十四、1号站用变压器保护装置电源分开，1号站用变压器111427接地开关A相绝缘子破损，1号主变压器110kV TV B相引线接地

1. 故障现象

（1）一次设备：5011、5012、T032、T033、1101断路器跳闸。

（2）二次设备：1号站用变压器差动保护装置故障，110kV Ⅰ母线接地，1号主变压器中性点偏移，1号主变压器第一套、第二套差动保护动作，400V备用电源自动投入装置动作。

2. 事故处理流程

（1）监控后台检查。

1）主画面检查断路器变位情况（5011、5012、T032、T033、1101、401断路器分闸，410断路器合闸），并清闪。

2）检查光字牌及告警信息，记录关键信息：1号站用变压器差动保护装置故障，110kV Ⅰ母线接地，1号主变压器中性点偏移，1号主变压器第一套、第二套差动保护动作，400V备用电源自动投入装置动作，5011、5012、T032、T033、1101断路器跳闸。

3）检查遥测信息（110kV Ⅰ母线电压，1号站用变压器电流电压）。

（2）运维人员5min向调度员初次汇报。

特高压华东变电站××，××时××分，1号站用变压器差动保护装置故障，110kV Ⅰ母线接地，1号主变压器中性点偏移，××时××分，1号主变压器第一套、第二套差动保护动作，5011、5012、T032、T033、1101断路器跳闸，400V备用电源自动投入装置动作，站用电系统正常，110kV Ⅰ母线失电，1号站用变压器失电，站用电备用电源自动投入装置动作，其他相关设备负荷、潮流正常，现场天气××。

（3）一、二次设备检查。

1）二次设备：检查1号站用变压器保护屏，保护装置电源跳开，手动合上，试合成功；检查1号主变压器第一套、第二套差动保护屏，相关测控装置等，记录故障信息（动作保护、故障相、故障电流），并复归信号；检查5011、5012、T032、T033断路器保护屏，记录故障信息，并复归信号。

2）一次设备：检查跳闸断路器实际位置（5011、5012、T032、T033、1101），外观

及压力指示是否正常；拉开失电断路器 1111、1121、1114；检查 1 号主变压器保护范围内所有设备；检查 110kV Ⅰ母线及 110kV1 号站用变压器。

（4）15min 内详细汇报调度。

特高压华东变电站 ××，×× 时 ×× 分，1 号站用变压器差动保护装置故障，110kV Ⅰ母线 B 相接地，1 号主变压器中性点偏移，×× 时 ×× 分，1 号主变压器第一套、第二套差动保护动作，故障相 B 相，故障电流 ××A（二次值），5011、5012、T032、T033、1101 断路器跳闸，400V 备用电源自动投入装置正确动作，站用电系统正常；现场检查 1 号站用变压器保护屏，保护装置电源跳开，手动合上，现场检查发现 1 号主变压器 110kV TV B 相引线接地，1 号站用变压器 111427 接地开关 A 相绝缘子破损，失电断路器 1111、1121、1114 已拉开，其他一、二次设备检查无明显异常，现场无人工作，申请隔离故障 110kV1 号站用变压器，隔离故障 1 号主变压器 110kV 侧 TV。

（5）隔离故障点。

1）拉开 1 号站用变压器 11141 隔离开关。

2）分开 1 号主变压器 110kV 侧 TV 二次空气开关，拉开 11001 隔离开关。

（6）恢复送电。

1）调整相关二次保护：取下 1 号主变压器两套电气量保护投 110kV 1101 分支电压连接片（1 号站用变压器改检修，不用取下高压侧后备保护连接片）。

2）恢复 1 号主变压器送电。

（7）故障设备改检修。

1）1 号站用变压器改检修。

2）1 号主变压器 110kV 侧 TV 改检修。

（8）事故分析。

1）主变压器低压侧两点接地时，由于故障范围较大，要根据相关故障信息和信号初步判断故障范围。

2）特高压主变压器低压侧 TV 单独停役时，注意调整相关设备与该电压有关的保护。

三十五、T032 断路器油压低合闸闭锁，1101 断路器机构卡死，110kV Ⅰ母线相间故障，A 相主变压器风冷电源跳开

1. 故障现象

（1）一次设备：5011、5012、T032、T033、1114 断路器跳闸。

（2）二次设备：T032 断路器油压低合闸闭锁，110kV Ⅰ母线第一套、第二套差动保护动作，1101 断路器失灵联跳 1 号主变压器，T032 断路器控制回路断线，400V 备用电源自动投入装置动作，1 号主变压器 A 相主变压器风冷电源跳开。

2. 事故处理流程

（1）监控后台检查。

1）主画面检查断路器变位情况（5011、5012、T032、T033、1114），并清闪。

2）检查光字及告警信息，记录关键信息（T032 断路器油压低合闸闭锁，110kV Ⅰ母线第一套、第二套差动保护动作，1101 断路器失灵联跳 1 号主变压器，T032 断路器控制回路断线，400V 备用电源自动投入装置动作，1 号主变压器 A 相风冷电源跳开）。

3）检查遥测信息（1 号主变压器三侧电流电压，110kV Ⅰ母线电压，400V Ⅰ母线电压）。

（2）运维人员 5min 向调度员初次汇报。

特高压华东变电站 ××，×× 时 ×× 分，T032 断路器油压低合闸闭锁，110kV Ⅰ母线第一套、第二套差动保护动作，1101 断路器失灵联跳 1 号主变压器，5011、5012、T032、T033、1114 断路器跳闸，T032 断路器控制回路断线，400V 备用电源自动投入装置动作，1 号主变压器 A 相风冷电源跳开，站用电系统正常，1 号主变压器失电，110kV Ⅰ母线失电，现场天气 ××。

（3）一、二次设备检查。

1）二次设备：检查 110kV Ⅰ母线第一套、第二套母线差动保护屏，检查故障信息，并复归信号；检查 1 号主变压器第一套、第二套差动保护屏，检查故障信息，并复归信号；检查 5011、5012、T032、T033 断路器保护屏，复归信号；检查 T032 断路器测控屏，发现分闸指示灯不亮。

2）一次设备：检查跳闸断路器实际位置（5011、5012、T032、T033、1114）；检查 T032 断路器油泵回路，油压指示低（××MPa），分开 T032 断路器操作电源；检查拒动断路器（1101）实际位置，外观及压力，未发现异常，判断为机构卡死；拉开失电断路器（1111、1121）；故障点判断及查找；检查 1 号主变压器，发现 1 号主变压器 A 相风冷电源跳开，手动合上。

（4）15min 内详细汇报调度。

特高压华东变电站 ××，×× 时 ×× 分，T032 断路器油压低合闸闭锁，110kV Ⅰ母线第一套、第二套差动保护动作，故障电流 ××A（二次值），故障相别 A、B 相，1101 断路器拒动，失灵联跳 1 号主变压器，5011、5012、T032、T033、1114 断路器跳闸，

400V 备用电源自动投入装置动作正确，T032 断路器控制回路断线，1 号主变压器 A 相风冷电源跳开，站用电系统正常，1 号主变压器失电，110kV Ⅰ母线失电，已拉开失电的 1111、1121 断路器，其他负荷潮流正常，现场无人工作。现场检查 T032 断路器油压低（XXMPa），已分开 T032 断路器操作电源，现场检查发现 1113 低容母线侧套管 A、B 相间挂有异物，1101 断路器外观压力无异常判断为机构卡死，1 号主变压器 A 相风冷电源跳开，已手动合上，其他一、二次设备检查正常。申请解锁操作隔离故障 1101 断路器，隔离 T032 断路器，隔离故障 110kV Ⅰ母线。

（5）隔离故障点。

1）分开 T032 断路器操作电源空气开关，拉开 T0321、T0322 隔离开关。

2）解锁拉开 11011 隔离开关。

3）拉开 11141、11131、11121、11111、11211 隔离开关，110kV Ⅰ母线改为冷备用。

（6）恢复 1 号主变压器送电。

1）合上 1 号主变压器 A 相主变压器风冷电源。

2）合上 T033 断路器，检查 1 号主变压器充电正常。

3）合上 5011、5012 断路器。

（7）故障设备改检修。

1）T032 断路器改为检修。

2）1101 断路器改为检修。

3）110kV Ⅰ母线改为检修。

（8）事故分析。

1）根据华东网调典型操作任务，特高压主变压器低压侧母线改检修时，母线上设备至少需改为冷备用。

2）T032 断路器油压低合闸闭锁，在保护跳开断路器后报控制回路断线信号。

3）事故处理过程中，后台信号和现场检查需细心全面，不得遗漏异常，如本案例中的 1 号主变压器 A 相风冷电源跳开。

三十六、T051 断路器卡死，T0522 隔离开关遥控出口连接片退出，110kV Ⅱ母线 TV A 相接地，4 号主变压器低压侧 C 相套管裂纹

1. 故障现象

（1）一次设备：T031、T041、T052、5051、5052、1107 断路器跳闸。

（2）二次设备：110kV Ⅱ母线接地，4 号主变压器中性点电压偏移，4 号主变压器

第一套、第二套差动保护动作，T051 断路器失灵保护动作，1000kV Ⅰ母线差动保护失灵动作出口，400V 备用电源自动投入装置动作。

2. 事故处理流程

（1）监控后台检查。

1）主画面检查断路器变位情况（T031、T041、T052、5051、5052、1107），并清闪。

2）检查光字及告警信息，记录关键信息（110kV Ⅱ母线接地，4 号主变压器中性点电压偏移，4 号主变压器第一套、第二套差动保护动作，T051 断路器失灵保护动作，1000kV Ⅰ母线差动保护失灵动作出口，400V 备用电源自动投入装置动作，4 号主变压器失电，110kV Ⅱ母线失电，1000kV Ⅰ母线失电）。

3）检查遥测信息（4 号主变压器三侧电流电压，110kV Ⅱ母线电压）。

（2）运维人员 5min 向调度员初次汇报。

特高压华东变电站 ××，××时××分，110kV Ⅱ母线接地，4 号主变压器中性点电压偏移，××时×分，4 号主变压器第一套、第二套差动保护动作，T051 断路器失灵保护动作，1000kV Ⅰ母线差动保护失灵动作出口，T031、T041、T052、5051、5052、1107 断路器跳闸，400V 备用电源自动投入装置动作正确，站用电系统正常，4 号主变压器失电，110kV Ⅱ母线失电，1000kV Ⅰ母线失电，其他负荷正常，现场天气××。

（3）一、二次设备检查。

1）二次设备：检查 4 号主变压器第一套、第二套本体变压器保护，检查故障信息，并复归信号；检查 110kV Ⅱ母线第一套、第二套保护，检查故障信息，并复归信号；检查 T031、T041、T052、5051、5052、T051 断路器保护屏，复归信号。

2）一次设备：检查动作断路器实际位置（T031、T041、T052、5051、5052、1107），外观及压力情况；检查拒动断路器实际位置（T051），外观及压力情况，未发现异常，怀疑为机构卡死；拉开失电断路器（1174、1171、1181）；故障点判断及查找；检查 4 号主变压器。

（4）15min 内详细汇报调度。

特高压华东变电站 ××，××时××分，110kV Ⅱ母线接地，4 号主变压器中性点电压偏移，接地相 A 相，××时××分，1 号主变压器第一套、第二套差动保护动作，故障相别 A、C 相，故障电流××A（二次值），T052、5051、5052、1107 断路器跳闸，T051 断路器失灵保护动作，T031、T041 断路器跳闸。400V 备用电源自动投入装置正确动作，站用电系统正常，1 号主变压器失电，110kV Ⅰ母线失电，1000kV Ⅰ母线失电，已经拉开失电断路器 1174、1171、1181，现场无人工作。现场检查发现 4 号主变压器 C 相调补变压器接至 C 相汇流母线的套管破裂，4 号主变压器低压侧 TV A 相接地故障，T051 断路器机构卡死，其他一、二次设备检查正常。申请解锁隔离故障 T051 断路器，隔离故障点 4 号主变压器和 4 号主变压器低压侧 TV。

（5）隔离故障点。

1）解锁操作，拉开 T0511、T0512 隔离开关。

2）分开 4 号主变压器 110kV 侧 TV 二次空气开关，拉开 11004 隔离开关。

3）将 4 号主变压器改为冷备用。

（6）恢复送电。

1）合上 T041 断路器，检查 1000kV Ⅰ母线充电正常。

2）合上 T031 断路器。

（7）故障设备改检修。

1）T051 断路器改为检修。

2）4 号主变压器 110kV 侧 TV 改为检修。

3）4 号主变压器改为检修。

（8）事故分析。

1）4 号主变压器两套差动保护动作后，T051 断路器失灵保护还能动作，说明故障点要么是主变压器低压侧一点接地后高中压侧又发生接地；要么就是主变压器低压侧两点接地，且接地点都在 1107 断路器与 4 号主变压器之间。

2）主变压器低压侧套管出线到两相汇流母线，即每相汇流母线与两相主变压器都有联系，保护范围内查找故障点时不能遗漏。

三十七、第一阶段：4 号主变压器两套保护投差动保护连接片退出，T051 断路器与 T0511TA 之间 A 相故障，T0512 隔离开关机构卡死

第二阶段（拉 T0512 隔离开关时触发）：T042 断路器油压低闭锁合闸，5min 后 T042 断路器油压低闭锁分闸，然后华东Ⅰ线高压电抗器 A 相高压套管破裂

1. 故障现象（第一阶段）

（1）一次设备：T051、T041、T031 断路器跳闸。

（2）二次设备：1000kV Ⅰ母线第一套、第二套差动保护动作。

（3）告警信息：1000kV Ⅰ母线第一套、第二套差动保护动作，T051、T041、T031断路器跳闸，1000kV Ⅰ母线失电。

2. 故障现象（第二阶段）

（1）一次设备：无。

（2）二次设备：无。

（3）告警信息：T042断路器油压低闭锁合闸。

3. 5min后故障现象

（1）一次设备：无。

（2）二次设备：华东Ⅰ线第一套、第二套线路保护动作。

（3）告警信息：T042断路器油压低闭锁分闸，华东Ⅰ线第一套、第二套线路保护动作，华东Ⅰ线失电。

4. 事故处理流程（第一阶段）

（1）监控后台检查。

1）主画面检查断路器变位情况（T051、T041、T031开断路器分闸），并清闪。

2）检查光字牌及告警信息，记录关键信息（1000kV Ⅰ母线第一套、第二套差动保护动作，1000kV Ⅰ母线失电）。

3）检查遥测信息（1000kV Ⅰ母线电压、相关潮流等）。

（2）运维人员5min向调度员初次汇报。

特高压华东变电站××，××时××分，1000kV Ⅰ母线第一套、第二套差动保护动作，T051、T041、T031断路器跳闸。1000kV Ⅰ母线失电，相关潮流、负荷正常，现场天气××。

（3）一、二次设备检查。

1）二次设备：检查1000kV Ⅰ母线第一套、第二套母线差动保护屏，T051、T041、T031断路器保护屏，4号主体变压器第一套、第二套电气量保护屏。记录1000kV Ⅰ母线保护装置及故障录波装置中故障信息（故障相别、故障电流及测距），检查装置后及时复归信号。

2）一次设备：检查跳闸断路器实际位置（T051、T041、T031），外观及压力指示是否正常；站内保护动作范围设备情况检查，范围较广，查找需全面，发现T051断路器与T0511TA之间A相有放电痕迹。故障点在重叠区，但4号主变压器差动保护未动作，检查4号主变压器保护屏，发现4号主变压器两套差动保护功能连接片被退出，向调度申请差动保护改跳闸。

（4）15min 内详细汇报调度。

特高压华东变电站 ××，×× 时 ×× 分，1000kV Ⅰ母线第一套差动保护动作，故障相 A 相，故障电流 ××A（二次值），1000kV Ⅰ母线第二套差动保护动作，故障相 A 相，故障电流 ××A（二次值），T051、T041、T031 断路器三相跳闸，1000kV Ⅰ母线失电，现场检查 T051 断路器与 T0511TA 之间 A 相有放电痕迹，4 号主变压器两套差动保护功能连接片被退出，现已恢复到跳闸状态，现场其他一、二次设备检查无明显异常，现场无人工作；申请投入 4 号主变压器第一套、第二套差动保护连接片，隔离 T051 断路器。

（5）隔离异常设备。

1）投入 4 号主变压器第一套、第二套差动保护连接片。

2）拉开 T0511 隔离开关，拉开 T0512 隔离开关（机构卡死拉不开）。

5. 事故处理流程（第二阶段）

（1）T042 断路器油压低闭锁合闸。

现场检查 T042 断路器油压后迅速拉开 T042 断路器。

（2）运维人员补充汇报 1。

特高压华东变电站 ××，×× 时 ×× 分，T042 断路器油压低闭锁合闸，油压 ××MPa，拉开 T042 断路器后 T042 断路器控制回路断线，现场在拉开 T0512 隔离开关时，机构卡死，申请停役 4 号主变压器。

（3）运维人员补充汇报 2。

特高压华东变电站 ××，×× 时 ×× 分，T042 断路器油压低闭锁分闸，华东Ⅰ线线路第一套、第二套线路保护动作，华东Ⅰ线失电。

（4）监控后台检查。

1）检查光字牌及告警信息，记录关键信息（T042 断路器油压低闭锁合闸告警，T042 断路器油压低闭锁分闸告警，华东Ⅰ线线路第一套、第二套线路保护动作，华东Ⅰ线失电）。

2）检查遥测信息（华东Ⅰ线电流电压、相关潮流等）。

（5）一、二次设备检查。

1）二次设备：检查华东Ⅰ线第一套、第二套线路保护屏，记录华东Ⅰ线线保护装置及故障录波装置中故障信息（故障相别、故障电流及测距），检查装置后及时复归信号。

2）一次设备：检查跳闸断路器实际位置（T041、T042），外观及压力指示是否正常；站内保护动作范围设备（T041、T042 断路器 TA 至线路设备）情况检查。

（6）运维人员补充汇报 3。

特高压华东变电站 ××，×× 时 ×× 分，华东Ⅰ线第一套线路保护动作，故障相 A 相，故障电流 ××A（二次值），故障测距 ××km，华东Ⅰ线第二套差动保护动作，故障相 A 相，故障电流 ××A（二次值），故障测距 ××km，现场检查发现华东Ⅰ线高压电抗器 A 相高压套管破裂，现场其他一、二次设备检查无明显异常，继续停役 4 号主变压器，申请隔离 T042 断路器，申请隔离华东Ⅰ线。

（7）隔离异常设备。

1）4 号主变压器转冷备用。

2）T042 断路器转冷备用。

3）分开 T042 断路器操作电源，拉开 T0421、T0422 隔离开关。

4）T041 断路器转冷备用。

（8）恢复送电。

申请 1000kV Ⅰ母线恢复送电，合上 T031 断路器，检查 1000kV Ⅰ母线充电正常。

（9）将故障设备改检修。

1）T051 断路器改检修。

2）4 号主变压器改检修。

3）华东Ⅰ线改检修。

4）T042 断路器改检修。

（10）事故分析。

1）根据故障信息查找到故障点后，及时分析保护动作合理性，本案例中故障点在重叠区，但 4 号主变压器差动保护未动作，应查明原因。否则很容易遗漏 4 号主变压器两套差动保护主保护连接片未投这一异常。

2）1000 kV 断路器异常，出现合闸闭锁且未出现分闸闭锁时，应立即拉开异常断路器。1000 kV 断路器异常，出现分闸闭锁时，应立即停用该断路器操作电源。本案例中 T042 断路器油压低闭锁合闸若不及时处理，等发展到油压低闭锁分闸时，华东Ⅰ线故障后 T042 断路器失灵保护动作，扩大事故范围。

3）华东Ⅰ线高压电抗器无独立隔离开关，华东Ⅰ线改检修处理。

三十八、第一阶段：1111 断路器间隔母线侧引线 B 相套管破裂，11011 隔离开关机构卡死，5012 断路器遥控连接片退出，T033 断路器机构卡死

第二阶段：苏州Ⅳ线 B 相永久性接地，重合闸动作过程中 5033 断路器 SF_6 压力低闭锁，5043 断路器分合闸指示错误

1. 故障现象（第一阶段）

（1）一次设备：无断路器跳闸。

（2）二次设备：110kV Ⅰ母线接地，1 号主变压器中性点电压偏移。

2. 故障现象（第二阶段：拉开 1111 断路器时触发）

（1）一次设备：5032、5043、5013 断路器跳闸。

（2）二次设备：苏州Ⅳ线第一套、第二套差动保护动作，5033 断路器重合闸动作；苏州Ⅳ线第一套、第二套差动保护动作，5033 断路器 SF_6 压力低闭锁、控制回路断线，5033 断路器失灵保护动作，500kV Ⅱ母线差动失灵动作出口。

3. 事故处理流程（第一阶段）

（1）监控后台检查。

1）检查光字牌及告警信息，记录关键信息：110kV Ⅰ母线接地，1 号主变压器中性点电压偏移。

2）检查遥测信息（110kV Ⅰ母线电压）。

（2）运维人员 5min 向调度员初次汇报。

特高压华东变电站 ××，×× 时 ×× 分，110kV Ⅰ母线接地，1 号主变压器中性点电压偏移，B 相电压为零，A、C 相电压升高为线电压，现场天气 ××。

（3）一、二次设备检查。

1）二次设备：检查 110kV Ⅰ母线第一套、第二套母线差动保护屏，记录故障信息（故障相 B 相，母线三相电压情况）。

2）一次设备：检查 1 号主变压器低压侧、汇流母线、110kV Ⅰ母线及相关低压无功补偿设备。

（4）15min 内详细汇报调度。

特高压华东变电站 ××，×× 时 ×× 分，110kV Ⅰ母线接地，1 号主变压器中性点电压偏移，故障相 B 相，故障电流 ××A（二次值），一次检查 1111 断路器间隔母线侧引线 B 相套管击穿破裂，其他一、二次设备检查无明显异常，现场无人工作。申请隔

离故障 1111 断路器及低压电抗器，申请隔离 110kV Ⅰ母线。

（5）隔离故障点。

1）倒站用变压器运行方式。

2）拉开 1114，拉开 11141 隔离开关。

3）拉开 1111 断路器后，第二阶段故障发生，暂时中断操作。

4．事故处理流程（第二阶段）

（1）监控后台检查。

1）主画面检查断路器变位情况（5032、5043、5013 断路器分闸），并清闪。

2）检查光字牌及告警信息，苏州Ⅳ线第一套、第二套差动保护动作，5033 断路器重合闸动作；重合不成功，合后加速保护动作，5033 断路器 SF_6 压力低闭锁、控制回路断线，5033 断路器失灵保护动作，500kV Ⅱ母线差动保护失灵动作出口，5032、5043、5013 断路器跳闸。

3）检查遥测信息（苏州Ⅳ线电流电压，500kV Ⅱ母线电压）。

（2）补充汇报 1。

特高压华东变电站 ××，×× 时 ×× 分，苏州Ⅳ线第一套、第二套差动保护动作，5033 断路器重合闸动作，重合不成功，合后加速保护动作，5033 断路器 SF_6 压力低闭锁、控制回路断线，5033 断路器失灵保护动作，500kV Ⅱ母线差动失灵动作出口，5032、5043、5013 断路器跳闸。站用电系统正常，苏州Ⅳ线失电，500kV Ⅱ母线失电，其他相关设备负荷潮流正常，现场天气 ××。现场继续处理 110kV Ⅰ母线接地，稍后再做详细检查。

（3）继续隔离故障点。

1）继续操作，拉开 11111 隔离开关。

2）拉开 1121 断路器，拉开 11211 隔离开关。

3）拉开 1101 断路器，拉开 11011 隔离开关，11011 隔离开关机构卡死。

4）向调度申请将 1 号主变压器改为冷备用，5012 断路器遥控失败，检查发现 5012 断路器遥控连接片取下，放上 5012 断路器遥控连接片后拉开 5012 断路器，拉开 5011 断路器。

5）拉开 T032 断路器，T033 断路器遥控失败，检查发现 T033 断路器机构卡死，向调度申请拉开 T043、T053 断路器后解锁拉开 T0331、T0332 隔离开关隔离 T033 断路器，恢复 T043、T053 断路器运行。

（4）补充汇报 2。

特高压华东变电站 ××，×× 时 ×× 分，110kV Ⅰ母线接地故障处理结束，1111 低压电抗器改为冷备用，110kV Ⅰ母线改为冷备用，1 号主变压器改为冷备用，解锁隔离 T033 断路器。

（5）一、二次设备检查。

1）二次设备：检查苏州Ⅳ线第一套、第二套差动保护屏，记录故障信息［故障相 B 相，电流 ××A（二次值）］，并复归信号；检查 5032、5043、5013、5033 断路器保护屏，记录故障信息，并复归信号。

2）一次设备：检查跳闸断路器实际位置（5032、5043、5013），外观及压力指示是否正常，发现 5043 断路器分合闸指示错误；检查拒动断路器实际位置（5033），外观及压力指示是否正常，5033 断路器 SF_6 压力 ××MPa，低于闭锁压力，分开 5033 断路器操作电源；检查苏州Ⅳ线保护区间（50332、50321TA 至线路），查找故障点。

（6）补充汇报 3。

特高压华东变电站 ××，×× 时 ×× 分，苏州Ⅳ线第一套、第二套差动保护动作，故障相 B 相，故障电流 ××A（二次值），故障测距 ××km，5033 断路器重合闸动作；重合不成功，苏州Ⅳ线重合闸后加速动作，5033 断路器 SF_6 压力低闭锁、控制回路断线，5033 断路器失灵保护动作，500kV Ⅱ母线差动失灵动作出口，5032、5043、5013 断路器跳闸。现场检查发现 5033 断路器 SF_6 压力 ××MPa，低于闭锁压力，已分开 5033 断路器操作电源；一次检查发现 5043 断路器分合闸指示错误，苏州Ⅳ线 B 相出线构架绝缘子挂有异物。申请解锁隔离 5033 断路器，申请隔离故障 5043 断路器及苏州Ⅳ线。

（7）隔离故障点。

1）解锁操作，拉开 50331、50332 隔离开关。

2）拉开 50431、50432 隔离开关。

3）苏州Ⅳ线改为冷备用。

（8）恢复运行。

合上 5013 断路器，恢复 500kV Ⅱ母线运行。

（9）故障设备改检修。

1）1111 低压电抗器及断路器改为检修。

2）110kV Ⅰ母线改为检修。

3）11011 隔离开关改为检修。

4）1 号主变压器改为检修。

5）T033 断路器改为检修。

6）5033 断路器改为检修。

7）5043 断路器改为检修。

8）苏州Ⅳ线改为检修。

（10）事故分析。

1）第一阶段事故处理过程中，若发生新的事故或异常，可暂停原先的事故处理，向调度初步汇报新的情况后继续第一阶段的事故处理，待第一阶段故障设备已隔离后再详细检查处理第二阶段的事故。

2）本案例中，苏州Ⅳ线为永久性故障，5033 选相跳闸，重合闸动作，重合于故障后因 SF_6 压力低闭锁分闸，5033 断路器失灵保护动作。实际生产中也出现过由于断路器本身的缺陷，在经过大的故障电流后导致 SF_6 压力迅速降低的案例。

附录一

华东站一次接线图

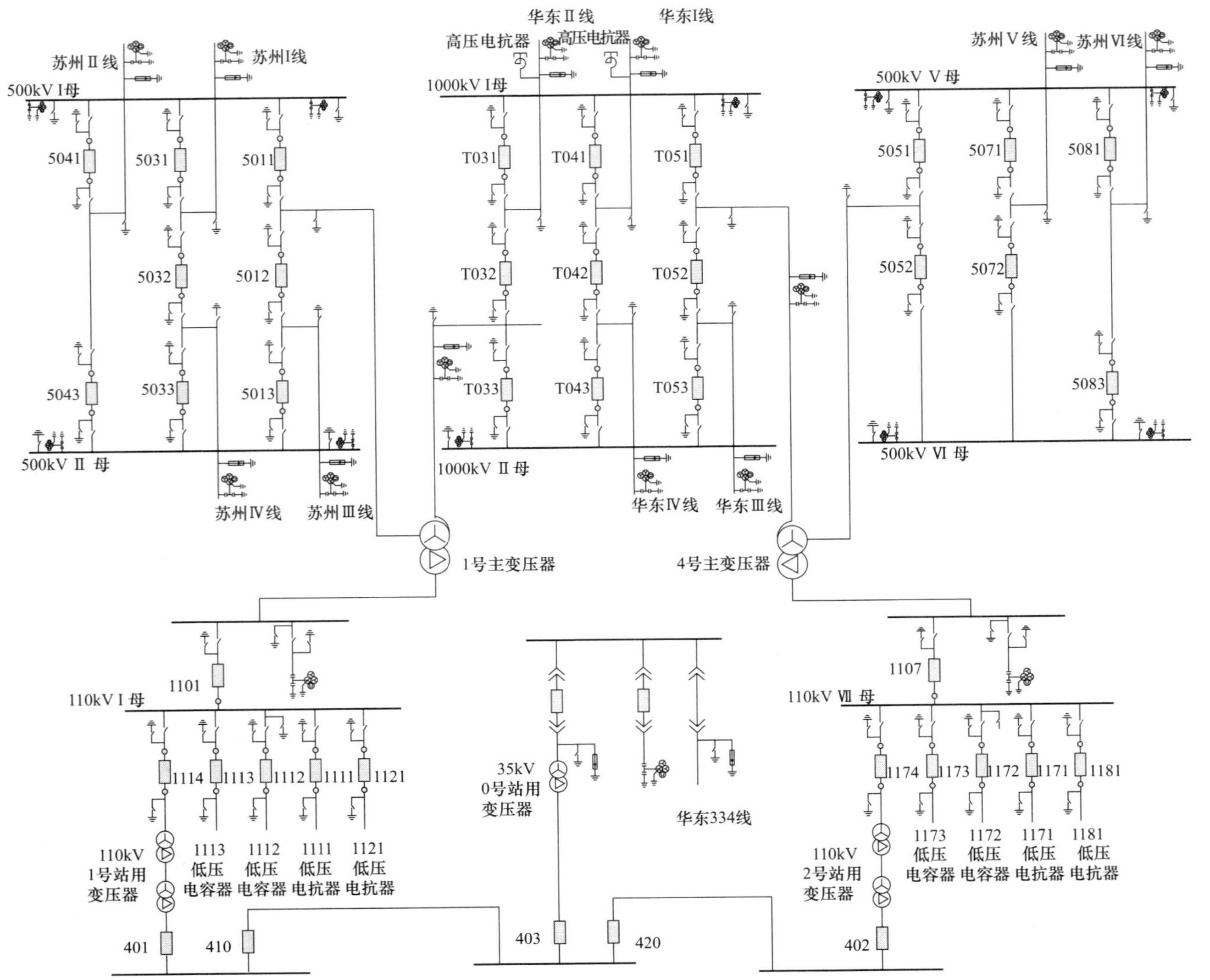
苏州Ⅱ线
苏州Ⅰ线
500kV Ⅰ母
5041
5031
5011
5032
5012
5043
5033
5013
500kV Ⅱ 母
苏州Ⅳ线
苏州Ⅲ线
华东Ⅱ线
华东Ⅰ线
高压电抗器
高压电抗器
1000kV Ⅰ母
T031
T041
T051
T032
T042
T052
T033
T043
T053
1000kV Ⅱ 母
华东Ⅳ线
华东Ⅲ线
苏州Ⅴ线
苏州Ⅵ线
500kV Ⅴ 母
5051
5071
5081
5052
5072
5083
500kV Ⅵ 母
1号主变压器
4号主变压器
1101
110kV Ⅰ母
1114
1113
1112
1111
1121
110kV
1号站用
变压器
1113 低压 电容器
1112 低压 电容器
1111 低压 电抗器
1121 低压 电抗器
35kV
0号站用
变压器
华东334线
1107
110kV Ⅶ 母
1174
1173
1172
1171
1181
110kV
2号站用
变压器
1173 低压 电容器
1172 低压 电容器
1171 低压 电抗器
1181 低压 电抗器
401
410
403
420
402

附录二

华东站保护配置及时间定值

1号主变压器保护屏配置（4号主变压器保护配置相同）

保护屏柜	保护配置	实现功能	1000kV后备	500kV后备	110kV后备
1号主体变压器第一套保护屏（A屏）	PCS-978GC特高压变压器保护装置	实现1号主体变压器第一套差动及后备保护功能	相间阻抗2时限：2.0s 接地阻抗2时限：2.0s 零序过流2段时间：8.3s	相间阻抗4时限：2.0s 接地阻抗4时限：2.0s 零序过流2段时间：8.3s	分支过流1时限：1.0s 分支过流2时限：1.6s 绕组过流1时限：1.0s 绕组过流2时限：1.6s
	CJX-02出口继电器箱	跳闸自保持回路，跳1号主变压器T032、T033、5011、5012断路器的第一组跳圈			
1号主体变压器第二套保护屏（D屏）	CSC-326C数字式变压器保护装置	实现1号主体变压器第二套差动及后备保护功能	相间阻抗2时限：2.0s 接地阻抗2时限：2.0s 零序过流2段时间：8.3s	相间阻抗4时限：2.0s 接地阻抗4时限：2.0s 零序过流2段时间：8.3s	分支过流1时限：1.0s 分支过流2时限：1.6s 绕组过流1时限：1.0s 绕组过流2时限：1.6s
	JFZ-522J出口继电器箱	跳闸自保持回路，跳1号主变压器T032、T033、5011、5012断路器的第二组跳圈			
1号主体变压器非电量保护屏（C屏）	PCS-974FG非电量及辅助保护装置	实现1号主体变压器的非电量保护功能			
	CJX-21操作继电器箱×2	作为1号主变压器1101断路器操作箱使用			
	CJX-02出口继电器箱	跳闸自保持回路，跳1号主变压器T042、T043、5041、5042断路器的两组跳圈			

续表

保护屏柜	保护配置	实现功能	1000kV 后备	500kV 后备	110kV 后备
1号主变压器调补变压器第一套保护屏（B屏）	PCS-978C 变压器保护装置	实现1号主变压器调补变第一套差动保护功能			
	PCS-974FG 非电量及辅助保护装置	实现1号主变压器调补变的非电量保护功能			
	CJX-02 出口继电器箱	跳闸自保持回路，电气量保护跳1号主变压器T032、T033、5011、5012断路器的第一组跳圈，非电量保护跳1号主变压器T032、T033、5011、5012断路器的两组跳圈			
1号主变压器调补变压器第二套保护屏（E屏）	CSC-326C 数字式变压器保护装置	实现1号主变压器调补变压器第二套差动保护功能			
	JFZ-522J 出口继电器	跳闸自保持回路，跳1号主变压器T032、T033、5011、5012断路器的第二组跳圈			

1000kV 华东Ⅰ线高压电抗器保护屏配置（华东Ⅱ线配置相同）

保护屏柜	保护配置	实现功能	
1000kV 华东Ⅰ线高压电抗器第一套保护屏	PCS-917G 高压并联电抗器保护装置	实现高压电抗器第一套差动及后备保护功能	过流保护时限：2s 零序过流时限：2s 中性点电抗过流时限：6s
	PCS-974FG 数字式非电量保护装置	实现高压电抗器的非电量保护功能	
	CJX-02 出口继电器箱	电量保护经本出口继电器箱跳华东Ⅰ线T041、T042两组断路器的第一组跳圈，非电量保护跳两组跳圈。	

续表

保护屏柜	保护配置	实现功能	
1000kV 华东Ⅰ线高压电抗器第二套保护屏	SGR751 高压并联电抗器成套保护装置	实现高压电抗器第二套差动及后备保护功能	主电抗过流保护时限：2s 主电抗零序过流时限：2s 中性点电抗过流时限：5s
	PCX 出口继电器箱	电量保护经本继电器箱跳华东Ⅰ线 T041、T042 两断路器的第二组跳圈	

1000kV 华东Ⅰ线线路保护屏配置（华东Ⅱ、Ⅲ、Ⅳ线配置相同）

保护屏柜	保护配置	实现功能	跳闸延时
1000kV 华东Ⅰ线第一套保护屏	CSC-103B 特高压线路保护	实现 1000kV 线路第一套主保护及后备保护功能	距离二段：0.5s 距离三段：2.0s 零序反时限：0.4s 零序反时限最小时间：1.0s
	CSC-125A 过电压及远跳装置	实现 1000kV 线路过电压保护和远方跳闸就地判别	
	JFZ-500J 出口继电器箱	实现线路保护电流保持出口及远跳断路器的自保持出口至第一跳圈	
1000kV 华东Ⅰ线第二套保护屏	PRS-753S-H 特高压线路保护	实现 1000kV 线路第二套主保护及后备保护功能	距离二段：0.5s 距离三段：2.0s 零序反时限：0.4s 零序反时限最小时间：1.0s
	PRS-725S 过电压及远跳装置	实现 1000kV 线路过电压保护及远方跳闸的就地判别	
	PRS-789 出口继电器箱	实现线路保护电流保持出口及远跳断路器的自保持出口至第二跳圈	

500kV 苏州Ⅰ线线路保护屏配置（苏州Ⅱ、、Ⅳ、Ⅴ、Ⅵ线配置相同）

保护屏柜	保护配置	实现功能	苏州Ⅱ线	苏州Ⅲ线
500kV 苏州Ⅰ线第一套保护屏	PCS-931A 高压线路保护	实现 500kV 线路第一套主保护及后备保护功能	距离二段：1.1s 距离三段：2.3s 零序反时限：0.4s 零序反时限配合时间：1.0s 零序反时限最小时间：0.15s	距离二段：0.8s 距离三段：2.0s 零序反时限：0.4s 零序反时限配合时间：1.0s 零序反时限最小时间：0.15s

续表

保护屏柜	保护配置	实现功能	苏州Ⅱ线	苏州Ⅲ线
500kV苏州Ⅰ线第一套保护屏	PCS-925过电压及远跳装置	实现500kV线路的远方跳闸就地判别和过电压保护	远跳经故障判别时间：0.03s	远跳经故障判别时间：0.03s
	CJX-02操作继电器箱	实现线路保护电流保持出口及远跳断路器的自保持出口		
500kV苏州Ⅰ线第二套保护屏	CSC-103A高压线路保护	实现500kV线路第二套主保护及后备保护功能	距离二段：1.1s 距离三段：2.3s 零序反时限：0.4s 零序反时限配合时间：1.0s 零序反时限最小时间：0.15s	距离二段：0.8s 距离三段：2.0s 零序反时限：0.4s 零序反时限配合时间：1.0s 零序反时限最小时间：0.15s
	CSC-125A过电压及远跳装置	实现500kV线路的远方跳闸就地判别和过电压保护	远跳经故障判别时间：0.03s	远跳经故障判别时间：0.03s
	JFZ-500J操作继电器箱	实现线路保护电流保持出口及远跳断路器的自保持出口		

1000kV母差保护屏配置

保护屏柜	保护配置	实现功能
1000kV Ⅰ母第一套母线保护	PCS-915C-G	实现母线差动保护及失灵经母差跳闸功能
	CJX-02	出口继电器箱
1000kV Ⅰ母第二套母线保护	CSC-150C	实现母线差动保护及失灵经母差跳闸功能
	JFZ-522J	出口继电器箱
1000kV Ⅱ母第一套母线保护	PCS-915C-G	实现母线差动保护及失灵经母差跳闸功能
	CJX-02	出口继电器箱
1000kV Ⅱ母第二套母线保护	CSC-150C	实现母线差动保护及失灵经母差跳闸功能
	JFZ-522J	出口继电器箱

500kV母差保护屏配置

保护屏柜	保护配置	实现功能
500kV Ⅰ母第一套母线保护	PCS-915C-G	实现母线差动保护及失灵经母差跳闸功能
	CJX-02	出口继电器箱

续表

保护屏柜	保护配置	实现功能
500kV Ⅰ母第二套母线保护	CSC-150C	实现母线差动保护及失灵经母差跳闸功能
	JFZ-522J	出口继电器箱
500kV Ⅱ母第一套母线保护	PCS-915C-G	实现母线差动保护及失灵经母差跳闸功能
	CJX-02	出口继电器箱
500kV Ⅱ母第二套母线保护	CSC-150C	实现母线差动保护及失灵经母差跳闸功能
	JFZ-522J	出口继电器箱
500kV Ⅴ母第一套母线保护	PCS-915C-G	实现母线差动保护及失灵经母差跳闸功能
	CJX-02	出口继电器箱
500kV Ⅴ母第二套母线保护	CSC-150C	实现母线差动保护及失灵经母差跳闸功能
	JFZ-522J	出口继电器箱
500kV Ⅵ母第一套母线保护	PCS-915C-G	实现母线差动保护及失灵经母差跳闸功能
	CJX-02	出口继电器箱
500kV Ⅵ母第二套母线保护	CSC-150C	实现母线差动保护及失灵经母差跳闸功能
	JFZ-522J	出口继电器箱

110kV 母差保护配置

保护屏柜	保护配置	实现功能	
110kV Ⅰ母第一套母线保护	PCS-915AL-G	实现母线差动保护及失灵经母差跳闸功能以及母线失灵连跳功能	失灵：0.25s
110kV Ⅰ母第二套母线保护	CSC-150C	实现母线差动保护及失灵经母差跳闸功能以及母线失灵连跳功能	
110kV Ⅱ母第一套母线保护	PCS-915AL-G	实现母线差动保护及失灵经母差跳闸功能以及母线失灵连跳功能	
110kV Ⅱ母第二套母线保护	CSC-150C	实现母线差动保护及失灵经母差跳闸功能以及母线失灵连跳功能	

110kV 低抗保护配置

保护屏柜	保护配置	实现功能	
1111 低抗保护屏	WKB-851/P 电抗器保护	实现低压电抗器保护功能	小电流距离一段：0.2s 小电流距离二段：0.5s

110kV 电容保护配置

保护屏柜	保护配置	实现功能	生产厂家
电容器保护屏	WDR-851/P 电容器保护	实现低压电容器保护功能	小电流距离一段：0.2s 小电流距离二段：0.5s

站用变压器时间定值：

高后备时间：复压过流一段延时 0.7s；

复压过流二段延时 0.7s。

零序过压告警延时 3s。

过负荷延时 7s。

低后备时间：复压过流一段延时 0.7s；

复压过流二段延时 0.7s。

零序过压告警延时 3s。

过负荷延时 7s。

附录三

特高压技能竞赛仿真事故处理汇报说明

特高压技能竞赛仿真事故处理汇报说明

时间	汇报内容	评分
5min 初次汇报（根据综自后台信息）	故障发生时间 发生故障的具体设备及其故障后的状态 相关设备潮流变化情况，有无设备越限或过载 现场天气情况	
15min 详细汇报（根据现场一、二次设备检查情况）	详述保护动作过程及断路器变位情况（包括主保护、后备保护动作情况，线路故障测距等） 现场一次设备检查情况 对故障点的初步判断 申请隔离异常或故障设备 申请恢复送电的设备	
第三次汇报	汇报设备隔离及恢复送电情况	
备注	若现场处置过程中发现异常可适当增加汇报次数	

附录四

特高压技能竞赛仿真事故处理报告

特高压技能竞赛仿真事故处理报告

<table>
<tr><td colspan="2">变电站名称：</td><td colspan="2">参赛组：</td></tr>
<tr><td colspan="3">异常及事故处理报告</td><td>评分</td></tr>
<tr><td>故障异常现象</td><td colspan="2">故障时间：×××年××月××日××时××分××秒
天气情况

一次动作情况：断路器变位情况

二次动作情况：保护及自动装置动作情况（包括主保护、后备保护动作情况，线路故障测距等）

主要设备潮流：主要设备的潮流变化情况</td><td></td></tr>
<tr><td>现场检查</td><td colspan="2">故障后相关一、二次设备的运行情况

现场故障及异常点</td><td></td></tr>
<tr><td>原因分析</td><td colspan="2">分析保护和自动装置动作情况，以及故障产生的原因</td><td></td></tr>
<tr><td>现场处置过程</td><td colspan="2">隔离设备情况：

恢复送电情况：</td><td></td></tr>
</table>

结语

本书以华东首届特高压竞赛内容为依托，系统介绍了典型特高压变电站的运行方式、保护配置、典型倒闸操作、安措布置、事故及异常处理等方面内容，涵盖了特高压变电站运行人员所需掌握的所有内容。

本书的特点是以丰富的案例，来指导变电运行人员规范化地进行倒闸操作、安措布置、事故及异常处理等。特别是事故案例，本书由浅入深，从简单故障逐步过渡到复杂故障，并结合故障分析，来理清事故处理的思路。虽然有些故障案例看似比较极端，现实中发生的概率很小，但是这种理论分析有助于特高压生产人员提高理论水平，增强事故处理能力。

希望广大的阅读者能够提出宝贵意见，使之不断完善，切实服务于广大电力从业人员。

参考文献

[1] 国家电网公司．国家电网公司电力安全工作规程（变电部分）．北京：中国电力出版社，2014.

[2] 国家电网华东电力调控分中心．交流特高压电网继电保护整定运行技术．北京：中国电力出版社，2015.

[3] 陈连凯．变电运维一体化岗位技能培训教材．北京：中国电力出版社，2014.

[4] 李国庆，刘柏林，聂永辉．电网及变电站运行分析与仿真．北京：中国电力出版社，2009.

[5] 马振良，吕慧成，焦日升．10～500kV 变电站事故预想与事故处理．北京：中国电力出版社，2006.

[6] 廖自强，余正海．变电运行事故分析及处理．北京：中国电力出版社，2004.

[7] 刘元津，吴涛，李志文，等．变电运行与事故处理基本技能及实例仿真．北京：中国水利水电出版社，2002.